航空無線通信士

≪平成30年2月期～令和4年8月期≫

一般財団法人

情報通信振興会

は　じ　め　に

　情報通信社会がますます発展するなか、あなたは今、無線技術者として活躍すべく、これに必要な無線従事者資格を取得するために国家試験合格を目指して勉学に励んでおられることでしょう。

　さて、どんな試験でも同じことですが、試験勉強は労力を極力少なくして能率的に進め、最短のコースを通って早く実力をつけ目標の試験に合格したい、これは受験する者の共通の願いでありましょう。そこで、本書はその手助けができるようにと編集したものです。

☆ 本書の利用に当たって

　資格試験に合格する近道は、何と言っても今までにどのような問題が出されたか、その出題状況を把握し、既出問題を徹底的にマスターすることです。このため本書では、最近の既出問題を科目別に分け、それを試験期順に収録しています。さらに、無線工学科目については、解答の指針を各期の問題の末尾に掲載してあります。

　問題の出題形式は、全科目とも多肢選択式です。多肢選択問題の解答は、一見やさしそうに見えますが、出題の本質をつかみ正答を得るためには実力を養うことが肝要です。それには、できるだけ沢山の問題を演習することと確信します。これにより、いわゆる「切り口」の違った問題、新しい問題にも十分対処できるものと考えます。受験される方にはまたとない参考書としておすすめします。

　巻末には、最近の出題状況が一目で分かるように、**出題問題の傾向分析**を行い一覧表にしました。これを活用して重要問題を把握するとともに、効率的に学習してください。

※本問題集に収録された試験期以前の問題等を必要とされる場合は、当会オン
**　ラインショップより「問題解答集バックナンバー」**をご覧ください。

目　　次

国家試験について（電気通信術を含む）は、（公財）日本無線協会のホームページにて「受験案内」→「国家試験についてのFAQ」で詳しく掲載されています。

無線工学の試験問題における図記号の取り扱いについて

　無線工学の試験問題において、図中の抵抗などの一部は旧図記号で表記されていましたが、平成26年4月1日以降に実施の試験から図中の図記号は原則、新図記号で表記されています。

　（注）新図記号：原則、JIS（日本工業規格）の「C0617」に定められた図記号で、それ以前のものを旧図記号と表記しています。

原則として使用する図記号

名称と図記号			
素子	抵抗　（可変）（動接点付）	コイル　磁心入り	コンデンサ　（可変）	変成器　磁心入り
トランジスタ	バイポーラ	接合形FET	MOS形FET（エンハンスメント）	MOS形FET（デプレッション）
ダイオードサイリスタ	一般　定電圧	発光　ホト	バラクタ　トンネル	サイリスタ
スイッチ	メーク	切替（オフ付）	下図の図記号は、使用しません。	
電源	直流	交流	定電流	定電圧
その他	アンテナ一般	接地　接地（一般）等電位結合（フレーム）	マイクロホン	スピーカ
指示電気計器動作原理記号	永久磁石可動コイル	整流	熱電対	可動鉄片
	誘導	静電	電流力計	

フィルタ等	低域フィルタ (LPF)	高域フィルタ (HPF)	帯域フィルタ (BPF)	帯域除去フィルタ (BEF)
	低域フィルタ (LPF)	高域フィルタ (HPF)	帯域フィルタ (BPF)	帯域除去フィルタ (BEF)
演算器等	乗算器 $\otimes$	加算器 $\oplus$	抵抗減衰器 抵抗減衰器 (ATT)	移相器 移相器 ($\pi/2$)
その他	演算増幅器	検流計 G		

具体的な図記号の使用例

(1) 演算増幅器Aopを用いた加算回路

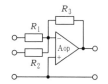

Aop：演算増幅器
$R_1 \sim R_3$：抵抗

(2) FETの等価回路

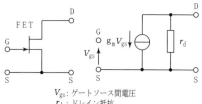

V_{gs}：ゲートソース間電圧
r_d：ドレイン抵抗
g_m：相互コンダクタンス

(3) QPSK変調回路

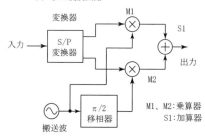

M1、M2：乗算器
S1：加算器

(4) RC回路

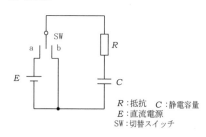

R：抵抗　　C：静電容量
E：直流電源
SW：切替スイッチ

(5) QPSK復調回路

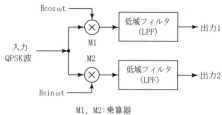

M1、M2：乗算器

(6) ブリッジ回路

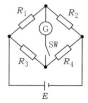

$R_1 \sim R_4$：抵抗　　E：直流電源
SW：スイッチ　G：検流計

無線工学

無線工学

無線工学の試験内容

(1) 無線設備の理論、構造及び機能の基礎

(2) 空中線系等の理論、構造及び機能の基礎

(3) 無線設備及び空中線系の保守及び運用の基礎

試験の概要

試験問題： 問題数／14問　　試験時間／1時30分

採点基準： 満　点／70点　　合 格 点／49点

配点内訳　A問題……10問／50点（1問5点）

　　　　　　B問題…… 4問／20点（1問5点）

A－1　次の記述は、真空中に置かれた点電荷の周囲の電界の強さについて述べたもので
ある。□□□内に入れるべき字句の正しい組合せを下の番号から選べ。ただし、図に示す
ように、Q〔C〕の電荷が置かれた点Ｐから r〔m〕離れた点Ｒの電界の強さを E〔V/m〕
とする。

(1)　電界の強さとは、電界内に単位正電荷（1〔C〕）を置いた時にこれに作用する
　　　□A□をいう。

(2)　図に示すように、点Ｐから $r/2$〔m〕離れた点Ｓの電界の強さは、□B□〔V/m〕
　　　である。

(3)　点Ｓの電界の強さを E〔V/m〕にするには、点Ｐに置く電荷を□C□〔C〕にす
　　　ればよい。

	A	B	C
1	静電力	$4E$	$Q/2$
2	静電力	$2E$	$Q/4$
3	静電力	$4E$	$Q/4$
4	電磁力	$2E$	$Q/4$
5	電磁力	$4E$	$Q/2$

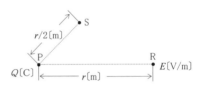

A－2　図に示す交流回路の電源 E から流れる電流 I の大きさの値として、正しいもの
を下の番号から選べ。

1　1〔A〕
2　2〔A〕
3　3〔A〕
4　4〔A〕
5　5〔A〕

E :交流電源電圧
X_L:誘導リアクタンス
R :抵抗

$E=100$〔V〕　$X_\mathrm{L}=30$〔Ω〕　$R=40$〔Ω〕

A－3　次の記述は、トランジスタ(Tr)のベース接地電流増幅率 α とエミッタ接地電流
増幅率 β について述べたものである。このうち誤っているものを下の番号から選べ。ただ
し、エミッタ電流を I_E〔A〕、コレクタ電流を I_C〔A〕及びベース電流を I_B〔A〕とする。

　1　図に示すベース接地回路において、α は、$\alpha = I_\mathrm{C}/I_\mathrm{E}$ で表される。

　答　　A－1：3　　A－2：2

2 図に示すエミッタ接地回路において、β は、$\beta = I_C/I_B$ で表される。

3 α は、1より小さい。

4 β は、1より大きい。

5 β を α で表すと、$\beta = (1-\alpha)/\alpha$ となる。

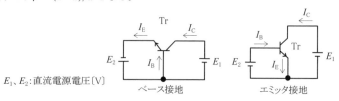

E_1、E_2：直流電源電圧〔V〕

ベース接地　　　　エミッタ接地

A-4　次は、論理回路の名称とその真理値表の組合せを示したものである。このうち誤っているものを下の番号から選べ。ただし、正論理とし、A 及び B を入力、X を出力とする。

1 AND

A	B	X
0	0	1
0	1	0
1	0	0
1	1	1

2 OR

A	B	X
0	0	0
0	1	1
1	0	1
1	1	1

3 NAND

A	B	X
0	0	1
0	1	1
1	0	1
1	1	0

4 NOR

A	B	X
0	0	1
0	1	0
1	0	0
1	1	0

5 NOT

A	X
0	1
1	0

A-5　次の記述は、FM（F3E）受信機に用いられるスケルチ回路の機能について述べたものである。このうち正しいものを下の番号から選べ。

1 周波数変調波から信号波を取り出す。

2 電波の伝搬途中で受ける振幅性の雑音を除去し、信号の振幅を一定にする。

3 受信した電波の周波数を中間周波数に変換する。

4 受信している電波が強いときは受信機の利得を下げ、電波が弱いときは受信機の利得を上げる。

5 受信している電波が無いとき、又は極めて弱いときに生ずる雑音を抑圧する。

答　A-3：5　　A-4：1　　A-5：5

A－6　次の記述は、図に示す AM（A3E）送信機の原理的な構成例について述べたものである。 内に入れるべき字句の正しい組合せを下の番号から選べ。

(1)　緩衝増幅器は、増幅器などによる動作の影響が A に及ぶのを軽減する働きをする。

(2)　周波数逓倍器は、一般に B を用いて波形をひずませ、そのひずんだ波形から高調波成分を同調回路で取り出している。

(3)　変調増幅器は、過変調になって電波の占有周波数帯幅が C なり過ぎないレベルに増幅を行う。

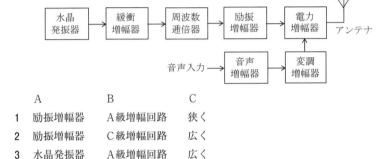

	A	B	C
1	励振増幅器	A級増幅回路	狭く
2	励振増幅器	C級増幅回路	広く
3	水晶発振器	A級増幅回路	広く
4	水晶発振器	C級増幅回路	広く
5	水晶発振器	A級増幅回路	狭く

A－7　次の記述は、図に示す鉛蓄電池に電流を流して充電しているときの状態について述べたものである。 内に入れるべき字句の正しい組合せを下の番号から選べ。

(1)　電池は少しずつ A する。

(2)　電解液の比重は、除々に B する。

(3)　充電中に発生するガスは、酸素と C である。

	A	B	C
1	発熱	上昇	窒素
2	発熱	低下	水素
3	発熱	上昇	水素
4	吸熱	低下	水素
5	吸熱	上昇	窒素

負極(-)　　正極(+)

電解液(希硫酸)
(H_2SO_4)

鉛
(Pb)　　隔離板　　過酸化鉛
(PbO₂)

鉛蓄電池の原理的な構造

答　　A－6：4　　A－7：3

A-8 次の記述は、ILS（計器着陸装置）の地上施設について述べたものである。
□□内に入れるべき字句の正しい組合せを下の番号から選べ。

(1) 航空機に対して、滑走路端からの距離の情報を与えるのは、 A である。

(2) 航空機に対して、降下路の垂直（上下）方向の偏位の情報を与えるのは、 B で
ある。

(3) 航空機に対して、降下路の水平（左右）方向の偏位の情報を与えるのは、 C で
ある。

	A	B	C
1	ローカライザ	マーカ	グライドパス
2	マーカ	グライドパス	ローカライザ
3	ローカライザ	グライドパス	マーカ
4	マーカ	ローカライザ	グライドパス
5	グライドパス	マーカ	ローカライザ

A-9 次の記述は、パルスレーダーの最大探知距離について述べたものである。 □□
内に入れるべき字句の正しい組合せを下の番号から選べ。

(1) 最大探知距離を大きくするには、受信機の内部雑音を小さくして感度を A 。

(2) 最大探知距離を大きくするには、パルスのパルス幅を B 、繰返し周波数を低く
する。

(3) 送信電力だけで最大探知距離を2倍にするには、元の電力の C 倍の送信電力が
必要になる。

	A	B	C
1	上げる（良くする）	広くし	16
2	上げる（良くする）	狭くし	8
3	上げる（良くする）	広くし	8
4	下げる（悪くする）	狭くし	8
5	下げる（悪くする）	広くし	16

A-10 次の記述は、図に示す原理的な構造の小電力用の同軸ケーブルについて述べたも
のである。このうち誤っているものを下の番号から選べ。

1 不平衡形の給電線である。

2 図の「ア」の部分は、誘電体である。

答 A-8：2 A-9：1

3 特性インピーダンスは、50〔Ω〕及び75〔Ω〕の
ものが多い。

4 損失は、周波数が高くなるほど小さくなる。

5 平行二線式給電線に比べて外部からの電波の影響を
受けることが少ない。

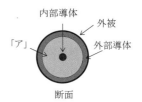

無線工学

B - 1　次の記述は、FM（F3E）通信方式の一般的な特徴について述べたものである。
□□□内に入れるべき字句を下の番号から選べ。

(1)　AM（A3E）通信方式と比べた時、一般に、占有周波数帯幅が　ア　。

(2)　AM（A3E）通信方式と比べた時、振幅性の雑音の影響を　イ　。

(3)　受信機の出力は、受信電波の強さがある程度　ウ　。

(4)　希望波の信号の強さが混信妨害波より　エ　は混信妨害を受けにくい。

(5)　受信電波の強さがあるレベル以下になると、受信機の出力の信号対雑音比（S/N）
が急激に　オ　。

1　広い　　　　　　2　受けやすい　　　3　変わっても、変わらない

4　弱いとき　　　　5　悪くなる

6　狭い　　　　　　7　受けにくい　　　8　変わると、大きく変わる

9　強いとき　　　　10　良くなる

B - 2　次の記述は、航空用レーダーについて述べたものである。このうち、正しいもの
を1、誤っているものを2として解答せよ。

ア　ARSRは、航空路を航行する航空機を監視するために用いられるレーダーである。

イ　SSRは、空港周辺空域における航空機の進入及び出発管制を行うために用いられ
る一次監視レーダーである。

ウ　航空機搭載WXレーダーは、航空機の前方（進行方向）の気象状況を探知し、安
全な飛行をするために用いられるレーダーである。

エ　ASDEは、空港の滑走路や誘導路などの地上における移動体を把握し、安全な地
上管制を行うために用いられるレーダーである。

オ　ASRは、地上側から質問電波を航空機に向けて発射し、航空機からの応答信号を
受信することによって、航空機の識別符号と飛行高度情報を得るものである。

答　A－10：4

　　　B－1：ア－1　イ－7　ウ－3　エ－9　オ－5

　　　B－2：ア－1　イ－2　ウ－1　エ－1　オ－2

B-3 次の記述は、マイクロ波（SHF）帯の電波の一般的な特徴について述べたものである。◯◯◯内に入れるべき字句を下の番号から選べ。

(1) 超短波（VHF）帯の電波と比べ、波長が ア 。

(2) 超短波（VHF）帯の電波と比べ、電波の直進性が イ 。

(3) ウ による伝搬が主体である。

(4) 超短波（VHF）帯の電波と比べ、伝搬距離に対する エ 。

(5) 概ね10〔GHz〕以上の周波数になると降雨による影響を オ 。

1 長い 2 強い   3 直接波

4 損失（自由空間基本伝送損失）が小さい 5 受けにくい

6 短い 7 弱い   8 電離層（F層）反射波

9 損失（自由空間基本伝送損失）が大きい 10 受けやすい

B-4 次の記述は、図に示す原理的な構造の円形パラボラアンテナについて述べたものである。◯◯◯内に入れるべき字句を下の番号から選べ。

(1) 反射器の形は、 ア である。

(2) 一次放射器は、反射器の イ に置かれる。

(3) 一般に、 ウ の周波数で多く用いられる。

(4) 反射器で反射された電波は、ほぼ エ となって空間に放射される。

(5) 波長に比べて開口面の直径 D が大きくなるほど、利得は オ なる。

1 回転放物面 2 焦点 3 短波（HF）帯   4 球面波 5 大きく

6 回転楕円面 7 頂点 8 マイクロ波（SHF）帯 9 平面波 10 小さく

答 B-3：ア-6 イ-2 ウ-3 エ-9 オ-10

B-4：ア-1 イ-2 ウ-8 エ-9 オ-5

▶解答の指針

A−1

(1) 電界の強さは、電界中の任意の点にある単位正電荷（1〔C〕）に作用する静電力である。

(2) 電荷 Q〔C〕から r〔m〕離れた点 R での電界の強さ E は、真空の誘電率を ε〔F/m〕として次式で表される。

$$E = \frac{Q}{4\pi\varepsilon r^2} \text{〔V/m〕}$$

したがって、点 S での電界の強さ E_S は次のようになる。

$$E_S = \frac{Q}{4\pi\varepsilon(r/2)^2} = \frac{4Q}{4\pi\varepsilon r^2}$$

$$= \underline{4E} \text{〔V/m〕}$$

(3) 電界は電荷 Q に比例するから、点 S での電界の強さを E にするには、点 P での電荷を $\underline{Q/4}$〔C〕にすればよい。

A−2

X_L と R の合成インピーダンス Z は、

$$Z = \sqrt{R^2 + X_L^2} = \sqrt{40^2 + 30^2}$$

$$= 50 \text{〔Ω〕}$$

であるから電流 I は、

$$I = \frac{E}{Z} = \frac{100}{50} = 2 \text{〔A〕}$$

である。

A−3

図のベース接地回路においてベース接地電流増幅率 α は、$\alpha = I_C/I_E$ で表される。I_C、I_E 及び I_B の間には、$I_E = I_C + I_B$ の関係があるから、$I_B = I_E - I_C = (1-\alpha)I_E$ となる。

設問図のエミッタ接地回路においてエ

ミッタ接地電流増幅率 β は、$\beta = I_C/I_B$ で表されるので、

$$\beta = \frac{I_C}{I_B} = \frac{I_C}{(1-\alpha)I_E} = \frac{\alpha}{1-\alpha}$$

の関係を得る。したがって、誤った記述は 5 である。

A−5

スケルチ回路の機能は 5 であり、他は次の回路の記述である。

1：周波数弁別器、　2：リミッタ、

3：周波数変換器、　4：AGC 回路

A−7

(1) 電流が流れるために、電池は少しずつ発熱する。

(2) 水（H_2O）が希硫酸（H_2SO_4）に変わるため電解液の比重は、徐々に上昇する。

(3) 充電末期に近づくと水が電気分解して酸素と水素ガスが発生する。

A−8

(1) マーカ（Marker）は、異なった信号で AM 変調された三つの周波数の VHF 帯（75MHz）のビーコン電波であって、進入コースの 3 カ所に設置された 2 素子ダイポールアンテナから上方に送信されていて、上空を通過する航空機に進入端からの距離情報を与える。

(2) グライドパス（Glide path）は、航空機が滑走路に進入するとき正しい進入角（通常 3 度）からの偏位の情報を指示器に表示するシステムである。アンテナ

は、滑走路の進入口付近の側方に位置
し、150Hz と 90Hz 信号の合成変調度パ
ターンをもつ UHF 帯（329〜335MHz）
の電波を送信する。操縦者は受信機の指
示器に表示された両信号の強度が等しく
なるように操縦することによって航空機
を正しい進入角に保たせることができ
る。

(3) ローカライザ（Localizer）は、航空
機が滑走路に進入するとき滑走路の中心
線の延長線からの水平方向の偏位の情報
を航空機の指示器上に表示するシステム
である。航空機はローカライザアンテナ
が出すグライドパスと同じ原理の150Hz
と90Hz 信号の合成変調度パターンの
VHF 帯（108〜112MHz）電波を受信し、
復調された両信号の強度が等しくなるよ
うに操縦することによって航空機を中心
線上に保たせる役割を果たす。

A-9

最大探知距離 R_{max} は、送信電力 P_t 〔W〕、
最小受信電力 S_{min} 〔W〕、アンテナ利得 G、
物標の有効反射断面積 σ 〔m²〕、波長 λ 〔m〕
を用いて、次式で表される。

$$R_{max} = \sqrt[4]{\frac{P_t\,G^2\sigma\lambda^2}{(4\pi)^3 S_{min}}}\ 〔m〕$$

(1) R_{max} を大きくするには、受信機の内
部雑音を小さくして S_{min} を下げるため
感度を上げる（良くする）。

(2) R_{max} を大きくするには、パルス幅 τ
を広くし、送信エネルギーを上げて、繰
返し周期 T を長くする。

(3) 送信電力だけで R_{max} を 2 倍にするに
は、上式を使えば元の電力の $2^4 = 16$倍

の送信電力が必要である。

A-10

4 損失（高周波抵抗及び誘電体損）は、
周波数が高くなるほど**大きくなる**。

B-1

(1) AM（A3E）通信方式と比べたとき、
変調指数が大きいと一般に占有周波数帯
幅が広い。

(2) AM（A3E）通信方式と比べたとき、
振幅変化を除去するためのリミッタの使
用により振幅性の雑音の影響を受けにく
い。

(3) 受信機の出力は、(2)と同様に受信電波
の強さがある程度変わっても、変わらな
い。

(4) 希望波の信号の強さが混信妨害波より
強いときは混信妨害を受けにくい。

(5) 受信電波の強さがあるレベル（スレッ
ショールドレベル）以下になると、受信
機出力の S/N が急激に悪くなる。

B-2

イ SSR（Secondary Surveillance Radar、
二次監視レーダー）は、**地上側から質問
電波を航空機に向けて発射し、航空機か
らの応答信号を受信することにより航空
機の識別符号と飛行高度情報を得る二次
監視レーダー**である。

オ ASR（Airport Surveillance Radar、
空港監視レーダー）は、**空港周辺空域に
おける航空機の進入及び出発管制を行う
ための**レーダーである。

B - 3

(1) VHF 帯の電波より周波数が高く、波長が短い。

(2) 直進性が強い。

(3) 直接波による伝搬が主体である。

(4) 損失（自由空間基本伝送損失）が大きい。

ちなみに、その損失は伝搬距離の2乗に比例し、波長の2乗に反比例するので、波長が短いほど大きい。

(5) 概ね 10〔GHz〕より上の周波数では吸収や散乱による降雨の影響を受けやすい。

無線工学

平成30年8月期

A－1　次の記述は、図に示す回路において、直線導体 L が磁石（NS）の磁極間を移動したときに生ずる現象について述べたものである。□□□内に入れるべき字句の正しい組合せを下の番号から選べ。ただし、L は一定速度 v〔m/s〕で磁界に対して直角を保ちながら図の左側から右側に移動するものとする。

(1) L には、起電力が生ずる。この現象は　A　といわれる。
(2) 起電力の方向は、フレミングの　B　の法則によって求められる。
(3) (2)の法則によれば、その起電力によって抵抗 R に流れる電流の方向は、図の　C　である。

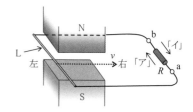

	A	B	C
1	磁気誘導	左手	「イ」（b から a）
2	磁気誘導	右手	「イ」（b から a）
3	磁気誘導	左手	「ア」（a から b）
4	電磁誘導	左手	「ア」（a から b）
5	電磁誘導	右手	「イ」（b から a）

A－2　次の記述は、図に示す並列共振回路について述べたものである。このうち誤っているものを下の番号から選べ。ただし、交流電源電圧を $\dot{E} = 100$〔V〕、誘導リアクタンスを $X_L = 10$〔kΩ〕、抵抗を $R = 20$〔kΩ〕とし、回路は共振状態にあるものとする。

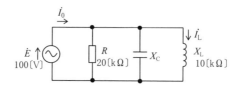

1　X_L に流れる電流 $\dot{I}_L$ の大きさは、10〔mA〕である。
2　交流電源 $\dot{E}$ から流れる電流 $\dot{I}_0$ の大きさは、25〔mA〕である。
3　容量リアクタンス X_C は、10〔kΩ〕である。
4　交流電源 $\dot{E}$ からみたインピーダンスの大きさは、20〔kΩ〕である。
5　交流電源 $\dot{E}$ と $\dot{E}$ から流れる電流 $\dot{I}_0$ との位相差は、0〔rad〕である。

答　　A－1：5　　A－2：2

A－3　次の記述は、バイポーラトランジスタと比較したときの電界効果トランジスタ（FET）の一般的な特徴について述べたものである。このうち誤っているものを下の番号から選べ。

1　電流で電流を制御する電流制御素子である。

2　入力インピーダンスは、高い。

3　キャリアは、1種類である。

4　雑音が少ない。

5　接合形と MOS 形がある。

A－4　次の記述は、増幅回路の電圧利得について述べたものである。____内に入れるべき字句の正しい組合せを下の番号から選べ。

(1)　図1に示す増幅回路 AP の電圧利得 G は、$G = \boxed{\text{A}} \times \log_{10}(\boxed{\text{B}})$〔dB〕で表される。

(2)　図2のように、電圧利得が G_1〔dB〕の増幅回路 AP_1 と電圧利得が G_2〔dB〕の増幅回路 AP_2 を接続したとき、全体の増幅回路 AP_0 の電圧利得 G_0 は、$G_0 = \boxed{\text{C}}$〔dB〕で表される。

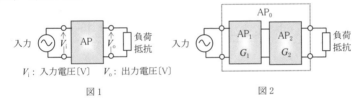

V_i：入力電圧〔V〕　V_o：出力電圧〔V〕

図1　　　　　　　　　図2

	A	B	C
1	10	V_o/V_i	G_1+G_2
2	10	V_i/V_o	$G_1 \times G_2$
3	20	V_o/V_i	G_1+G_2
4	20	V_i/V_o	$G_1 \times G_2$
5	20	V_o/V_i	$G_1 \times G_2$

A－5　次の記述は、デジタル信号で変調したときの変調波形について述べたものである。____内に入れるべき字句の正しい組合せを下の番号から選べ。ただし、デジタル信号は "1" 又は "0" の2値で表されるものとする。

答　A－3：1　　A－4：3

(1) 図に示す変調波形Ⅰは □A□ の一例である。

(2) 図に示す変調波形Ⅱは □B□ の一例である。

(3) 図に示す変調波形Ⅲは □C□ の一例である。

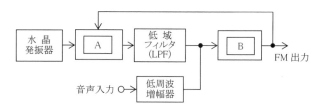

	A	B	C
1	ASK	PSK	FSK
2	ASK	FSK	PSK
3	PSK	ASK	FSK
4	PSK	FSK	ASK
5	FSK	PSK	ASK

A－6　図はPLLによる直接FM（F3E）方式の変調器の原理的な構成例を示したものである。□□□内に入れるべき字句の正しい組合せを下の番号から選べ。

	A	B
1	周波数逓倍器	緩衝増幅器
2	周波数逓倍器	電圧制御発振器（VCO）
3	位相比較器（PC）	緩衝増幅器
4	位相比較器（PC）	電圧制御発振器（VCO）
5	位相比較器（PC）	周波数弁別器

A－7　次の記述は、FM（F3E）受信機について述べたものである。このうち誤っているものを下の番号から選べ。

1　原理上、受信するFM（F3E）波は、周波数が変化する電波である。

2　復調器として、周波数弁別器などが用いられる。

答　A－5：1　　A－6：4

3　一般的に AM（A3E）受信機に比べて、振幅性の雑音に強い。

4　FM（F3E）波が伝搬中に受けた振幅の変動分を除去するために、平衡変調器が設けられている。

5　受信電波がないとき、又は微弱なとき、スピーカからの大きな雑音を抑圧するために、スケルチ回路が設けられている。

A－8　次の記述は、図に示す原理的な構成の整流電源回路について述べたものである。このうち誤っているものを下の番号から選べ。

1　整流回路には、全波整流や半波整流などがある。

2　整流回路は、大きさと方向が変化する電圧（電流）を一方向の電圧（電流）に変える。

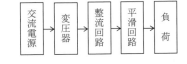

3　変圧器は、交流電圧を直流電圧に変換する。

4　平滑回路には、コンデンサやコイルがよく使われる。

5　平滑回路は、整流された電圧（電流）を完全な直流に近づける。

A－9　次の記述は、パルスレーダーにおける MTI について述べたものである。 _____ 内に入れるべき字句の正しい組合せを下の番号から選べ。

(1)　MTI は、移動物標と固定物標を識別し、 __A__ のみを検出する信号処理技術である。

(2)　MTI は、 __B__ を利用している。

(3)　MTI は、移動物標及び固定物標からの反射波のうち、 __C__ からの反射波のみ周波数が変動することを利用している。

	A	B	C
1	固定物標	ドプラ効果	移動物標
2	固定物標	トンネル効果	固定物標
3	移動物標	ドプラ効果	固定物標
4	移動物標	トンネル効果	固定物標
5	移動物標	ドプラ効果	移動物標

A－10　次の記述は、超短波（VHF）帯及び極超短波（UHF）帯の電波伝搬について述べたものである。 _____ 内に入れるべき字句の正しい組合せを下の番号から選べ。

_____

答　A－7：4　　A－8：3　　A－9：5

(1) 電離層による反射は、一般に ☐ A ☐。

(2) 通信では、直接波による見通し ☐ B ☐ の伝搬の利用が主体となる。

(3) 電波の見通し距離は、一般に電波が地表の方に曲がりながら伝搬するので、幾何学的な見通し距離より少し ☐ C ☐ なる。

	A	B	C		A	B	C
1	無視できる	距離外	短く	2	無視できる	距離内	長く
3	無視できる	距離外	長く	4	無視できない	距離内	長く
5	無視できない	距離外	短く				

B−1　次の記述は、VOR/DME について述べたものである。☐ 内に入れるべき字句を下の番号から選べ。

(1) VOR/DME は、☐ ア ☐ 情報を与える VOR 地上装置と ☐ イ ☐ 情報を与える DME 地上装置とを併設し、航空機は、これらの装置からの情報を得て、その位置を決定する。

(2) VOR に割り当てられている周波数帯は、☐ ウ ☐ 帯である。

(3) DME 地上局は、☐ エ ☐ 帯の垂直偏波の高利得アンテナを利用している。

(4) DME の機上装置からは、情報を得るために電波を発射する ☐ オ ☐。

1	方位	2	速度	3	短波（HF）	4	極超短波（UHF）
5	必要はない	6	距離	7	高度	8	超短波（VHF）
9	マイクロ波（SHF）	10	必要がある				

B−2　次の記述は、インマルサット航空衛星通信システムについて述べたものである。このうち正しいものを 1、誤っているものを 2 として解答せよ。

ア　遭難・緊急通信及び公衆通信などで電話及びデータ伝送などのサービスが提供されている。

イ　航空機（航空機地球局）と衛星（人工衛星局）間の使用周波数は、4 及び 6〔GHz〕帯である。

ウ　極地域を除いた全地球をほぼカバーしてサービスが提供されている。

エ　航空地球局と衛星（人工衛星局）間の使用周波数は、1.5 及び 1.6〔GHz〕帯である。

オ　通信は、衛星（人工衛星局）を介して、航空機（航空機地球局）と航空地球局との間で行われる。

☐ 答 ☐　A−10：2

　　　　B−1：ア−1　イ−6　ウ−8　エ−4　オ−10

　　　　B−2：ア−1　イ−2　ウ−1　エ−2　オ−1

B−3 次の記述は、主にマイクロ波（SHF）の伝送線路として用いられる導波管について述べたものである。 内に入れるべき字句を下の番号から選べ。

(1) 一般に断面は、 ア 又は円形である。

(2) 導波管の内部の物質は、通常、 イ である。

(3) 基本モードの遮断周波数 ウ の周波数の信号は、伝送されない。

(4) 一般に、電波が管内から外部へ漏洩することは エ 。

(5) 基本モードで伝送するときは、高い周波数に用いる導波管ほど外径が オ 。

1 六角形	2 磁性体	3 以下	4 有る	5 小さい
6 方形	7 空気（中空）	8 以上	9 無い	10 大きい

B−4 次の記述は、図に示す構造のアンテナについて述べたものである。 内に入れるべき字句を下の番号から選べ。

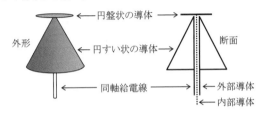

(1) 名称は、 ア アンテナである。

(2) 一般に円盤状の導体面を大地に イ 用いる。

(3) (2)のように用いた場合、偏波は ウ である。

(4) (2)のように用いた場合、水平面内の指向性は エ である。

(5) 主に オ 帯で用いられている。

1 アルホードループ	2 ディスコーン	3 水平偏波	4 垂直偏波
5 単一指向性	6 全方向性	7 平行にして	8 垂直にして
9 長波（LF）	10 超短波（VHF）及び極超短波（UHF）		

答 B−3：ア−6 イ−7 ウ−3 エ−9 オ−5

B−4：ア−2 イ−7 ウ−4 エ−6 オ−10

▶解答の指針

A-1

(1) 磁界中を移動する導体に起電力が生じる現象は電磁誘導である。

(2) 起電力の方向は、フレミングの右手の法則で求められる。

(3) (2)の法則によれば、L に生じる起電力により図の「イ」(b → a) の方向に電流が流れる。

A-2

1 X_L に流れる電流の大きさ $|\dot{I}_L|$ は、

$$\left|\frac{\dot{E}}{jX_L}\right| = \frac{100}{10 \times 10^3} = 10 \text{ (mA) である。}$$

2 $|\dot{E}|$ から流れる電流の大きさ $|\dot{I}_0|$ は、

$$\left|\frac{\dot{E}}{R}\right| = \frac{100}{20 \times 10^3} = 5 \text{ (mA) である。}$$

3 共振条件より、容量リアクタンス X_C は、$X_C = X_L = 10$ (kΩ) である。

4 交流電源 $\dot{E}$ からみたインピーダンスの大きさは、共振条件より $R = 20$ (kΩ) である。

5 交流電源 $\dot{E}$ と電流 $\dot{I}_0$ との位相差は、$\dot{E} = R\dot{I}_0$ の関係から 0 (rad) である。

A-3

1 電圧で電流を制御する電圧制御素子である。

A-4

(1) 図1の増幅回路 AP の電圧利得 G は、入力電圧 V_i (V)、出力電圧 V_o (V) として $G = 20\log_{10}(V_o/V_i)$ (dB) で表される。

(2) 図2のように、電圧利得 G_1 (dB) の AP$_1$ と電圧利得 G_2 (dB) の AP$_2$ を縦続接続したときの総合増幅器 AP$_0$ の電圧利得 G_0 は、$G_0 = G_1 + G_2$ (dB) である。

A-5

(1) 設問図の変調波形 I は、"1" のときに出力があるので、ASK (Amplitude Shift Keying) の一例である。

(2) 変調波形 II は、信号に応じて位相が変化するので PSK (Phase Shift Keying) の一例である。

(3) 変調波形 III は、信号に応じて周波数が変化するので FSK (Frequency Shift Keying) の一例である。

A-6

直接 FM (F3E) 方式の変調器の構成において、　A　は基準発振器の出力と VCO の出力との位相比較を行うための位相比較器 (PC) であり、誤差信号を出力する。　B　は、低域フィルタの出力に音声入力を重畳した信号に応じて周波数を変化させた信号を作る電圧制御発振器 (VCO) であり、その出力は FM 変調波となる。

A-7

4 FM (F3E) 波が伝搬中に受けた振幅の変動分を除去するために振幅制限器 (リミッタ) が設けられている。

A-8

3 変圧器は、必要な大きさの交流電圧に

変換する。

A－9

MTI は、Moving Target Indication の略
である。

(1) MTI は、移動物標と固定物標とを区
別し、移動物標のみを表示する信号処理
技術である。

(2) MTI は、反射波のドプラ効果を利用
する。

(3) MTI は、移動物標からの反射波のみ
周波数が変動することを利用している。
送信波の周波数から変化する量（周波数
偏移）は、その方向の距離の変化（速度）
に比例している。

A－10

(1) VHF 帯の低い周波数では、スポラ
ジック E 層が発生した場合は、電離層
反射波により悪影響を与えるが、電離層
による反射は、一般に無視できる。

(2) 通信では、直接波による見通し距離内
の伝搬の利用が主体になる。

(3) 電波の見通し距離は、電波が地表の方
に曲がりながら伝搬する（すなわち通路
が上に凸に曲がる）ので、幾何学的な見
通し距離より少し長くなる。

B－1

(1) VOR/DME は、航空機の方位情報を
提供する VOR（VHF Omni-directional
Radio-range の略）地上装置と距離情報
を与える DME（Distance Measuring

Equipment の略）地上装置とを併設し、
航空機はこれらから情報を得て自らの位
置を決定する。

(2) VOR の周波数帯は、108～118〔MHz〕
の超短波（VHF）帯である。

(3) DME 地 上 局 は、960～1215〔MHz〕
の極超短波（UHF）帯で垂直偏波の高
利得アンテナを用いて航空機へ応答信号
を返すトランスポンダである。

(4) DME の機上装置からは情報を得るた
めの質問パルスを発射する必要がある
（インタロゲータ）。

B－2

イ　航空機（航空機地球局）と衛星（人工
衛星局）間の使用周波数は、降雨の影響
が少ない1.5及び1.6〔GHz〕帯である。

エ　航空地球局と衛星（人工衛星局）間の
使用周波数は、4及び6〔GHz〕帯である。

B－4

(1) 名称は、ディスコーンアンテナである。

(2) 一般に円盤状の導体面を大地に平行に
して用いる。

(3) 偏波は垂直偏波である。

(4) アンテナの形態から水平面内の指向性
は全方向性である。

(5) 主に超短波（VHF）及び極超短波
(UHF)帯でほぼ相対利得 0〔dB〕の利
得があり、スリーブアンテナやブラウン
アンテナと比べて広帯域アンテナとして
用いられる。

A-1 次の語句は、電気磁気量の名称とその国際単位系（SI）の単位記号の組合せを示したものである。このうち誤っているものを下の番号から選べ。

	名称	単位記号
1	静電容量	〔C〕
2	インダクタンス	〔H〕
3	磁界の強さ	〔A/m〕
4	電界の強さ	〔V/m〕
5	力	〔N〕

A-2 次の図に示す抵抗 R_1 及び R_2 の並列回路において、直流電源 E から流れる電流 I の値として、正しいものを下の番号から選べ。

1　3.0〔A〕
2　2.5〔A〕
3　2.0〔A〕
4　1.5〔A〕
5　1.0〔A〕

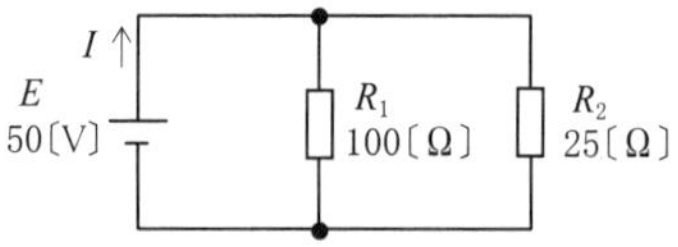

$I \uparrow$
E 50〔V〕
R_1 100〔Ω〕
R_2 25〔Ω〕

A-3 次の記述は、半導体について述べたものである。　　内に入れるべき字句の正しい組合せを下の番号から選べ。なお、同じ記号の　　内には、同じ字句が入るものとする。

(1) 一般に、半導体の抵抗値は、温度が高くなると、　A　なる。

(2) 真性半導体のシリコン（Si）に5価の不純物を加えると、　B　半導体になる。

(3) 　B　半導体の多数キャリアは、　C　である。

	A	B	C
1	小さく	P形	電子
2	小さく	N形	電子
3	小さく	P形	ホール（正孔）
4	大きく	P形	ホール（正孔）
5	大きく	N形	電子

答　A-1：1　　A-2：2　　A-3：2

A－4　次の記述は、図に示すように増幅度 (V_o/V_{iA}) が A の増幅回路と帰還率 (V_f/V_o) が β の帰還回路を用いた原理的な構成の負帰還増幅器について述べたものである。　　　内に入れるべき字句の正しい組合せを下の番号から選べ。

(1)　負帰還増幅器の電圧増幅度 (V_o/V_i) は、A より　A　なる。

(2)　負帰還増幅器の電圧増幅度 (V_o/V_i) は、$\beta \gg (1/A)$ として十分に負帰還をかけると、ほぼ β だけで決まり、　B　。

(3)　負帰還増幅器のひずみや雑音は、負帰還をかけない増幅回路よりも　C　なる。

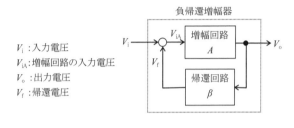

V_i：入力電圧
V_{iA}：増幅回路の入力電圧
V_o：出力電圧
V_f：帰還電圧

	A	B	C		A	B	C
1	大きく	不安定になる	多く	2	大きく	安定する	少なく
3	小さく	不安定になる	多く	4	小さく	不安定になる	少なく
5	小さく	安定する	少なく

A－5　次の図は、PLL による直接 FM（F3E）方式の変調器の原理的な構成図を示したものである。　　　内に入れるべき字句の正しい組合せを下の番号から選べ。

	A	B	C
1	位相比較器	低域フィルタ（LPF）	平衡変調器
2	位相比較器	高域フィルタ（HPF）	平衡変調器
3	位相比較器	低域フィルタ（LPF）	電圧制御発振器（VCO）
4	周波数逓倍器	低域フィルタ（LPF）	電圧制御発振器（VCO）
5	周波数逓倍器	高域フィルタ（HPF）	平衡変調器

答　A－4：5　　A－5：3

A－6　次の記述は、航空局用の AM（A3E）スーパヘテロダイン受信機について述べたものである。□□内に入れるべき字句の正しい組合せを下の番号から選べ。

(1)　高周波増幅器は、　A　を良くするとともに信号対雑音比（S/N）を改善する役割がある。

(2)　中間周波増幅器は、フィルタなどを使用して選択度を良くし、　B　周波数の混信を減らす役割がある。

(3)　スケルチは、受信信号の強さが規定値　C　のときにスピーカから雑音が出ることを防ぐ役割がある。

	A	B	C
1	電源効率	同一	以上
2	電源効率	近接	以下
3	感度	同一	以下
4	感度	同一	以上
5	感度	近接	以下

A－7　次の記述は、航空用一次レーダーとして用いられる ASDE（ASDER）について述べたものである。正しいものを下の番号から選べ。

1　空港周辺空域における航空機の進入及び出発管制を行うために用いられるレーダーである。

2　最終進入状態にある航空機のコースと正しい降下路からのずれ及び接地点までの距離を測定し、その航空機を着陸誘導するために用いられるレーダーである。

3　空港の滑走路や誘導路などの地上における移動体を把握し、安全な地上管制を行うために用いられるレーダーである。

4　航空路を航行する航空機を監視するために用いられるレーダーである。

5　航空機の前方（進行方向）の気象状況を探知し、安全な飛行をするために用いられるレーダーである。

A－8　次の記述は、レーダーから発射される電波が物体に当たって反射するときに生じる現象について述べたものである。□□内に入れるべき字句の正しい組合せを下の番号から選べ。

(1)　アンテナから発射された電波が移動物体で反射されるとき、反射された電波の周波数が受信点で偏移されて受信される現象を　A　という。

答　A－6：5　　A－7：3

(2) 移動物体が電波の発射源に近づいているとき、移動物体から反射された電波の周波数は、発射された電波の周波数より ┃ B ┃ なる。

(3) この効果は、移動物体の ┃ C ┃ に利用されている。

	A	B	C
1	ホール効果	高く	材質の把握
2	ホール効果	低く	速度の測定
3	ドプラ効果	低く	速度の測定
4	ドプラ効果	高く	速度の測定
5	ドプラ効果	高く	材質の把握

A-9　次の記述は、FM形電波高度計について述べたものである。 ┃ ┃ 内に入れるべき字句の正しい組合せを下の番号から選べ。

(1) 使用する電波の周波数は、 ┃ A ┃ 帯である。

(2) FM形電波高度計は、 ┃ B ┃ によって周波数変調された持続電波を航空機から発射する。

(3) この電波が地表などで反射されて受信電波として戻って来るまでの時間は、発射電波と受信電波の周波数の差（ビート周波数）に ┃ C ┃ する。したがって、ビート周波数を測定することにより高度を求めることができる。

	A	B	C
1	4〔GHz〕	三角波	比例
2	4〔GHz〕	方形波	比例
3	4〔GHz〕	三角波	反比例
4	2〔GHz〕	三角波	反比例
5	2〔GHz〕	方形波	比例

A-10　次の記述は、電池について述べたものである。 ┃ ┃ 内に入れるべき字句の正しい組合せを下の番号から選べ。

(1) マンガン乾電池は、 ┃ A ┃ である。

(2) 充放電を繰り返して ┃ B ┃ 電池を二次電池という。

(3) 容量が10〔Ah〕の同じ蓄電池2個を図のように接続したとき、合成容量は ┃ C ┃ である。

┃答┃　A-8：4　　A-9：1

	A	B	C
1	二次電池	使用できる	10〔Ah〕
2	二次電池	使用できない	20〔Ah〕
3	一次電池	使用できる	10〔Ah〕
4	一次電池	使用できる	20〔Ah〕
5	一次電池	使用できない	20〔Ah〕

B-1 次の記述は、DSB（A3E）通信方式と比べたときのSSB（J3E）通信方式の一般的な特徴について述べたものである。このうち正しいものを1、誤っているものを2として解答せよ。ただし、同じ条件のもとで通信を行うものとする。

ア 占有周波数帯幅が広い。

イ 選択性フェージングの影響が大きい。

ウ 変調信号があるときだけ電波が発射される。

エ 必要な空中線電力は、少ない。

オ 他の通信に与える混信が少ない。

B-2 次の記述は、アンテナと給電線について述べたものである。このうち正しいものを1、誤っているものを2として解答せよ。

ア 通常、アンテナの入力インピーダンスと給電線の特性インピーダンスを整合させて使用する。

イ アンテナと給電線のインピーダンスの整合がとれているとき、給電線上に定在波が生じる。

ウ アンテナと給電線のインピーダンスの整合がとれているときの電圧定在波比（VSWR）は0である。

エ 半波長ダイポールアンテナは平衡形アンテナである。また、同軸給電線は不平衡形給電線である。

オ 半波長ダイポールアンテナと同軸給電線を接続して電波を効率よく放射するには、バランなどを用いる。

答　A-10：4

　　B-1：ア-2　イ-2　ウ-1　エ-1　エ-1

　　B-2：ア-1　イ-2　ウ-2　エ-1　エ-1

B - 3 次の記述は、図に示す原理的な構造のアルホードループアンテナについて述べた ものである。 内に入れるべき字句を下の番号から選べ。ただし、無線航行業務に用 いられるアンテナとし、素子を含む面を水平にして用いるものとする。また電波の波長を λ〔m〕とする。

(1) 偏波は、 ア 偏波である。

(2) 主に用いられる周波数帯は、 イ である。

(3) 水平面内指向性は、 ウ である。

(4) 図に示す辺の長さ l は、 エ である。

(5) このアンテナを用いる施設は、 オ である。

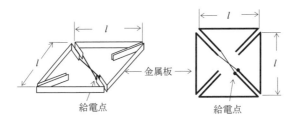

給電点　　　　　　　　　給電点

1	垂直	2	超短波(VHF)帯	3	ほぼ全方向性	4	λ	5	SSR
6	水平	7	マイクロ波(SHF)帯	8	単一指向性	9	$\lambda/4$	10	VOR

B - 4 次の記述は、電波の基本的性質について述べたものである。 内に入れるべ き字句を下の番号から選べ。ただし、電波の伝搬速度（空気中）を c〔m/s〕、周波数を f 〔Hz〕及び波長を λ〔m〕とする。

(1) 電波は、 ア である。

(2) 電波は、互いに イ 電界と磁界から成り立っている。

(3) 電波の伝搬速度 c は、約 ウ である。

(4) λ と c と f との関係は、$\lambda=$ エ である。

(5) 電波の電界の振動する方向を偏波といい、偏波面が常に大地に対して垂直なものを オ という。

1	縦波	2	直交する	3	3×10^{10}〔m/s〕	4	cf	5	垂直偏波
6	横波	7	平行な	8	3×10^{8}〔m/s〕	9	c/f	10	水平偏波

答 B - 3：ア - 6　イ - 2　ウ - 3　エ - 9　エ - 10

　　 B - 4：ア - 6　イ - 2　ウ - 8　エ - 9　エ - 5

▶解答の指針

A-1

1　静電容量　〔F〕

A-2

抵抗 R_1 及び R_2 に流れる電流 I_1 及び I_2 は、次のようになる。

$$I_1 = E/R_1 = 50/100 = 0.5 \text{〔A〕}$$
$$I_2 = E/R_2 = 50/25 = 2 \text{〔A〕}$$

したがって、

$$I = I_1 + I_2 = 0.5 + 2 = 2.5 \text{〔A〕}$$

A-3

(1)　一般に、半導体の抵抗値は、温度が高くなると、キャリアの増加が著しくなり、導電率が大きくなり、抵抗値は、小さくなる。

(2)　真性半導体のシリコン（Si）に5価の不純物を加えると、結晶内を動き回る自由電子が増加するため、N形半導体になる。

(3)　N形半導体の多数キャリアは、電子である。

A-4

設問図の負帰還回路において、入出力電圧 V_i と V_o、増幅器 A への入力電圧 V_{iA}、その増幅度 A、帰還回路の出力電圧 V_f 及び帰還率 β（$= V_f/V_o$）の間には以下の関係が成り立つ。

$$V_i - V_f = V_{iA} \qquad \cdots ①$$
$$V_o = A V_{iA} \qquad \cdots ②$$
$$V_f = \beta V_o \qquad \cdots ③$$

式①に式②と式③の値を代入して整理すると、負帰還増幅器の増幅度 A_f（$= V_o/V_i$）は、次のようになる。

$$V_i - \beta V_o = V_o/A$$
$$V_i = V_o/A + \beta V_o$$
$$A V_i = V_o + A\beta V_o = (1 + A\beta) V_o$$
$$A_f = V_o/V_i = \frac{A}{1 + A\beta}$$

(1)　負帰還増幅器の電圧増幅度（V_o/V_i）は、A より小さくなる。

(2)　負帰還増幅器の電圧増幅度（V_o/V_i）は、$\beta \gg (1/A)$ として十分に負帰還をかけると、ほぼ β だけで決まり、安定する。（$A\beta \gg 1$ から $A_f \fallingdotseq 1/\beta$ となる。）

(3)　負帰還増幅器のひずみや雑音は、負帰還をかけない増幅回路よりも少なくなる。

A-5

VCO の制御電圧に信号波を重畳して VCO の発振周波数を変化させて FM 波を直接得る方式で、PLL 変調器という。設問図の　A　は位相比較器、　B　は低域フィルタ（LPF）、　C　は電圧制御発振器（VCO）である。

A-7

空港面探知レーダー（Airport Surface Detection Equipement：ASDE）の記述は3であり、1、2、4及び5は以下のレーダーである。

1　空港監視レーダー
　（Airport Surveillance Radar：ASR）

2　精測進入レーダー
　（Precision Approach Radar：PAR）

4　航空路監視レーダー
　（Air Route Surveillance Radar：ARSR）

5　航空機搭載 WX レーダー

A－9

(1) 使用する電波の周波数は、<u>4〔GHz〕</u>帯である。

(2) FM形電波高度計は、下図のように<u>三角波</u>によって周波数変調された持続電波を航空機から地上に向けて発射する。

(3) この電波が地表などで反射されて受信電波として戻って来るまでの時間 t_b は、発射電波と受信電波の周波数の差（ビート周波数 f_b）に<u>比例</u>する。

　したがって、ビート周波数 f_b を測定することにより高度 H を求めることができる。

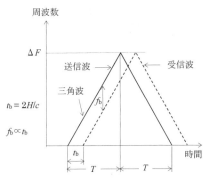

ΔF：最大周波数偏移
H：高度
c：光速(電波の速度)
t_b：時間差
f_b：ビート周波数
T：三角波の半周期

A－10

(1) マンガン乾電池は、<u>一次電池</u>である。

(2) 充放電を繰り返して<u>使用できる電池</u>を二次電池という。

(3) 容量が10〔Ah〕の同じ蓄電池2個を並列接続すると、合成容量は2倍となり、<u>20〔Ah〕</u>である。

B－1

ア　占有周波数帯幅が**狭い**。

イ　選択性フェージングの影響が**小さい**。

B－2

イ　アンテナと給電線のインピーダンスの整合がとれているとき、給電線上に定在波は**生じない**。

ウ　アンテナと給電線のインピーダンスの整合がとれているときの電圧定在波比（VSWR）は**1**である。

B－3

　アルホードループアンテナは、設問図のようにアンテナの外枠の全長はほぼ1波長で、その部分の電流を同じ方向に流し電流分布を均一にして電波を放射する。辺の長さ l は、$\lambda/4$ である。素子を含む面を水平にした場合、放射電波は<u>水平</u>偏波であり、指向性はその面内でほぼ<u>全方向性</u>である。<u>超短波（VHF）</u>帯の無線標識（<u>VOR</u>）の送信アンテナとして用いられる。

A-1 次の記述は、図に示すように、磁極 NS 間に、磁界 H の方向に対して直角に置かれた直線導体 L に直流電流 I〔A〕を図の a から b に流した時に生じる現象について述べたものである。 内に入れるべき字句の正しい組合せを下の番号から選べ。ただし、磁界 H は、紙面に対して平行とし、L は、紙面上に置かれているものとする。なお同じ記号の 内には、同じ字句が入るものとする。

(1) L は、電磁力を受ける。その方向は、フレミングの A の法則で求められる。

(2) フレミングの A の法則では、磁界の方向を B 、電流 I の方向を C で示すと、親指の方向が電磁力の方向になる。

(3) したがって図の場合、L は紙面の D の方向の力をうける。

	A	B	C	D
1	右手	人差指	中指	裏から表
2	右手	中指	人差指	表から裏
3	左手	人差指	中指	表から裏
4	左手	人差指	中指	裏から表
5	左手	中指	人差指	表から裏

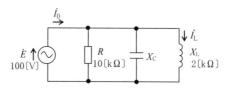

A-2 次の記述は、図に示す並列共振回路について述べたものである。このうち誤っているものを下の番号から選べ。ただし、交流電源電圧を $\dot{E} = 100$〔V〕、誘導リアクタンスを $X_L = 2$〔kΩ〕、抵抗を $R = 10$〔kΩ〕とし、回路は共振状態にあるものとする。

1 X_L に流れる電流 $\dot{I}_L$ の大きさは、50〔mA〕である。

2 交流電源 $\dot{E}$ から流れる電流 $\dot{I}_0$ の大きさは、10〔mA〕である。

3 容量リアクタンス X_C は、1〔kΩ〕である。

4 交流電源 $\dot{E}$ からみたインピーダンスの大きさは、10〔kΩ〕である。

5 交流電源 $\dot{E}$ と $\dot{E}$ から流れる電流 $\dot{I}_0$ との位相差は、0〔rad〕である。

答 A-1：4　　A-2：3

A－3　次の記述は、バイポーラトランジスタと比較したときの電界効果トランジスタ（FET）の一般的な特徴について述べたものである。このうち誤っているものを下の番号から選べ。

1　入力インピーダンスは、高い。

2　キャリアは、1種類である。

3　雑音が少ない。

4　接合形と MOS 形がある。

5　電流で電流を制御する電流制御素子である。

A－4　次の記述は、図に示す増幅回路の電力増幅度 A_p（真数）と電力利得 G_p〔dB〕について述べたものである。 内に入れるべき字句の正しい組合せを下の番号から選べ。

(1)　A_p は、$A_p = P_o/P_i$ で表される。

(2)　G_p は、$G_p =$ A 〔dB〕で表される。

(3)　したがって、$A_p = 100$ のとき、G_p は、$G_p =$ B 〔dB〕である。

(4)　また、$G_p = 0$〔dB〕のとき、A_p は、$A_p =$ C である。

	A	B	C
1	$10\log_{10}A_p$	40	10
2	$10\log_{10}A_p$	20	1
3	$10\log_{10}A_p$	40	1
4	$20\log_{10}A_p$	20	1
5	$20\log_{10}A_p$	20	10

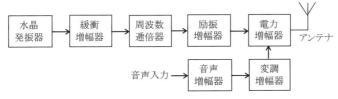

P_i：入力電力[W]

P_o：出力電力[W]

A－5　次の記述は、図に示す AM（A3E）送信機の原理的な構成例について述べたものである。 内に入れるべき字句の正しい組合せを下の番号から選べ。

(1)　緩衝増幅器は、増幅器などによる動作の影響が A に及ぶのを軽減する働きをする。

(2)　周波数逓倍器は、一般に C 級増幅回路を用いて波形をひずませ、そのひずんだ波形から B を同調回路で取り出している。

水晶発振器 → 緩衝増幅器 → 周波数逓倍器 → 励振増幅器 → 電力増幅器 → アンテナ

音声入力 → 音声増幅器 → 変調増幅器 → 電力増幅器

(3) 変調増幅器は、過変調になって電波の占有周波数帯幅が $\boxed{\text{C}}$ なり過ぎないレベルに増幅を行う。

	A	B	C
1	励振増幅器	低調波成分	狭く
2	励振増幅器	高調波成分	広く
3	水晶発振器	低調波成分	広く
4	水晶発振器	高調波成分	広く
5	水晶発振器	低調波成分	狭く

A－6　次の記述は、FM（F3E）受信機について述べたものである。$\boxed{}$ 内に入れるべき字句の正しい組合せを下の番号から選べ。

(1) 復調には一般に、$\boxed{\text{A}}$ が用いられる。

(2) 伝搬中に受けた振幅変調成分を除去するために、$\boxed{\text{B}}$ が設けられる。

(3) 受信電波が無いとき又は微弱なときに生じる大きな雑音を抑圧するため $\boxed{\text{C}}$ 回路が設けられる。

	A	B	C
1	周波数弁別器	位相変調器	スケルチ
2	周波数逓倍器	位相変調器	スケルチ
3	周波数逓倍器	振幅制限器	ディエンファシス
4	周波数弁別器	振幅制限器	スケルチ
5	周波数弁別器	振幅制限器	ディエンファシス

A－7　次の記述は、DSB（A3E）通信方式と比べたときのSSB（J3E）通信方式の一般的な特徴について述べたものである。$\boxed{}$ 内に入れるべき字句の正しい組合せを下の番号から選べ。

(1) 同じ通信品質を得るのに必要な空中線電力は、$\boxed{\text{A}}$。

(2) 占有周波数帯幅が $\boxed{\text{B}}$、周波数の利用効率が良い。

(3) 選択性フェージングの影響が $\boxed{\text{C}}$。

	A	B	C		A	B	C
1	大きい	広く	多い	2	小さい	狭く	少ない
3	大きい	狭く	少ない	4	小さい	広く	少ない
5	小さい	広く	多い				

$\boxed{\text{答}}$　A－5：4　　A－6：4　　A－7：2

A－8 次の記述は、図に示す原理的な整流電源の構成例について述べたものである。このうち誤っているものを下の番号から選べ。

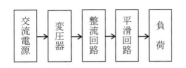

1 整流回路には、全波整流や半波整流などがある。

2 整流回路は、大きさと方向が変化する電圧（電流）を一方向の電圧（電流）に変える。

3 平滑回路には、コンデンサやコイルがよく使われる。

4 平滑回路は、整流された電圧（電流）を完全な直流に近づける。

5 変圧器は、交流電圧を直流電圧に変換する。

A－9 次の記述は、航空管制用レーダーについて述べたものである。□□□内に入れるべき字句の正しい組合せを下の番号から選べ。

(1) 滑走路や誘導路などの地上の航空機や車等を把握するために用いられるレーダーは、□A□といわれる。

(2) 空港周辺空域における航空機の進入及び出発管制を行うために用いられるレーダーは、□B□といわれる。

(3) 航空路を航行する航空機を監視するために用いられるレーダーは、□C□といわれる。

	A	B	C
1	ASDE	ARSR	ASR
2	ASDE	ASR	ARSR
3	ASR	ASDE	ARSR
4	ASR	ARSR	ASDE
5	ARSR	ASR	ASDE

A－10 次の記述は、アンテナと給電線の整合について述べたものである。□□□内に入れるべき字句の正しい組合せを下の番号から選べ。ただし、送信機と給電線は、整合しているものとする。

(1) アンテナの□A□と給電線の特性インピーダンスを合わせることを整合という。

(2) 整合がとれているとき、給電線に定在波が□B□。

□答□ A－8：5　　A－9：2

(3) 整合がとれていないと、反射損が C 。

	A	B	C
1	損失抵抗	生じる	生じない
2	損失抵抗	生じない	生じる
3	給電点インピーダンス（入力インピーダンス）	生じる	生じない
4	給電点インピーダンス（入力インピーダンス）	生じない	生じる
5	給電点インピーダンス（入力インピーダンス）	生じる	生じる

B－1　次の記述は、VOR/DME について述べたものである。 □ 内に入れるべき字句を下の番号から選べ。

(1) VOR/DME は、方位情報を与える ア 地上装置と距離情報を与える イ 地上装置とを併設し、航空機は、これらの装置からの情報を得て、その位置を決定する。

(2) VOR に割り当てられている周波数帯は、 ウ 帯である。

(3) DME 地上局は、 エ 帯の垂直偏波の高利得アンテナを利用している。

(4) DME の機上装置からは、情報を得るために電波を発射する オ 。

1　VOR	2　速度	3　短波（HF）
4　極超短波（UHF）	5　必要はない	
6　DME	7　高度	8　超短波（VHF）
9　マイクロ波（SHF）	10　必要がある	

B－2　次の記述は、GPS（全世界測位システム）について述べたものである。 □ 内に入れるべき字句を下の番号から選べ。

(1) GPS 衛星は、地上からの高度が約 ア 〔km〕の高さにある。

(2) GPS 衛星は、異なる イ 配置されている。

(3) 各衛星は、一周約 ウ で地球を周回している。

(4) 測位に使用している周波数は、 エ である。

(5) 一般に、任意の オ からの電波が受信できれば、測位は、可能である。

1　36,000	2　6つの軌道上に	3　24時間
4　極超短波（UHF）帯	5　4個の衛星	
6　20,000	7　2つの軌道上に	8　12時間
9　短波（HF）帯	10　2個の衛星	

答　A－10：4

B－1：ア－1　イ－6　ウ－8　エ－4　オ－10

B－2：ア－6　イ－2　ウ－8　エ－4　オ－5

B-3　次の記述は、図に示す原理的な構造のスリーブアンテナについて述べたものである。このうち正しいものを1、誤っているものを2として解答せよ。ただし、波長をλ〔m〕とする。また、放射素子を垂直にして使用するものとする。

ア　スリーブの長さlは、$\lambda/2$である。

イ　水平面内の指向性は、全方向性である。

ウ　利得は、半波長ダイポールアンテナとほぼ同じである。

エ　一般に超短波（VHF）帯や極超短波（UHF）帯のアンテナとして用いられる。

オ　特性インピーダンスが300〔Ω〕の同軸給電線を用いると、整合回路がなくても、アンテナと給電線はほぼ整合する。

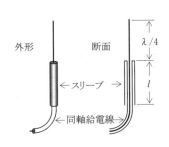

B-4　次の記述は、超短波（VHF）帯の電波と比べたときのマイクロ波（SHF）帯の電波の一般的な特徴について述べたものである。このうち正しいものを1、誤っているものを2として解答せよ。

ア　波長が長い。

イ　電波の直進性が顕著である。

ウ　電離層による反射波による伝搬が主体である。

エ　伝搬距離に対する損失（自由空間基本伝送損失）が小さい。

オ　10〔GHz〕以上の周波数になると降雨による影響を受けやすい。

　答　B-3：ア-2　イ-1　ウ-1　エ-1　オ-2
　　　B-4：ア-2　イ-1　ウ-2　エ-2　オ-1

▶解答の指針

A-1

　磁界中にその方向と直角に置かれた直線導体Lに電流を流したときの電磁力の方向に関して、フレミングの左手の法則があり、中指を電流の方向、人差指を磁界の方向にしたとき親指が電磁力の方向となる。したがって、Lは紙面の裏から表の方向の電磁力を受ける。

A-2

1　$\dot{I}_L$ の大きさは、

$$\left|\frac{\dot{E}}{X_L}\right| = \frac{100}{2\times10^3} = 50 \ \text{〔mA〕}$$

2　$\dot{I}_0$ の大きさは、

$$\left|\frac{\dot{E}}{R}\right| = \frac{100}{10\times10^3} = 10 \ \text{〔mA〕}$$

3　並列共振条件より $X_C = X_L$ であるから $X_C = 2$ 〔kΩ〕である。

4　$\dot{E}$ からみたインピーダンスは、リアクタンス $= 0$ であり、$R = 10$ 〔kΩ〕である。

5　$\dot{E} = R\dot{I}_0$ の関係から $\dot{E}$ と $\dot{I}_0$ との位相差は 0 〔rad〕である。

A-3

5　電圧で電流を制御する電圧制御素子である。

A-7

(1)　SSB波は、DSB波の一つの側波帯のみを利用するので、同じ通信品質を得るのに必要な空中線電力は、小さい。

(2)　占有周波数帯幅がDSB波の約半分と狭く、周波数の利用効率が良い。

(3)　占有周波数帯幅が狭いSSB波は周波数によって異なる変化をする選択性フェージングの影響が少ない。

A-8

5　変圧器は、必要な大きさの交流電圧に変換させる。

A-9

(1)　空港の滑走路や誘導路などの地上における移動体を把握し、安全な地上管制を行うために用いられるレーダーは、空港面探知レーダー（ASDE：Airport Surface Detection Equipment）である。

(2)　空港周辺空域における航空機の進入及び出発管制を行うために用いられるレーダーは、空港監視レーダー（ASR：Airport Surveillance Radar）である。

(3)　航空路を航行する航空機を監視するために用いられるレーダーは、航空路監視レーダー（ASRS：Air Route Surveillance Radar）である。

B-1

(1)　VOR/DMEは、航空機の方位情報を提供するVOR（VHF Omni-directional Radio-range の略）地上装置と距離情報を与えるDME（Distance Measuring Equipment の略）地上装置とを併設し、航空機は、これらから情報を得て、自らの位置を決定する。

(2)　VORの周波数帯は、108～118〔MHz〕の超短波（VHF）帯である。

(3)　DME地上局は、960～1215〔MHz〕

の極超短波（UHF）帯で垂直偏波の高
利得アンテナを用いて航空機へ応答信号
を返すトランスポンダである。
(4)　DME の機上装置からは情報を得るた
めの質問パルスを発射する<u>必要がある</u>
（インタロゲータ）。

B - 2

　GPS 衛星システムは、周期約<u>12時間</u>の
衛星群からなり、高度約<u>20,000</u>〔km〕、軌
道傾斜角約55度の異なった<u>6 つの軌道上に</u>
4 個ずつの計24個の衛星で構成されてい
て、各衛星は原子時計で作られた正確な周
波数の信号を各衛星固有の PN 符号でスペ
クトル拡散変調した1.5〔GHz〕帯（<u>極超
短波（UHF）帯</u>）信号を送信している。
受信機の 3 次元位置と時刻の誤差を決定す
るために合計<u>4 個の衛星</u>を受信する必要が
ある。

B - 3

ア　スリーブの長さ l は、$\lambda/4$ である。
オ　特性インピーダンスが 75〔Ω〕の同
軸給電線を用いると、整合回路がなくて
もアンテナと給電線はほぼ整合する。

B - 4

ア　**波長が短い。**
ウ　**送信アンテナから受信アンテナに直接
伝わる直接波**による伝搬が主体である。
エ　伝搬距離に対する損失（自由空間基本
伝送損失）が**大きい**。
　（自由空間伝搬損失 $= (4\pi d/\lambda)^2$ であり、
周波数が高く（波長が短く）なると、大
きくなる。）

令和2年2月期

A－1　次の記述は、図に示すように距離が r〔m〕離れた二つの点電荷 Q_1〔C〕及び Q_2〔C〕の間に働く静電力 F〔N〕について述べたものである。□□□内に入れるべき字句の正しい組合せを下の番号から選べ。

(1)　静電力 F の大きさは、r が一定のとき、Q_1 と Q_2 の　A　に比例する。

(2)　静電力 F の大きさは、Q_1 及び Q_2 が一定のとき、r の　B　に反比例する。

(3)　(1)、(2)を静電気に関する　C　の法則という。

	A	B	C
1	積	2乗	クーロン
2	積	3乗	クーロン
3	積	2乗	フレミング
4	和	2乗	フレミング
5	和	3乗	クーロン

A－2　図に示す交流回路の電源 E から流れる電流 I の大きさの値として、正しいものを下の番号から選べ。

1　1〔A〕
2　2〔A〕
3　3〔A〕
4　4〔A〕
5　5〔A〕

E：交流電源電圧
X_L：誘導リアクタンス
R：抵抗

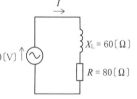

A－3　次の記述は、電界効果トランジスタ（FET）の一般的な特徴について述べたものである。□□□内に入れるべき字句の正しい組合せを下の番号から選べ。

(1)　接合形と　A　形がある。

(2)　キャリアは、　B　である。

(3)　バイポーラ形（接合形）トランジスタに比べて、雑音が　C　。

	A	B	C
1	点接触	2種類	多い
2	点接触	1種類	少ない

3	MOS	1種類	多い
4	MOS	2種類	多い
5	MOS	1種類	少ない

A－4 次の記述は、図に示す増幅回路の電圧増幅度 A_v（真数）と電圧利得 G_v〔dB〕について述べたものである。_____内に入れるべき字句の正しい組合せを下の番号から選べ。

(1) A_v は、$A_v = V_o/V_i$ で表される。

(2) G_v は、$G_v = $ [A] 〔dB〕で表される。

(3) したがって、$A_v = 100$ のとき、G_v は、$G_v = $ [B] 〔dB〕である。

(4) また、$G_v = 0$〔dB〕のとき、A_v は、$A_v = $ [C] である。

	A	B	C
1	$10 \log_{10} A_v$	40	1
2	$10 \log_{10} A_v$	20	10
3	$20 \log_{10} A_v$	40	1
4	$20 \log_{10} A_v$	40	10
5	$20 \log_{10} A_v$	20	10

$V_i \longrightarrow$ 増幅回路 $\longrightarrow V_o$

V_i ：入力電圧
V_o ：出力電圧

A－5 次の記述は、図に示す FM（F3E）送信機の発振部などに用いられる PLL 発振回路（PLL 周波数シンセサイザ）の原理的な構成例について述べたものである。_____内に入れるべき字句の正しい組合せを下の番号から選べ。なお、同じ記号の_____内には、同じ字句が入るものとする。

(1) 分周器と可変分周器の出力は、[A] に入力される。

(2) 低域フィルタ（LPF）の出力は、[B] に入力される。

(3) 基準発振器の出力の周波数 f_s を 3.2〔MHz〕、分周器の分周比 $1/N$ を 1/64、可変分周器の分周比 $1/M$ を 1/2,720 としたとき、出力の周波数 f_0 は、[C]〔MHz〕になる。

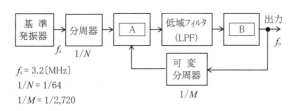

基 準
発振器 → 分周器 → A → 低域フィルタ（LPF） → B → 出力

f_s $1/N$

$f_s = 3.2$〔MHz〕
$1/N = 1/64$
$1/M = 1/2,720$

可 変
分周器

$1/M$

f_0

	A	B	C
1	平衡変調器	電圧制御発振器（VCO）	118
2	平衡変調器	トーン発振器	136
3	位相比較器	電圧制御発振器（VCO）	118
4	位相比較器	電圧制御発振器（VCO）	136
5	位相比較器	トーン発振器	118

A-6　次の記述は、FM（F3E）受信機について述べたものである。このうち誤っているものを下の番号から選べ。

1　原理上、受信するFM（F3E）波は、周波数が変化する電波である。

2　復調器として、平衡変調器などが用いられる。

3　一般的にAM（A3E）受信機に比べて、振幅性の雑音に強い。

4　FM（F3E）波が伝搬中に受けた振幅の変動分を除去するために、振幅制限器が設けられている。

5　受信電波がないとき、又は微弱なとき、スピーカからの大きな雑音を抑圧するために、スケルチ回路が設けられている。

A-7　次の記述は、デジタル信号で変調したときの変調波形について述べたものである。□□□内に入れるべき字句の正しい組合せを下の番号から選べ。ただし、デジタル信号は "1" 又は "0" の2値で表されるものとする。

(1)　図に示す変調波形Ⅰは □A□ の一例である。

(2)　図に示す変調波形Ⅱは □B□ の一例である。

(3)　図に示す変調波形Ⅲは □C□ の一例である。

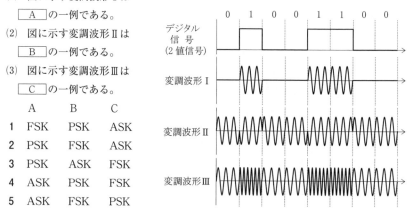

	A	B	C
1	FSK	PSK	ASK
2	PSK	FSK	ASK
3	PSK	ASK	FSK
4	ASK	PSK	FSK
5	ASK	FSK	PSK

答　A-5：4　　A-6：2　　A-7：4

A－8 次の記述は、図に示す航空用 DME 及び VOR（超短波全方向無線標識）について述べたものである。 内に入れるべき字句の正しい組合せを下の番号から選べ。なお、同じ記号の 内には、同じ字句が入るものとする。

(1) 航空用 DME は、航行中の航空機が地上の定点（地上 DME）までの A を測定するための装置である。

(2) 航空機の機上 DME（インタロゲータ）は、地上 DME（トランスポンダ）に質問信号を送信し、質問信号に対する地上 DME からの応答信号を受信して質問信号の B を計測し、航空機と地上 DME との A を求める。

(3) VOR（超短波全方向無線標識）と併設された DME の A の情報と VOR から得られる C の情報とを組み合せることによって、航空機は自己の位置を把握することができる。

質問信号　機上 DME（インタロゲータ）
応答信号
地上 DME（トランスポンダ）

	A	B	C
1	距離	送信電力と応答信号の受信電力	磁北からの方位角
2	距離	送信電力と応答信号の受信電力	経度
3	距離	送信から応答信号の受信までの時間	磁北からの方位角
4	高度	送信から応答信号の受信までの時間	経度
5	高度	送信電力と応答信号の受信電力	経度

A－9 次の記述は、一般的なパルスレーダーの最大探知距離について述べたものである。 内に入れるべき字句の正しい組合せを下の番号から選べ。

(1) 最大探知距離を大きくするには、受信機の内部雑音を小さくして感度を A 。

(2) 最大探知距離を大きくするには、パルスのパルス幅を B する。

(3) 送信電力だけで最大探知距離を 2 倍にするには、元の電力の C 倍の送信電力が必要になる。

	A	B	C		A	B	C
1	下げる（悪くする）	広く	16	2	下げる（悪くする）	狭く	8
3	上げる（良くする）	広く	8	4	上げる（良くする）	狭く	8
5	上げる（良くする）	広く	16				

答　A－8：3　　A－9：5

A－10　次の記述は、図に示す原理的な構成の整流電源回路について述べたものである。このうち誤っているものを下の番号から選べ。

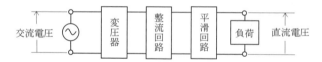

交流電圧 〜 | 変圧器 | 整流回路 | 平滑回路 | 負荷 | 直流電圧

1　変圧器は、必要な大きさの交流電圧に変える。

2　整流回路は、大きさと方向が変化する電圧（電流）を一方向の電圧（電流）に変える。

3　整流回路には、ブリッジ整流などがある。

4　平滑回路には、サイリスタがよく使われる。

5　平滑回路は、整流された電圧（電流）を完全な直流に近づける。

B－1　次の記述は、マイクロ波（SHF）帯の伝送線路として用いられる導波管について述べたものである。このうち正しいものを1、誤っているものを2として解答せよ。

ア　一般に断面は、六角形である。

イ　導波管の内部は、通常、磁性体である。

ウ　基本モードの遮断周波数以下の周波数の信号は、伝送されない。

エ　一般に、電波が管内から外部へ漏洩することは無い。

オ　基本モードで伝送するときは、高い周波数に用いる導波管ほど外径が大きい。

B－2　次の記述は、インマルサット航空衛星通信システムについて述べたものである。このうち正しいものを1、誤っているものを2として解答せよ。

ア　赤道上空約 20,000〔km〕の位置に打ち上げられている静止衛星のインマルサット衛星を利用している。

イ　電話、データ伝送などのサービスが提供されている。

ウ　通信は、衛星（人工衛星局）を介して、航空機（航空機地球局）と航空地球局との間で通信が行われる。

エ　航空機（航空機地球局）と衛星（人工衛星局）間の使用周波数は、4〔GHz〕及び 6〔GHz〕帯である。

オ　航空地球局と衛星（人工衛星局）間の使用周波数は、1.5〔GHz〕及び 1.6〔GHz〕帯である。

答　A－10：4

　　　B－1：ア－2　イ－2　ウ－1　エ－1　オ－2

　　　B－2：ア－2　イ－1　ウ－1　エ－2　オ－2

B-3 次の記述は、マイクロ波（SHF）帯の電波の一般的な特徴について述べたものである。◯◯内に入れるべき字句を下の番号から選べ。

(1) 超短波（VHF）帯の電波と比べ、波長が ア 。

(2) 超短波（VHF）帯の電波と比べ、電波の直進性が イ 。

(3) 固定回線では、 ウ による伝搬が主体である。

(4) 超短波（VHF）帯の電波と比べ、伝搬距離に対する エ 。

(5) 概ね10〔GHz〕以上の周波数になると降雨による影響を オ 。

1 短い　　　　　　　2 弱い　　　　　　3 電離層（F層）反射波

4 損失（自由空間基本伝送損失）が大きい　　5 受けやすい

6 長い　　　　　　　7 強い　　　　　　8 直接波

9 損失（自由空間基本伝送損失）が小さい　　10 受けにくい

B-4 次の記述は、図に示す構造のアンテナについて述べたものである。◯◯内に入れるべき字句を下の番号から選べ。

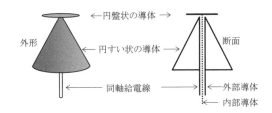

←円盤状の導体→

外形　　　　←円すい状の導体→　　断面

←同軸給電線→　　←外部導体
←内部導体

(1) 名称は、 ア アンテナである。

(2) 一般に円盤状の導体面を大地に イ 用いる。

(3) (2)のように用いた場合、偏波は、 ウ である。

(4) (2)のように用いた場合、水平面内の指向性は エ である。

(5) 主に オ 帯で用いられている。

1 アルホードループ　　2 垂直にして　　3 水平偏波　　4 全方向性

5 長波（LF）　　　　6 ディスコーン　　7 平行にして　　8 垂直偏波

9 単一指向性　　　10 超短波（VHF）及び極超短波（UHF）

答　　B-3：ア-1　イ-7　ウ-8　エ-4　オ-5

B-4：ア-6　イ-7　ウ-8　エ-4　オ-10

▶解答の指針

A-1
二つの点電荷の間に作用する静電力 F は、クーロンの法則により、電荷を Q_1 〔C〕及び Q_2 〔C〕、それらの距離を r 〔m〕及び誘電率を ε 〔F/m〕として、次式で表される。

$$F = \frac{Q_1 Q_2}{4\pi\varepsilon r^2} \text{〔N〕}$$

(1) F の大きさは、r が一定のとき、Q_1 と Q_2 の積に比例する。

(2) F の大きさは、Q_1 及び Q_2 が一定のとき、r の 2 乗に反比例する。

(3) (1)、(2)を静電気に関するクーロンの法則という。

A-2
X_L と R の合成インピーダンス Z は、$Z = \sqrt{R^2 + X_L^2} = \sqrt{80^2 + 60^2} = 100$ 〔Ω〕であるから電流 I は、$I = E/Z = 100/100 = 1$〔A〕となる。

A-4
(1) A_v は、$A_v = V_o/V_i$ で表される。

(2) G_v は、$G_v = 20\log_{10}A_v$〔dB〕で表される。

(3) したがって、$A_v = 100$ のとき、G_v は、$G_v = 20\log_{10}100 = 40$〔dB〕である。

(4) また、$G_v = 0$〔dB〕のとき、A_v は、$A_v = 10^{(0/20)} = 1$ である。

A-5
(1) 分周器と可変分周器の出力は、位相比較器に入力される。

(2) 低域フィルタ（LPF）の出力は、電圧制御発振器（VCO）に入力される。

(3) 基準発振器の出力の周波数 f_s を 3.2 〔MHz〕、分周器の分周比 $1/N$ を 1/64、可変分周器の分周比 $1/M$ を 1/2,720 としたとき、出力の周波数 f_o は、次式で表され、136〔MHz〕になる。

$$f_o = f_s \times \frac{M}{N} = 3.2 \times \frac{2,720}{64}$$
$$= 136 \text{〔MHz〕}$$

A-6
2 復調器として、周波数弁別器などが用いられる。

A-7
(1) 設問図の変調波形 I は、"1" のときに出力があるので、ASK（Amplitude Shift Keying）の一例である。

(2) 変調波形 II は、信号に応じて位相が変化するので PSK（Phase Shift Keying）の一例である。

(3) 変調波形 III は、信号に応じて周波数が変化するので FSK（Frequency Shift Keying）の一例である。

A-8
(1) 航空用 DME は、航行中の航空機が地上 DME（地上の定点）までの距離を測定するための装置である。

(2) 航空機の機上 DME（インタロゲータ）は、地上 DME（トランスポンダ）に質問信号を送信し、質問信号に対する地上 DME からの応答信号を受信して質問信号の送信から応答信号の受信までの時間を計測し、航空機と地上 DME との距離を求める。

(3) VOR（超短波全方向無線標識）と併

設された DME の距離情報と VOR から
の磁北からの方位角の情報とを組み合せ
ることによって、航空機は自己の位置を
把握することができる。

A-9

最大探知距離 $R_{\max}$ は、送信電力 P_t
〔W〕、最小受信電力 $S_{\min}$〔W〕、アンテナ
利得 G、物標の有効反射断面積 σ〔m²〕、
波長 λ〔m〕を用いて、次式で表される。

$$R_{\max} = \sqrt[4]{\frac{P_t G^2 \lambda^2 \sigma}{(4\pi)^3 S_{\min}}}$$

(1) $R_{\max}$ を大きくするには、受信機の内
部雑音を小さくして $S_{\min}$ を下げるため
感度を上げる（良くする）。
(2) $R_{\max}$ を大きくするには、パルスのパ
ルス幅 τ を広くし、送信エネルギーを上
げて、繰返し周期 T を長くする。
(3) 送信電力だけで $R_{\max}$ を2倍にするに
は、元の電力の $2^4 = 16$ 倍の送信電力が
必要になる。

A-10

4 平滑回路には、**コンデンサやコイル**が
よく使われる。

B-1

ア　一般に断面は、**方形又は円形**である。
イ　導波管の内部の物質は、通常、**空気
（中空）**である。
オ　基本モードで伝送するときは、高い周
波数に用いる導波管ほど外径が**小さい**。

B-2

ア　赤道上空約 **36,000**〔km〕の位置に打
ち上げられている静止衛星のインマル

サット衛星を利用している。
エ　航空機（航空機地球局）と衛星（人工
衛星局）間の使用周波数は、**1.5**〔GHz〕
及び1.6〔GHz〕帯である。
オ　航空地球局と衛星（人工衛星局）間の
使用周波数は、**4**〔GHz〕**及び6**〔GHz〕
帯である。

B-3

(1) VHF 帯の電波より周波数が高く、波
長が短い。
(2) 電波の直進性が強い。
(3) 固定回線では、送信アンテナから受信
アンテナに直接伝わる直接波による伝搬
が主体である。
(4) 伝搬距離に対する損失（自由空間基本
伝送損失）が大きい。伝搬損失は伝搬距
離の2乗に比例し、波長の2乗に反比例
するので、波長が短いほど大きい。
(5) 10〔GHz〕以上の周波数になると降雨
による影響を受けやすい。

B-4

(1) 名称は、ディスコーンアンテナである。
(2) 一般に円盤状の導体面を大地に平行に
して用いる。
(3) (2)のように用いた場合、偏波は、垂直
偏波である。
(4) (2)のように用いた場合、水平面内の指
向性は全方向性である。
(5) 主に超短波（VHF）及び極超短波
（UHF）帯で用いられている。ほぼ相対
利得 0〔dB〕の利得があり、スリーブ
アンテナやブラウンアンテナと比べて広
帯域アンテナとして用いられる。

A－1 次の記述は、フレミングの左手の法則について述べたものである。 内に入れるべき字句の正しい組合せを下の番号から選べ。

(1) フレミングの左手の法則では、磁界の中に磁界の方向に対して直角に導体を置き、その導体に直流電流を流したときの導体に働く電磁力の方向を知ることができる。

(2) 図のように、左手の親指、人差指及び中指を互いに直角になるように広げ、 A で磁界の方向を、 B で電流の方向を指し示すと、 C が電磁力の方向を指し示す。

	A	B	C
1	人差指	中指	親指
2	人差指	親指	中指
3	親指	人差指	中指
4	中指	親指	人差指
5	中指	人差指	親指

A－2 図に示す交流回路の消費電力（有効電力）の値として、正しいものを下の番号から選べ。

1 300〔W〕
2 350〔W〕
3 400〔W〕
4 450〔W〕
5 500〔W〕

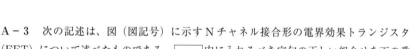

$V = 100$〔V〕（負荷に加わる電圧）
$I = 5$〔A〕（負荷に流れる電流）
θ : V と I の位相差
$\cos \theta = 0.8$（負荷の力率）

A－3 次の記述は、図（図記号）に示すNチャネル接合形の電界効果トランジスタ（FET）について述べたものである。 内に入れるべき字句の正しい組合せを下の番号から選べ。

(1) ドレイン（D）電流を A で制御する半導体素子である。

(2) Nチャネル中の多数キャリアは B である。

(3) バイポーラトランジスタに比べて入力インピーダンスが極めて C 。

答 A－1：1 A－2：3

	A	B	C
1	ゲート(G)に流れる電流	電子	高い
2	ゲート(G)に流れる電流	正孔	低い
3	ゲート(G)－ソース(S)間の電圧	正孔	低い
4	ゲート(G)－ソース(S)間の電圧	電子	高い
5	ゲート(G)－ソース(S)間の電圧	正孔	高い

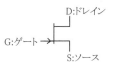

D:ドレイン
G:ゲート→
S:ソース

A－4 次は、論理回路とその真理値表の組合せを示したものである。このうち誤っているものを下の番号から選べ。ただし、正論理とし、A及びBを入力、Xを出力とする。

1 AND

A	B	X
0	0	0
0	1	0
1	0	0
1	1	1

2 OR

A	B	X
0	0	0
0	1	1
1	0	1
1	1	1

3 NAND

A	B	X
0	0	1
0	1	1
1	0	1
1	1	0

4 NOR

A	B	X
0	0	1
0	1	0
1	0	0
1	1	1

5 NOT

A	X
0	1
1	0

A－5 次の記述は、図に示すリング変調器について述べたものである。□□内に入れるべき字句の正しい組合せを下の番号から選べ。ただし、回路は理想的に動作するものとする。

(1) 出力信号の成分は□A□である。

(2) この変調器は□B□送信機の変調部などで用いられる。

	A	B
1	両側波帯成分	FM（F3E）
2	両側波帯成分	SSB（J3E）
3	両側波帯成分	AM（A3E）

T₁ D D T₂
変調信号　　　　出力信号
D D
搬送波
D ：ダイオード
T₁、T₂：変成器

答　A－3：4　A－4：4

4 搬送波成分及び両側波帯成分　　SSB（J3E）
5 搬送波成分及び両側波帯成分　　FM（F3E）

A－6　次の記述は、図に示す構成の航空局用の AM（A3E）スーパヘテロダイン受信機について述べたものである。□□内に入れるべき字句の正しい組合せを下の番号から選べ。

(1) 高周波増幅器は、　A　を良くするとともに信号対雑音比（S/N）を改善する役割がある。

(2) 中間周波増幅器は、フィルタなどを使用して選択度を良くし、　B　周波数の混信を減らす役割がある。

(3) スケルチは、受信信号の強さが規定値　C　のときにスピーカから雑音が出ることを防ぐ役割がある。

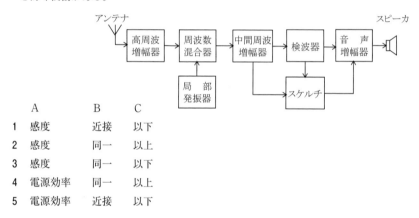

　　　　　　A　　　　　B　　　　C
1　感度　　　　近接　　　以下
2　感度　　　　同一　　　以上
3　感度　　　　同一　　　以下
4　電源効率　　同一　　　以上
5　電源効率　　近接　　　以下

A－7　次の記述は、FM（F3E）通信方式の一般的な特徴について述べたものである。このうち誤っているものを下の番号から選べ。

1　AM（A3E）通信方式と比べた時、一般に、占有周波数帯幅が広い。
2　AM（A3E）通信方式と比べた時、振幅性の雑音の影響を受けやすい。
3　受信電波の強さがある程度変わっても、受信機の出力は変わらない。
4　希望波の信号の強さが混信妨害波より強いときは混信妨害を受けにくい。
5　受信電波の強さがあるレベル以下になると、受信機の出力の信号対雑音比（S/N）が急激に悪くなる。

答　A－5：2　　A－6：1　　A－7：2

A-8 次の記述は、ILS（計器着陸装置）の地上施設について述べたものである。
□内に入れるべき字句の正しい組合せを下の番号から選べ。
(1) 航空機に対して、滑走路端からの距離の情報を与えるのは、　A　である。
(2) 航空機に対して、降下路の垂直（上下）方向の偏位の情報を与えるのは、　B　である。
(3) 航空機に対して、降下路の水平（左右）方向の偏位の情報を与えるのは、　C　である。

	A	B	C
1	ローカライザ	グライドパス	マーカ
2	マーカ	ローカライザ	グライドパス
3	グライドパス	マーカ	ローカライザ
4	ローカライザ	マーカ	グライドパス
5	マーカ	グライドパス	ローカライザ

A-9 次の記述は、パルスレーダーにおけるMTIについて述べたものである。□内に入れるべき字句の正しい組合せを下の番号から選べ。
(1) MTIは、移動物標と固定物標を識別し、　A　のみを検出する信号処理技術である。
(2) MTIは、　B　を利用している。
(3) MTIは、移動物標からの反射波の　C　が変動することを利用している。

	A	B	C
1	移動物標	ドプラ効果	振幅
2	移動物標	トンネル効果	振幅
3	移動物標	ドプラ効果	周波数
4	固定物標	ドプラ効果	周波数
5	固定物標	トンネル効果	振幅

A-10 次の記述は、電池について述べたものである。□内に入れるべき字句の正しい組合せを下の番号から選べ。
(1) マンガン乾電池は、　A　である。
(2) 充放電を繰り返して使用できる電池を　B　という。
(3) 容量が10〔Ah〕の同じ蓄電池2個を図のように接続したとき、合成容量は　C　である。

答　A-8：5　A-9：3

	A	B	C
1	二次電池	一次電池	10〔Ah〕
2	二次電池	一次電池	20〔Ah〕
3	一次電池	二次電池	10〔Ah〕
4	一次電池	一次電池	20〔Ah〕
5	一次電池	二次電池	20〔Ah〕

B-1 次の記述は、図に示す原理的な構造の小電力用の同軸ケーブルについて述べたものである。 内に入れるべき字句を下の番号から選べ。

(1) 同心円状に内部導体と外部導体を配置した構造で、 ア 形給電線として広く用いられている。

(2) 図の「A」の部分は、 イ である。

(3) マイクロ波のように周波数が高くなると ウ により内部導体の抵抗損が増える。

(4) 平行二線式給電線に比べて外部からの電波の影響を受けることが エ 。

(5) 特性インピーダンスは、 オ のものが多い。

1	平衡	2	誘電体
3	ゼーベック効果	4	少ない
5	300〔Ω〕	6	不平衡
7	磁性体	8	表皮効果
9	多い	10	50〔Ω〕と75〔Ω〕

B-2 次の記述は、航空用レーダーについて述べたものである。このうち、正しいものを1、誤っているものを2として解答せよ。

ア ARSRは、空港の滑走路や誘導路などの地上における移動体を把握し、安全な地上管制を行うために用いられるレーダーである。

イ ASRは、一般にPSR（一次レーダー）とSSR（二次レーダー）を組み合わせて、空港周辺空域の航空機を監視するレーダーである。

ウ 航空機搭載WXレーダーは、航空機の前方（進行方向）の気象状況を探知し、安全な飛行をするために用いられるレーダーである。

エ ASDEは、高出力のPSR（一次レーダー）とSSR（二次レーダー）を併設し、航空路における航空機を監視するレーダーである。

答 A-10：5
　　B-1：ア-6　イ-2　ウ-8　エ-4　オ-10

オ　PSR（一次レーダー）は、質問信号で変調した電波を発射することにより、航空機の識別符号と飛行高度情報を得るために用いるレーダーである。

B‑3　次の記述は、超短波（VHF）帯以上の電波伝搬について述べたものである。このうち正しいものを1、誤っているものを2として解答せよ。

ア　電離層（スポラジックE層を除く。）を突き抜ける。

イ　一般に、直接波と電離層反射波との合成波が受信される。

ウ　地表波伝搬では、中波（MF）帯に比べて、著しく減衰が小さい。

エ　大気中に温度の逆転層が生じてラジオダクトが形成され、より遠方まで伝搬することがある。

オ　伝搬路上に山岳があり、送受信点のそれぞれからその山頂が見通せるとき、電波は見通し外へ伝搬することがある。

B‑4　次の記述は、図に示す原理的な構造のアルホードループアンテナについて述べたものである。□□内に入れるべき字句を下の番号から選べ。ただし、航行援助業務に用いられるアンテナとし、素子を含む面を水平にして用いるものとする。また電波の波長をλ〔m〕とする。

(1)　偏波は、　ア　偏波である。

(2)　主に用いられる周波数帯は、　イ　である。

(3)　水平面内指向性は、　ウ　である。

(4)　図に示す辺の長さ l は、　エ　である。

(5)　このアンテナを用いる施設は、　オ　である。

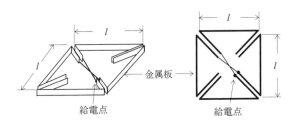

給電点　　　金属板→　　　給電点

1	垂直	2	超短波(VHF)帯	3	単一指向性	4	λ	5	DME
6	水平	7	マイクロ波(SHF)帯	8	ほぼ全方向性	9	λ/9	10	VOR

答　　B‑2：ア‑2　イ‑1　ウ‑1　エ‑2　オ‑2

B‑3：ア‑1　イ‑2　ウ‑2　エ‑1　オ‑1

B‑4：ア‑6　イ‑2　ウ‑8　エ‑9　オ‑10

▶解答の指針

A-2

交流回路の消費電力（有効電力）Pは、V〔V〕、I〔A〕及び力率$\cos\theta$を用いて次式で表される。

$$P = VI\cos\theta \text{〔W〕}$$

したがって、Pは題意の数値を用いて次のようになる。

$$P = 100 \times 5 \times 0.8 = 400 \text{〔W〕}$$

A-4

誤りは4であり、論理式、論理回路及び正しい真理値表は次のようになる。

$$X = \overline{A + B}$$

NOR

A	B	X
0	0	1
0	1	0
1	0	0
1	1	0

A-5

(1) 出力信号の成分はAM変調波から搬送波成分を除いた両側波帯成分である。

(2) この変調器はSSB（J3E）送信機の変調部などで用いられる。

A-7

2　AM（A3E）通信方式と比べた時、振幅性の雑音の影響を受けにくい。

A-8

(1) マーカ（Marker）は、異なった信号でAM変調された三つの周波数のVHF帯（75MHz）のビーコン電波であって、進入コースの3カ所に設置された2素子ダイポールアンテナから上方に送信されていて、上空を通過する航空機に進入端からの距離情報を与える。

(2) グライドパス（Glide path）は、航空機が滑走路に進入するとき正しい進入角（通常3度）からの偏位の情報を指示器に表示するシステムである。アンテナは、滑走路の進入口付近の側方に位置し、150Hzと90Hz信号の合成変調度パターンをもつUHF帯（329～335MHz）の電波を送信する。操縦者は受信機の指示器に表示された両信号の強度が等しくなるように操縦することによって航空機を正しい進入角に保たせることができる。

(3) ローカライザ（Localizer）は、航空機が滑走路に進入するとき滑走路の中心線の延長線からの水平方向の偏位の情報を航空機の指示器上に表示するシステムである。航空機はローカライザアンテナが出すグライドパスと同じ原理の150Hzと90Hz信号の合成変調度パターンのVHF帯（108～112MHz）電波を受信し、復調された両信号の強度が等しくなるように操縦することによって航空機を中心線上に保たせる役割を果たす。

A-9

MTIは、Moving Target Indicationの略である。

(1) MTIは、移動物標と固定物標とを区別し、移動物標のみを表示する信号処理技術である。

(2) MTIは、反射波のドプラ効果を利用

する。

(3)　MTIは、移動物標からの反射波の周波数が変動することを利用している。送信波の周波数から変化する量（周波数偏移）は、その方向の距離の変化（速度）に比例している。

A－10

(1)　マンガン乾電池は、一次電池である。

(2)　充放電を繰り返して使用できる電池を二次電池という。

(3)　容量が10〔Ah〕の同じ蓄電池2個を並列接続すると、合成容量は2倍となり、20〔Ah〕である。

B－2

ア　ARSRは、航空路を航行する航空機を監視するために用いられるレーダーである。

エ　ASDEは、空港の滑走路や誘導路などの地上における移動体を把握し、安全な地上管制を行うために用いられるレーダーである。

オ　SSR（二次レーダー）は、質問信号で変調した電波を発射することにより、航空機の識別符号と飛行高度情報を得るために用いるレーダーである。

B－3

イ　一般に、直接波と大地反射波との合成波が受信される。

ウ　地表波伝搬では、中波（MF）帯に比べて、著しく減衰が大きい。

B－4

アルホードループアンテナは、設問図のようにアンテナの外枠の全長はほぼ1波長で、その部分の電流を同じ方向に流し電流分布を均一にして電波を放射する。辺の長さ l は、$\lambda/4$ である。素子を含む面を水平にした場合、放射電波は水平偏波であり、指向性はその面内でほぼ全方向性である。超短波（VHF）帯の無線標識（VOR）の送信アンテナとして用いられる。

令和3年2月期

A-1 次の記述は、真空中に置かれた点電荷の周囲の電界の強さについて述べたものである。____内に入れるべき字句の正しい組合せを下の番号から選べ。ただし、図に示すように、Q〔C〕の電荷が置かれた点Pから $2r$〔m〕離れた点Rの電界の強さを E〔V/m〕とする。

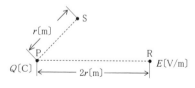

(1) 電界の強さとは、電界内に単位正電荷（1〔C〕）を置いた時にこれに作用する____A____をいう。

(2) 図に示すように、点Pから r〔m〕離れた点Sの電界の強さは、____B____〔V/m〕である。

(3) 点Sの電界の強さを E〔V/m〕にするには、点Pに置く電荷を____C____〔C〕にすればよい。

	A	B	C
1	電磁力	$2E$	$Q/4$
2	電磁力	$2E$	$Q/2$
3	静電力	$4E$	$Q/2$
4	静電力	$2E$	$Q/4$
5	静電力	$4E$	$Q/4$

A-2 図に示す抵抗 R_1 及び R_2 の並列回路において、直流電源 E から流れる電流 I の値として、正しいものを下の番号から選べ。

1　3.0〔A〕

2　2.5〔A〕

3　2.0〔A〕

4　1.5〔A〕

5　1.0〔A〕

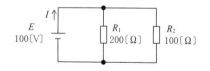

A-3 次の記述は、バイポーラトランジスタと比較したときの電界効果トランジスタ（FET）の一般的な特徴等について述べたものである。このうち誤っているものを下の番号から選べ。

1　入力インピーダンスは、高い。

2　Nチャネル形FETの多数キャリアは正孔である。

3　雑音が少ない。

4　接合形とMOS形がある。

5　電圧で電流を制御する電圧制御素子である。

A - 4 次の記述は、増幅回路の電圧利得について述べたものである。□□□内に入れるべき字句の正しい組合せを下の番号から選べ。

(1) 図1に示す増幅回路 AP の電圧利得 G は、G = □A□ × $\log_{10}$ (□B□) 〔dB〕で表される。

(2) 図2のように、電圧利得が G_1〔dB〕の増幅回路 AP_1 と電圧利得が G_2〔dB〕の増幅回路 AP_2 を接続したとき、全体の増幅回路 AP_0 の電圧利得 G_0 は、G_0 = □C□ 〔dB〕で表される。

	A	B	C
1	10	V_o/V_i	G_1+G_2
2	10	V_i/V_o	$G_1 \times G_2$
3	20	V_i/V_o	$G_1 \times G_2$
4	20	V_o/V_i	$G_1 \times G_2$
5	20	V_o/V_i	G_1+G_2

V_i：入力電圧〔V〕　V_o：出力電圧〔V〕

図1　　　　　　　　　図2

A - 5 次の記述は、図に示す AM（A3E）送信機の原理的な構成例について述べたものである。□□□内に入れるべき字句の正しい組合せを下の番号から選べ。

(1) 緩衝増幅器は、増幅器などによる動作の影響が □A□ に及ぶのを軽減する働きをする。

(2) 周波数逓倍器は、一般にC級増幅回路を用いて波形をひずませ、そのひずんだ波形から □B□ を同調回路で取り出している。

(3) 変調増幅器は、過変調になって電波の占有周波数帯幅が □C□ なり過ぎないレベルに増幅を行う。

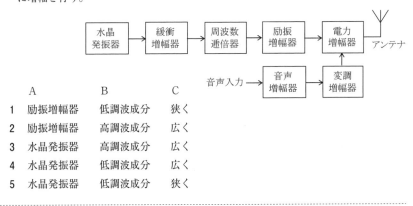

	A	B	C
1	励振増幅器	低調波成分	狭く
2	励振増幅器	高調波成分	広く
3	水晶発振器	高調波成分	広く
4	水晶発振器	低調波成分	広く
5	水晶発振器	低調波成分	狭く

答　A - 4：5　　A - 5：3

A-6　デジタル符号列「0101001」に対応する伝送波形が図に示す波形の場合、伝送符号形式の名称として、正しいものを下の番号から選べ。

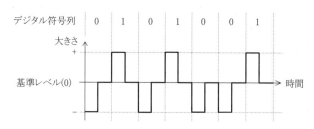

| 1 | 複極(両極)性 RZ 符号 | 2 | 単極性 RZ 符号 | 3 | 複極(両極)性 NRZ 符号 |
| 4 | AMI 符号 | 5 | 単極性 NRZ 符号 | | |

A-7　航空用一次レーダーとして用いられる ASDE についての記述として、正しいものを下の番号から選べ。
1　空港の滑走路や誘導路などの地上における移動体を把握し、安全な地上管制を行うために用いられるレーダーである。
2　航空路を航行する航空機を監視するために用いられるレーダーである。
3　航空機の前方（進行方向）の気象状況を探知し、安全な飛行をするために用いられるレーダーである。
4　空港周辺空域における航空機の進入及び出発管制を行うために用いられるレーダーである。
5　質問信号で変調した電波を発射することにより、航空機の識別符号と飛行高度情報を得るために用いるレーダーである。

A-8　次の記述は、FM 形電波高度計について述べたものである。　　内に入れるべき字句の正しい組合せを下の番号から選べ。
(1)　使用する電波の周波数は、　A　帯である。
(2)　FM 形電波高度計は、　B　によって周波数変調された持続電波を航空機から発射する。
(3)　この電波が地表などで反射されて受信電波として戻って来るまでの時間は、発射電波と受信電波の周波数の差（ビート周波数）に　C　する。したがって、ビート周波数を測定することにより高度を求めることができる。

答　　A-6：1　　A-7：1

	A	B	C
1	2〔GHz〕	三角波	反比例
2	2〔GHz〕	方形波	比例
3	4〔GHz〕	三角波	比例
4	4〔GHz〕	方形波	比例
5	4〔GHz〕	三角波	反比例

A-9 次の記述は、図に示す鉛蓄電池に電流を流して充電しているときの状態について述べたものである。_____内に入れるべき字句の正しい組合せを下の番号から選べ。

(1) 電池は少しずつ A する。

(2) 電解液の比重は、除々に B する。

(3) 充電中に発生するガスは、酸素と C である。

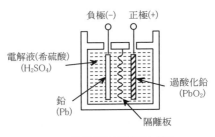

鉛蓄電池の原理的な構造

	A	B	C
1	発熱	上昇	窒素
2	発熱	上昇	水素
3	発熱	低下	水素
4	吸熱	低下	水素
5	吸熱	低下	窒素

A-10 次の記述は、アンテナと給電線の整合について述べたものである。_____内に入れるべき字句の正しい組合せを下の番号から選べ。ただし、送信機と給電線は、整合しているものとする。

(1) アンテナと給電線のインピーダンス整合がとれているとき、給電線の電圧定在波比（VSWR）の値は、 A である。

(2) アンテナと給電線のインピーダンス整合がとれているとき、給電線に定在波が B 。

(3) アンテナと給電線のインピーダンス整合がとれていないと、反射損が C 。

	A	B	C
1	0	生じる	生じない
2	0	生じない	生じる
3	1	生じる	生じる
4	1	生じない	生じる
5	1	生じる	生じない

答 A-8：3　　A-9：2　　A-10：4

B-1　次の記述は、受信機の性能について述べたものである。 ____内に入れるべき字句を下の番号から選べ。

(1) 感度は、どの程度まで ア 電波を受信できるかの能力を表す。

(2) 選択度は、多数の電波のうちから イ を選び出す能力を表す。

(3) 忠実度は、送信機から送り出された ウ をどれくらい忠実に再現できるかの能力を表す。

(4) 安定度は、ある電波を受信したとき、再調整を エ どれだけ一定出力が得られるかの能力を表す。

(5) 内部雑音は、 オ 内部で発生し、出力に雑音となって現れるものをいう。

1	微弱な	2	目的の電波のみ	3	搬送波	4	繰り返して
5	送信機	6	高い周波数の	7	二つ以上の電波	8	信号
9	行わずに	10	受信機				

B-2　次の記述は、VOR/DME について述べたものである。 ____内に入れるべき字句を下の番号から選べ。

(1) 距離情報を与える ア 地上装置と方位情報を与える イ 地上装置とを併設し、航空機は、これらの装置からの情報を得て、その位置を決定する。

(2) VOR に割り当てられている周波数帯は、 ウ 帯である。

(3) DME 地上局は、 エ 帯の垂直偏波の高利得アンテナを利用している。

(4) DME の機上装置からは、情報を得るために電波を発射する オ 。

1	DME	2	高度	3	超短波（VHF）	4	マイクロ波（SHF）
5	必要がある	6	VOR	7	速度	8	短波（HF）
9	極超短波（UHF）			10	必要はない		

答　B-1：ア-1　イ-2　ウ-8　エ-9　オ-10

　　B-2：ア-1　イ-6　ウ-3　エ-9　オ-5

B-3　次の記述は、図に示す原理的な構造のスリーブアンテナについて述べたものである。このうち正しいものを1、誤っているものを2として解答せよ。ただし、波長をλ〔m〕とする。また、放射素子を垂直にして使用するものとする。

　ア　水平面内の指向性は、全方向性である。

　イ　利得は、三素子八木・宇田アンテナ（八木アンテナ）とほぼ同じである。

　ウ　垂直に伸ばした同軸給電線の中心導体の長さl_1及び給電点で同軸給電線の外部導体と接続されたスリーブの長さl_2は、それぞれ$\lambda/2$である。

　エ　特性インピーダンスが75〔Ω〕の同軸給電線を用いると、整合回路がなくてもアンテナと給電線はほぼ整合する。

　オ　一般に超短波（VHF）帯や極超短波（UHF）帯のアンテナとして用いられる。

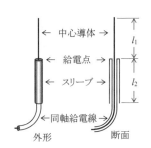

B-4　次の記述は、電波の基本的性質について述べたものである。　　　内に入れるべき字句を下の番号から選べ。ただし、電波の伝搬速度（空気中）をc〔m/s〕、周波数をf〔Hz〕及び波長をλ〔m〕とする。

　(1)　電波は、　ア　である。

　(2)　電波は、互いに　イ　電界と磁界から成り立っている。

　(3)　電波の伝搬速度cは、約　ウ　である。

　(4)　λとcとfとの関係は、$\lambda =$　エ　である。

　(5)　偏波は、電波の電界の振動する方向で表され、偏波面が常に大地に対して垂直なものを　オ　という。

　1　横波　　　2　直交する　　　3　3×10^8〔m/s〕　　4　cf　　　5　水平偏波

　6　縦波　　　7　平行な　　　　8　3×10^6〔m/s〕　　9　c/f　　10　垂直偏波

　答　　B-3：ア-1　イ-2　ウ-2　エ-1　オ-1

　　　　B-4：ア-1　イ-2　ウ-3　エ-9　オ-10

▶解答の指針────────────────────

A-1

(1) 電界の強さは、電界中の任意の点にある単位正電荷（1〔C〕）に作用する<u>静電力</u>である。

(2) 題意から、電荷 Q〔C〕から $2r$〔m〕離れた点 R での電界の強さ E は、真空の誘電率を ε〔F/m〕として次式で表される。

$$E = \frac{Q}{4\pi\varepsilon(2r)^2} = \frac{Q}{4\times4\pi\varepsilon r^2} \text{〔V/m〕}$$

したがって、点 S での電界の強さ E_S は次のようになる。

$$E_\text{S} = \frac{Q}{4\pi\varepsilon r^2} = \frac{4Q}{4\times4\pi\varepsilon r^2}$$
$$= \underline{4E} \text{〔V/m〕}$$

(3) 電界は電荷 Q に比例するから、点 S での電界の強さを E にするには、点 P での電荷を $\underline{Q/4}$〔C〕にすればよい。

A-2

抵抗 R_1 及び R_2 に流れる電流 I_1 及び I_2 は、次のようになる。

$$I_1 = E/R_1 = 100/200 = 0.5 \text{〔A〕}$$
$$I_2 = E/R_2 = 100/100 = 1 \text{〔A〕}$$

したがって、

$$I = I_1 + I_2 = 0.5 + 1 = 1.5 \text{〔A〕}$$

A-3

2　N チャネル形 FET の多数キャリアは**電子**である。

A-4

(1) 図1の増幅回路 AP の電圧利得 G は、入力電圧 V_i〔V〕、出力電圧 V_o〔V〕と

して $G = \underline{20}\log_{10}(V_\text{o}/V_\text{i})$〔dB〕で表される。

(2) 図2のように、電圧利得 G_1〔dB〕の AP_1 と電圧利得 G_2〔dB〕の AP_2 を縦続接続したときの総合増幅器 AP_0 の電圧利得 G_0 は、$G_0 = \underline{G_1 + G_2}$〔dB〕である。

A-6

設問図の波形は、複極（±）をとり、各符号の周期後半で基準レベル(0)に戻っているので　1　「複極(両極)性 RZ 符号」である。

A-7

空港面探知レーダー（Airport Surface Detection Equipment：ASDE）の記述は 1 であり、2、3、4 及び 5 は以下のレーダーである。

2　航空路監視レーダー

（Air Route Surveillance Radar：ARSR）

3　航空機搭載 WX レーダー

4　空港監視レーダー

（Airport Surveillance Radar：ASR）

5　二次レーダー

（Secondary Surveillance Radar：SSR）

A-8

(1) 使用する電波の周波数は、<u>4〔GHz〕</u>帯である。

(2) FM 形電波高度計は、下図のように<u>三角波</u>によって周波数変調された持続電波を航空機から地上に向けて発射する。

(3) この電波が地表などで反射されて受信

電波として戻って来るまでの時間 t_b は、発射電波と受信電波の周波数の差（ビート周波数 f_b）に比例する。

　したがって、ビート周波数 f_b を測定することにより高度 H を求めることができる。

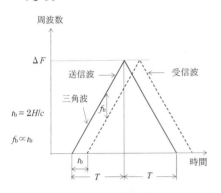

ΔF：最大周波数偏移
H：高度
c：光速(電波の速度)
t_b：時間差
f_b：ビート周波数
T：三角波の半周期

A-9

(1)　電流が流れるために、電池は少しずつ発熱する。

(2)　水（H_2O）が希硫酸（H_2SO_4）に変わるため電解液の比重は、徐々に上昇する。

(3)　充電末期に近づくと水が電気分解して酸素と水素ガスが発生する。

B-2

(1)　VOR/DME は、航空機の方位情報を提供する VOR（VHF Omni-directional Radio-range の略）地上装置と距離情報を与える DME（Distance Measuring Equipment の略）地上装置とを併設し、航空機はこれらから情報を得て自らの位置を決定する。

(2)　VOR の周波数帯は、108～118〔MHz〕の超短波（VHF）帯である。

(3)　DME 地上局は、960～1215〔MHz〕の極超短波（UHF）帯で垂直偏波の高利得アンテナを用いて航空機へ応答信号を返すトランスポンダである。

(4)　DME の機上装置からは情報を得るための質問パルスを発射する必要がある（インタロゲータ）。

B-3

イ　利得は、**半波長ダイポールアンテナと**ほぼ同じである。

ウ　中心導体とスリーブの長さは、それぞれ**λ/4** である。

令和3年8月期

A-1 次の記述は、図に示す回路において、直線導体 L が磁石 (NS) の磁極間を移動したときに生ずる現象について述べたものである。□□□内に入れるべき字句の正しい組合せを下の番号から選べ。ただし、L は一定速度 v〔m/s〕で磁界に対して直角を保ちながら図の左側から右側に移動するものとする。

(1) L には、起電力が生ずる。この現象は □A□ といわれる。

(2) 起電力の方向は、フレミングの □B□ の法則によって求められる。

(3) (2)の法則によれば、その起電力によって抵抗 R に流れる電流の方向は、図の □C□ である。

	A	B	C
1	電磁誘導	右手	「イ」(b から a)
2	電磁誘導	左手	「ア」(a から b)
3	磁気誘導	左手	「イ」(b から a)
4	磁気誘導	右手	「イ」(b から a)
5	磁気誘導	左手	「ア」(a から b)

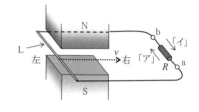

A-2 図に示す交流回路の電源 E から流れる電流 I の大きさの値として、正しいものを下の番号から選べ。

1 1〔A〕
2 2〔A〕
3 3〔A〕
4 4〔A〕
5 5〔A〕

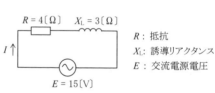

$R = 4$〔Ω〕　$X_L = 3$〔Ω〕

R：抵抗
X_L：誘導リアクタンス
E：交流電源電圧

$E = 15$〔V〕

A-3 次の記述は、半導体について述べたものである。□□□内に入れるべき字句の正しい組合せを下の番号から選べ。なお、同じ記号の□□□内には、同じ字句が入るものとする。

(1) 一般に、半導体の抵抗値は、常温付近では温度が高くなると、□A□なる。

(2) 真性半導体のシリコン (Si) に不純物として5価のヒ素 (A_S) を加えると、□B□半導体になる。

⑶　　B　半導体の多数キャリアは、　C　である。

	A	B	C
1	大きく	N形	ホール（正孔）
2	大きく	P形	ホール（正孔）
3	大きく	N形	電子
4	小さく	P形	電子
5	小さく	N形	電子

A－4　次は、論理回路とその真理値表の組合せを示したものである。このうち誤っているものを下の番号から選べ。ただし、正論理とし、A 及び B を入力、X を出力とする。

1　AND

A	B	X
0	0	0
0	1	0
1	0	0
1	1	1

2　OR

A	B	X
0	0	0
0	1	1
1	0	1
1	1	1

3　NAND

A	B	X
0	0	0
0	1	1
1	0	1
1	1	0

4　NOR

A	B	X
0	0	1
0	1	0
1	0	0
1	1	0

5　NOT

A	X
0	1
1	0

A－5　図は PLL による直接 FM（F3E）方式の変調器の原理的な構成図を示したものである。　　内に入れるべき字句の正しい組合せを下の番号から選べ。

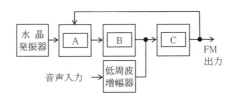

	A	B	C
1	位相比較器（乗算器）	低域フィルタ（LPF）	平衡変調器
2	位相比較器（乗算器）	低域フィルタ（LPF）	電圧制御発振器（VCO）
3	位相比較器（乗算器）	高域フィルタ（HPF）	平衡変調器
4	周波数逓倍器	低域フィルタ（LPF）	電圧制御発振器（VCO）
5	周波数逓倍器	高域フィルタ（HPF）	平衡変調器

A－6　次の記述は、FM（F3E）受信機について述べたものである。　　内に入れるべき字句の正しい組合せを下の番号から選べ。

(1)　復調には一般に、　A　が用いられる。

(2)　伝搬中に受けた振幅変調成分を除去するために、　B　が設けられる。

(3)　受信電波が無いとき又は微弱なときに生じる大きな雑音を抑圧するため　C　回路が設けられる。

	A	B	C
1	周波数逓倍器	位相変調器	スケルチ
2	周波数逓倍器	振幅制限器	ディエンファシス
3	周波数弁別器	位相変調器	スケルチ
4	周波数弁別器	振幅制限器	ディエンファシス
5	周波数弁別器	振幅制限器	スケルチ

A－7　次の記述は、インマルサット航空衛星通信システムについて述べたものである。　　内に入れるべき字句の正しい組合せを下の番号から選べ。

(1)　遭難・緊急通信及び公衆通信などで　A　のサービスが提供されている。

(2)　航空機地球局と衛星（人工衛星局）間の使用周波数は、1.5〔GHz〕及び　B　帯である。

(3)　航空地球局と衛星（人工衛星局）間の使用周波数は、　C　及び6〔GHz〕帯である。

	A	B	C
1	電話及びデータ伝送など	1.6〔GHz〕	4〔GHz〕
2	電話及びデータ伝送など	1.6〔GHz〕	5〔GHz〕
3	電話のみ	2.2〔GHz〕	5〔GHz〕
4	電話のみ	1.6〔GHz〕	5〔GHz〕
5	電話のみ	2.2〔GHz〕	4〔GHz〕

答　A－5：2　　A－6：5　　A－7：1

A－8　次の記述は、ACAS（航空機衝突防止装置）Ⅱを搭載した2機の航空機が接近したときのACASⅡの動作について述べたものである。このうち誤っているものを下の番号から選べ。

1　2機の航空機は、決められた時間間隔で送信されている相手機のアドレスなどの情報を受信する。

2　2機の航空機は、相手機のアドレスを用いて個別質問を行い、相手機の方位、距離及び高度などを監視する。

3　2機の航空機は、相手機との接近の状況などを判断するとともに、パイロットに対して相手機（近接航空機）との距離や高度差などの情報を提供する。

4　2機の航空機は、モードAのデータリンク機能を利用して相互に回避情報を交換し、同一方向に回避する事態を防ぐ。

5　2機の航空機が更に接近し、回避が必要と判断したとき、パイロットに対して聴覚と視覚により垂直方向の回避情報を提供する。

A－9　次の記述は、電池について述べたものである。このうち誤っているものを下の番号から選べ。

1　電圧が等しく、容量が10〔Ah〕の電池を2個直列に接続したとき、合成容量は10〔Ah〕になる。

2　電圧の等しい電池を極性を合わせて2個並列に接続したとき、その端子電圧は1個の端子電圧の2倍になる。

3　電圧の異なる電池を並列に接続することは避けなければならない。

4　充放電を繰り返して使用できる電池を二次電池という。

5　鉛蓄電池及びリチウムイオン蓄電池は、二次電池である。

A－10　次の記述は、図に示す構造の小電力用の同軸ケーブルについて述べたものである。□□□内に入れるべき字句の正しい組合せを下の番号から選べ。

(1)　同心円状に内部導体と外部導体を配置した構造で、　A　給電線として広く用いられている。

(2)　マイクロ波のように周波数が高くなると、　B　効果により内部導体の抵抗損が増える。

(3)　平行二線式給電線に比べて外部からの電波の影響を受けることが　C　。

	A	B	C
1	平衡形	表皮	多い
2	平衡形	トンネル	多い
3	平衡形	表皮	少ない
4	不平衡形	表皮	少ない
5	不平衡形	トンネル	多い

内部導体
外部導体
誘電体
同軸ケーブルの断面

B-1 次の記述は、DSB（A3E）通信方式と比べたときのSSB（J3E）通信方式の一般的な特徴について述べたものである。このうち正しいものを1、誤っているものを2として解答せよ。ただし、同じ条件のもとで通信を行うものとする。

ア 変調信号があるときだけ電波が発射される。

イ 必要な空中線電力は、少ない。

ウ 占有周波数帯幅が広い。

エ 選択性フェージングの影響が大きい。

オ 他の通信に与える混信が多い。

B-2 次の記述は、GPS（Global Positioning System）について述べたものである。□□内に入れるべき字句を下の番号から選べ。

(1) GPS衛星は、地上からの高度が約 ア 〔km〕にある。

(2) GPS衛星は、異なる イ 配置されている。

(3) 各衛星は、一周約 ウ で地球を周回している。

(4) 測位に使用している周波数は、 エ である。

(5) 一般に、任意の オ からの電波が受信できれば、測位は、可能である。

1	36,000	2	2つの軌道上に
3	12時間	4	極超短波（UHF）帯
5	4個の衛星	6	20,000
7	6つの軌道上に	8	24時間
9	短波（HF）帯	10	2個の衛星

答 A-10：4
B-1：ア-1 イ-1 ウ-2 エ-2 オ-2
B-2：ア-6 イ-7 ウ-3 エ-4 オ-5

B - 3　次の記述は、図に示す原理的な構造の円形パラボラアンテナについて述べたものである。◯◯内に入れるべき字句を下の番号から選べ。

(1)　反射器の形は、◯ア◯である。

(2)　一次放射器は、反射器の◯イ◯に置かれる。

(3)　一般に、◯ウ◯の周波数で多く用いられる。

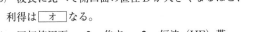
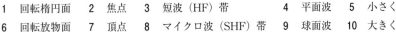

反射器の
中心軸

一次
放射器

D

反射器

断面

(4)　反射器で反射された電波は、ほぼ◯エ◯となって
　　空間に放射される。

(5)　波長に比べて開口面の直径 D が大きくなるほど、
　　利得は◯オ◯なる。

1	回転楕円面	2	焦点	3	短波（HF）帯	4	平面波	5	小さく
6	回転放物面	7	頂点	8	マイクロ波（SHF）帯	9	球面波	10	大きく

B - 4　次の記述は、マイクロ波（SHF）帯の電波の一般的な特徴について述べたものである。◯◯内に入れるべき字句を下の番号から選べ。

(1)　超短波（VHF）帯の電波と比べ、波長が◯ア◯。

(2)　超短波（VHF）帯の電波と比べ、電波の直進性が◯イ◯。

(3)　固定回線では、◯ウ◯による伝搬が主体である。

(4)　超短波（VHF）帯の電波と比べ、同一伝搬距離における◯エ◯。

(5)　概ね 10〔GHz〕以上の周波数になると降雨による影響を◯オ◯。

1	短い	2	強い	3	直接波
4	損失（自由空間基本伝送損失）が小さい		5	受けにくい	
6	長い	7	弱い	8	電離層（F層）反射波
9	損失（自由空間基本伝送損失）が大きい		10	受けやすい	

答　B - 3：ア - 6　イ - 2　ウ - 8　エ - 4　オ - 10

　　B - 4：ア - 1　イ - 2　ウ - 3　エ - 9　オ - 10

▶解答の指針

A-1

(1) 磁界中を移動する導体に起電力が生じる現象は<u>電磁誘導</u>である。

(2) 起電力の方向は、フレミングの<u>右手</u>の法則で求められる。

(3) (2)の法則によれば、Lに生じる起電力により図の <u>「イ」(b→a)</u> の方向に電流が流れる。

A-2

X_L と R の合成インピーダンス Z は、$Z=\sqrt{R^2+X_L{}^2}=\sqrt{4^2+3^2}=5$ 〔Ω〕であるから電流 I は、$I=E/Z=15/5=3$ 〔A〕となる。

A-3

(1) 一般に、半導体の抵抗値は、温度が高くなると、キャリアの増加が著しくなり、導電率が大きくなり、抵抗値は、<u>小さく</u>なる。

(2) 真性半導体のシリコン(Si)に5価の不純物を加えると、結晶内を動き回る自由電子が増加するため、<u>N形</u>半導体になる。

(3) N形半導体の多数キャリアは、<u>電子</u>である。

A-4

誤りは**3**であり、論理式、論理回路及び正しい真理値表は次のようになる。

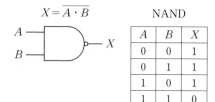

$$X=\overline{A \cdot B}$$ NAND

A	B	X
0	0	1
0	1	1
1	0	1
1	1	0

A-5

VCOの制御電圧に信号を重畳してVCOの発振周波数を変化させてFM波を直接得る方式で、PLL変調器という。

設問図の <u>A</u> は位相比較器（乗算器）、<u>B</u> は低域フィルタ（LPF）、<u>C</u> は電圧制御発振器（VCO）である。

A-7

(1) 遭難などで<u>電話及びデータ伝送</u>などのサービスが提供される。

(2) 航空機地球局と衛星間の使用周波数は、<u>1.5〔GHz〕</u>及び<u>1.6〔GHz〕</u>帯である。

(3) 航空地球局と衛星間の使用周波数は、<u>4〔GHz〕</u>及び6〔GHz〕帯である。

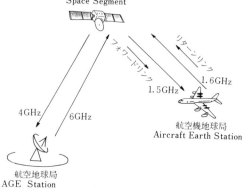

宇宙部分(インマルサット衛星)
Space Segment

リターンリンク
1.6GHz
フォワードリンク
1.5GHz

航空機地球局
Aircraft Earth Station

4GHz 6GHz

航空地球局
AGE Station

A − 8

4　2機の航空機は、モードSのデータリンク機能を利用する。

A − 9

2　電圧の等しい電池を極性を合わせて2個並列に接続したとき、その端子電圧は1個の端子電圧と同じになる。

B − 1

ウ　占有周波数帯幅が狭い。

エ　選択性フェージングの影響が小さい。

オ　他の通信に与える混信が少ない。

B − 2

　GPS衛星システムは、周期約12時間の衛星群からなり、高度約20,000〔km〕、軌道傾斜角約55度の異なった6つの軌道上に4個ずつの計24個の衛星で構成されていて、各衛星は原子時計で作られた正確な周波数の信号を各衛星固有のPN符号でスペクトル拡散変調した1.5〔GHz〕帯（極超短波(UHF)帯）信号を送信している。受信機の3次元位置と時刻の誤差を決定するために合計4個の衛星を受信する必要がある。

B − 4

(1)　VHF帯の電波より周波数が高く、波長が短い。

(2)　電波の直進性が強い。

(3)　固定回線では、送信アンテナから受信アンテナに直接伝わる直接波による伝搬が主体である。

(4)　伝搬距離に対する損失（自由空間基本伝送損失）が大きい。伝搬損失は伝搬距離の2乗に比例し、波長の2乗に反比例するので、波長が短いほど大きい。

(5)　10〔GHz〕以上の周波数になると降雨による影響を受けやすい。

令和4年2月期

A-1 次の記述は、電気磁気に関する単位記号について述べたものである。このうち誤っているものを下の番号から選べ。

1 電界の強さの単位記号は、〔V/m〕である。

2 磁束の単位記号は、〔Wb〕である。

3 磁界の強さの単位記号は、〔A/m〕である。

4 起電力の単位記号は、〔A〕である。

5 磁束密度の単位記号は、〔T〕である。

A-2 次の記述は、図に示す並列共振回路について述べたものである。このうち誤っているものを下の番号から選べ。ただし、交流電源電圧 $\dot{E}$ の大きさを 100〔V〕、抵抗 R を 20〔kΩ〕及び誘導リアクタンス X_L を 1〔kΩ〕とし、回路は共振状態にあるものとする。

1 交流電源からみたインピーダンスの大きさは、1〔kΩ〕である。

2 交流電源から流れる電流 $\dot{I}_0$ の大きさは、5〔mA〕である。

3 X_L に流れる電流 $\dot{I}_L$ の大きさは、100〔mA〕である。

4 容量リアクタンス X_C は、1〔kΩ〕である。

5 X_C に流れる電流 $\dot{I}_C$ と X_L に流れる電流 $\dot{I}_L$ との位相差は、π〔rad〕である。

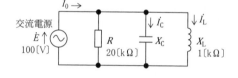

A-3 次の記述は、トランジスタ Tr のベース接地電流増幅率 α とエミッタ接地電流増幅率 β について述べたものである。□□内に入れるべき字句の正しい組合せを下の番号から選べ。

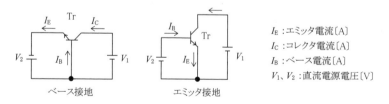

I_E：エミッタ電流〔A〕
I_C：コレクタ電流〔A〕
I_B：ベース電流〔A〕
V_1、V_2：直流電源電圧〔V〕

ベース接地　　　エミッタ接地

答 A-1：4　　A-2：1

(1) 図に示すベース接地回路において、ベース接地電流増幅率 α は、$\alpha = \boxed{\text{A}}$ で表される。

(2) 図に示すエミッタ接地回路において、エミッタ接地電流増幅率 β は、$\beta = \boxed{\text{B}}$ で表される。

(3) β を α で表すと、$\beta = \boxed{\text{C}}$ となる。

	A	B	C
1	I_E/I_C	I_B/I_C	$\alpha/(1-\alpha)$
2	I_E/I_C	I_C/I_B	$\alpha/(1-\alpha)$
3	I_E/I_C	I_B/I_C	$\alpha/(1+\alpha)$
4	I_C/I_E	I_B/I_C	$\alpha/(1+\alpha)$
5	I_C/I_E	I_C/I_B	$\alpha/(1-\alpha)$

A－4 次の記述は、図に示すように増幅度 (V_o/V_{iA}) が A の増幅器と帰還率 (V_f/V_o) が β の帰還回路を用いた原理的な構成の負帰還増幅器について述べたものである。□□内に入れるべき字句の正しい組合せを下の番号から選べ。

(1) 負帰還増幅器の電圧増幅度 (V_o/V_i) は、A より $\boxed{\text{A}}$ なる。

(2) 負帰還増幅器の電圧増幅度 (V_o/V_i) は、$\beta \gg (1/A)$ として十分に負帰還をかけると、ほぼ β だけで決まり、$\boxed{\text{B}}$。

(3) 負帰還増幅器のひずみや雑音は、負帰還をかけない増幅器よりも $\boxed{\text{C}}$ なる。

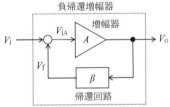

V_i：入力電圧〔V〕
V_{iA}：増幅器の入力電圧〔V〕
V_o：出力電圧〔V〕
V_f：帰還電圧〔V〕

	A	B	C
1	小さく	不安定になる	多く
2	小さく	不安定になる	少なく
3	小さく	安定する	少なく
4	大きく	不安定になる	多く
5	大きく	安定する	少なく

A－5 次の記述は、図に示す送信機の発振部などに用いられる PLL 発振回路（PLL 周波数シンセサイザ）の原理的な構成例について述べたものである。□□内に入れるべき字句の正しい組合せを下の番号から選べ。なお、同じ記号の□□内には、同じ字句が入るものとする。

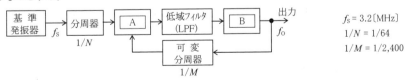

$f_s = 3.2$〔MHz〕
$1/N = 1/64$
$1/M = 1/2,400$

答　A－3：**5**　　A－4：**3**

(1) 分周器と可変分周器の出力は、 A に入力される。

(2) 低域フィルタ（LPF）の出力は、 B に入力される。

(3) 基準発振器の出力の周波数 f_s を 3.2〔MHz〕、分周器の分周比について N の値を64、可変分周器の分周比について M の値を2,400としたとき、出力の周波数 f_o は、 C 〔MHz〕になる。

	A	B	C
1	位相比較器（乗算器）	電圧制御発振器（VCO）	118
2	位相比較器（乗算器）	電圧制御発振器（VCO）	120
3	位相比較器（乗算器）	トーン発振器	118
4	平衡変調器	電圧制御発振器（VCO）	118
5	平衡変調器	トーン発振器	120

A-6 次の記述は、AM（A3E）用スーパヘテロダイン受信機の基本的な動作について述べたものである。 内に入れるべき字句の正しい組合せを下の番号から選べ。なお、同じ記号の 内には、同じ字句が入るものとする。

(1) アンテナに誘起された受信波は、高周波増幅器で増幅された後 A に加えられる。

(2) A では、一般に、受信波の周波数 f_r〔Hz〕と局部発振器の発振周波数 f_o〔Hz〕の B の周波数に変換される。

(3) この後、中間周波数増幅器を経て、 C により復調される。

	A	B	C
1	緩衝増幅器	差	周波数弁別器
2	緩衝増幅器	差	検波器
3	緩衝増幅器	積	周波数弁別器
4	周波数混合器	積	周波数弁別器
5	周波数混合器	差	検波器

A-7 次の記述は、FM（F3E）通信方式の一般的な特徴について述べたものである。このうち誤っているものを下の番号から選べ。

1 受信電波の強さがある程度変わっても、受信機の出力は変わらない。

2 希望波の信号の強さが混信妨害波より強いときは混信妨害を受け難い。

3 AM（A3E）通信方式と比べた時、一般に、占有周波数帯幅が広い。

4 AM（A3E）通信方式と比べた時、振幅性の雑音の影響を受けやすい。

5 受信電波の強さがあるレベル以下になると、受信機の出力の信号対雑音比（S/N）が急激に悪くなる。

答 A-5:2　A-6:5　A-7:4

A-8 次の記述は、レーダーから発射される電波が物体に当たって反射するときに生じる現象について述べたものである。 内に入れるべき字句の正しい組合せを下の番号から選べ。

(1) アンテナから発射された電波が移動物体で反射されるとき、反射された電波の周波数が受信点で偏移する現象を A という。

(2) 移動物体が電波の発射源 B いるとき、移動物体から反射された電波の周波数は、発射された電波の周波数より高くなる。

(3) この効果は、移動物体の C に利用されている。

	A	B	C
1	ホール効果	から遠ざかって	速度の測定
2	ホール効果	に近づいて	材質の把握
3	ドプラ効果	に近づいて	速度の測定
4	ドプラ効果	から遠ざかって	速度の測定
5	ドプラ効果	に近づいて	材質の把握

A-9 次の記述は、FM形電波高度計について述べたものである。 内に入れるべき字句の正しい組合せを下の番号から選べ。

(1) 使用する電波の周波数は、 A 帯である。

(2) FM形電波高度計は、 B によって周波数変調された持続電波を航空機から発射する。

(3) この電波が地表などで反射されて受信電波として戻って来るまでの時間は、発射電波と受信電波の周波数の差（ビート周波数）に C する。したがって、ビート周波数を測定することにより高度を求めることができる。

	A	B	C
1	4〔GHz〕	方形波	比例
2	4〔GHz〕	三角波	比例
3	4〔GHz〕	三角波	反比例
4	2〔GHz〕	三角波	反比例
5	2〔GHz〕	方形波	比例

A-10 次の記述は、図に示す原理的な構成の浮動（フローティング）充電方式について述べたものである。このうち、誤っているものを下の番号から選べ。

答 A-8：3 A-9：2

1 通常（非停電時）、負荷への電力の大部分は蓄電池から供給される。

2 交流電源が遮断された時（停電時）には、負荷への電力は蓄電池から供給される。

3 整流器（直流電源）、蓄電池及び負荷を並列に接続する。

4 蓄電池は負荷電流の大きな変動に伴う電圧変動を吸収する。

5 蓄電池は、自己放電量を補う程度の微小電流で、充電が行われる。

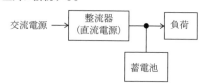

B-1 次の航空用のレーダーの記述のうち、ASR の記述として、正しいものを 1、誤っているものを 2 として解答せよ。

ア 最終進入状態にある航空機のコースと正しい降下路からのずれ及び着陸地点までの距離を測定し、その航空機を着陸誘導するために用いられるレーダーである。

イ 空港の滑走路や誘導路など地上における移動体を把握し、航空交通管制の安全及び効率性の向上のために用いられるレーダーである。

ウ PSR（一次レーダー）と SSR（二次レーダー）を組み合わせて用いられるレーダーである。

エ 空港周辺空域における航空機の進入及び出発管制を行うために用いられるレーダーである。

オ 航空機の前方（進行方向）の気象状況を探知し、安全な飛行をするために用いられるレーダーである。

B-2 次の記述は、アンテナと給電線の接続について述べたものである。 □ 内に入れるべき字句を下の番号から選べ。ただし、送信機と給電線は整合しているものとする。

(1) アンテナの入力インピーダンスと給電線の ア を整合させて接続する。

(2) アンテナと給電線の整合がとれているとき、給電線に イ 。また、その時の電圧定在波比（VSWR）の値は、 ウ であり、反射係数は、 エ である。

(3) 平衡形アンテナの半波長ダイポールアンテナと不平衡形給電線の同軸給電線を接続するための変換器として、一般に、 オ が用いられる。

1 特性インピーダンス	2 定在波が生じない	3 1	4 ∞
5 サーキュレータ	6 損失抵抗	7 定在波が生じる	8 2
9 0	10 バラン		

答 A-10：**1**

B-1：アー2 イー2 ウー1 エー1 オー2

B-2：アー1 イー2 ウー3 エー9 オー10

B-3 次の記述は、電波の基本的性質について述べたものである。 内に入れるべき字句を下の番号から選べ。ただし、電波の伝搬速度（空気中）を c〔m/s〕、周波数を f〔Hz〕及び波長を λ〔m〕とする。

(1) 電波は、 ア であり、互いに イ 電界と磁界から成り立っている。

(2) 電波の伝搬速度 c は、約 ウ であり、λ と c と f との関係は、$\lambda =$ エ である。

(3) 偏波を電波の電界の振動する方向で表すと、偏波面が常に大地に対して垂直なものを オ という。

1	縦波	2	直交する	3	3×10^6〔m/s〕	4 cf	5 垂直偏波
6	横波	7	平行な	8	3×10^8〔m/s〕	9 c/f	10 水平偏波

B-4 次の記述は、図に示す構造のアンテナについて述べたものである。 内に入れるべき字句を下の番号から選べ。

(1) 名称は、 ア アンテナである。

(2) 一般に円盤状の導体面を大地に イ 用いる。

(3) (2)のように用いた場合、偏波は、 ウ である。

(4) (2)のように用いた場合、水平面内の指向性は エ である。

(5) 主に オ 帯で用いられている。

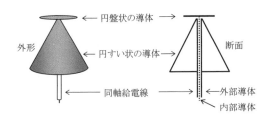

1	ディスコーン	2	平行にして	3	水平偏波	4	全方向性
5	長波（LF）	6	アルホードループ	7	垂直にして	8	垂直偏波
9	単一指向性	10	超短波（VHF）及び極超短波（UHF）				

答 B-3：ア-6 イ-2 ウ-8 エ-9 オ-5

B-4：ア-1 イ-2 ウ-8 エ-4 オ-10

▶解答の指針

A-1

4　起電力の単位記号は、〔V〕である。

A-2

1　交流電源からみたインピーダンスは、共振状態で、リアクタンスが0であるから、**20**〔kΩ〕である。

参考

2　I_0 の大きさは、
$$E/R = 100/(20 \times 10^3) = 5 \text{〔mA〕}$$

3　I_L の大きさは、
$$E/X_L = 100/(1 \times 10^3) = 100 \text{〔mA〕}$$

4　並列共振条件により、$X_L = X_C$ であるから、$X_C = 1$〔kΩ〕である。

5　並列共振条件により、リアクタンスは、0であり、I_C と I_L の位相差は π〔rad〕である。

A-3

(1)　ベース接地電流増幅率 α は、
$\alpha = \underline{I_C/I_E}$ で表される。

(2)　エミッタ接地電流増幅率 β は、
$\beta = \underline{I_C/I_B}$ で表される。

(3)　ベース接地において、$I_E = I_B + I_C$ の関係から、$I_B = I_E - I_C$ …(1) となる。

$\beta = I_C/I_B$ に式(1)を代入すると、$\beta = I_C/(I_E - I_C)$ となり、分母と分子を I_E で割ると、$\beta = \dfrac{I_C/I_E}{1 - I_C/I_E}$ となり、$\alpha = I_C/I_E$ から、$\beta = \dfrac{\alpha}{1-\alpha}$ となる。

A-4

設問図の負帰還回路において、入出力電圧 V_i と V_o、増幅器への入力電圧 V_{iA}、その増幅度 A、帰還回路の出力電圧 V_f 及び帰還率 β $(= V_f/V_o)$ の間には以下の関係が成り立つ。

$$V_i - V_f = V_{iA} \qquad \cdots ①$$
$$V_o = A V_{iA} \qquad \cdots ②$$
$$V_f = \beta V_o \qquad \cdots ③$$

式①に式②と式③の値を代入して整理すると、負帰還増幅器の増幅度 A_f $(= V_o/V_i)$ は、次のようになる。

$$V_i - \beta V_o = V_o/A$$
$$V_i = V_o/A + \beta V_o$$
$$A V_i = V_o + A\beta V_o = (1 + A\beta) V_o$$
$$A_f = V_o/V_i = \frac{A}{1 + A\beta}$$

(1)　負帰還増幅器の電圧増幅度 (V_o/V_i) は、A より<u>小さく</u>なる。

(2)　負帰還増幅器の電圧増幅度 (V_o/V_i) は、$\beta \gg (1/A)$ として十分に負帰還をかけると、ほぼ β だけで決まり、<u>安定する</u>。$(A\beta \gg 1$ から $A_f \fallingdotseq 1/\beta$ となる。$)$

(3)　負帰還増幅器のひずみや雑音は、負帰還をかけない増幅回路よりも<u>少なく</u>なる。

A-5

(1)　分周器と可変分周器の出力は、<u>位相比較器（乗算器）</u>に入力される。

(2)　低域フィルタ（LPF）の出力は、<u>電圧制御発振器（VCO）</u>に入力される。

(3)　基準発振器の出力の周波数 f_s を3.2〔MHz〕、分周器の分周比 $1/N$ を $1/64$、可変分周器の分周比 $1/M$ を $1/2,400$ としたとき、出力の周波数 f_o は、次式で表され、<u>120</u>〔MHz〕になる。

$$f_o = f_s \times \frac{M}{N} = 3.2 \times \frac{2,400}{64}$$
$$= 120 \text{〔MHz〕}$$

A－7

4　AM（A3E）通信方式と比べた時、振幅性の雑音の影響を**受けにくい**。

A－8

ドプラ効果とは、波（音波や光波や電波など）の発生源（音源・光源など）と観測者との相対的な速度によって、波の周波数が異なって観測される現象のことをいう。波の発生源が近付く場合には波の振動が詰められて周波数が高くなり、逆に遠ざかる場合は振動が伸ばされて周波数は低くなる。

ホール効果とは、電流の流れているものに対し、電流に垂直に磁場をかけると、電流と磁場の両方に直交する方向に起電力が現れる現象。

A－9

(1)　使用する電波の周波数は、4〔GHz〕帯である。

(2)　FM形電波高度計は、図のように三角

ΔF：最大周波数偏移
H：高度
c：光速（電波の速度）
t_b：時間差
f_b：ビート周波数
T：三角波の半周期

波によって周波数変調された持続電波を航空機から地上に向けて発射する。

(3)　この電波が地表などで反射されて受信電波として戻って来るまでの時間 t_b は、発射電波と受信電波の周波数の差（ビート周波数 f_b）に比例する。

したがって、ビート周波数 f_b を測定することにより高度 H を求めることができる。

A－10

1　通常（非停電時）、負荷への電力の大部分は**整流器（直流電源）**から供給される。

B－1

ア　精密進入レーダー（PAR：Precision Approach Radar）に関する記述である。

イ　空港面探知レーダー（ASDE：Airport Surface Detection Equipment）に関する記述である。

オ　航空機搭載WXレーダーに関する記述である。

B－4

(1)　名称は、ディスコーンアンテナである。

(2)　一般に円盤状の導体面を大地に平行にして用いる。

(3)　偏波は垂直偏波である。

(4)　アンテナの形態から水平面内の指向性は全方向性である。

(5)　主に超短波（VHF）及び極超短波（UHF）帯でほぼ相対利得 0〔dB〕の利得があり、スリーブアンテナやブラウンアンテナと比べて広帯域アンテナとして用いられる。

令和4年8月期

A-1 次の記述は、フレミングの右手の法則について述べたものである。[＿＿＿]内に入れるべき字句の正しい組合せを下の番号から選べ。

フレミングの右手の法則は、電磁誘導に関するもので、図のように、右手の親指、人差指及び中指を互いに直角になるように広げ、[A]を導体の運動方向に、[B]を磁界の方向に指し示すと、[C]が誘導起電力の方向を指し示す。

	A	B	C
1	人差指	中指	親指
2	人差指	親指	中指
3	親指	人差指	中指
4	中指	親指	人差指
5	中指	人差指	親指

(図：右手、親指、人差指、中指)

A-2 次の記述は、図に示す抵抗 R 及び自己インダクタンス L からなる交流回路について述べたものである。[＿＿＿]内に入れるべき字句の正しい組合せを下の番号から選べ。

(1) L の誘導リアクタンスの大きさは、[A]〔Ω〕である。

(2) L と R の合成インピーダンスの大きさは、[B]〔Ω〕である。

(3) 回路に流れる電流の大きさ I は、[C]〔A〕である。

	A	B	C
1	4	5	20
2	4	10	10
3	6	5	20
4	6	5	10
5	6	10	20

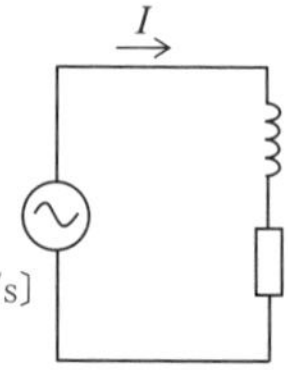

$V = 100$〔V〕
$\omega = 2,500$〔rad/s〕
$L = 1.6$〔mH〕
$R = 3$〔Ω〕

V：交流電源電圧
ω：交流電源の角周波数

A-3 次の記述は、図（図記号）に示すNチャネル接合形の電界効果トランジスタ（FET）について述べたものである。[＿＿＿]内に入れるべき字句の正しい組合せを下の番号から選べ。

(1) ドレイン（D）電流を、[A]で制御する半導体素子である。

(2) Nチャネル中の多数キャリアは、[B]である。

[答] A-1：**3** A-2：**1**

(3) バイポーラトランジスタに比べて入力インピーダンスが極めて C 。

	A	B	C
1	ゲート(G)に流れる電流	電子	低い
2	ゲート(G)に流れる電流	正孔	低い
3	ゲート(G)－ソース(S)間の電圧	正孔	低い
4	ゲート(G)－ソース(S)間の電圧	正孔	高い
5	ゲート(G)－ソース(S)間の電圧	電子	高い

A－4 次の記述は、図に示す増幅回路の電力増幅度 A_p（真数）と電力利得 G_p〔dB〕について述べたものである。このうち誤っているものを下の番号から選べ。

1 A_p は、$A_p = P_o/P_i$ で表される。

2 A_p から、G_p を求めるときは、$G_p = 10 \log_{10} A_p$〔dB〕で表される。

3 $A_p = 1,000$ のとき、G_p は、$G_p = 40$〔dB〕である。

4 G_p から、A_p を求めるときは、$A_p = 10^{G_p/10}$ で表される。

5 $G_p = 0$〔dB〕のとき、A_p は、$A_p = 1$ である。

$P_i \rightarrow$ 増幅回路 $\rightarrow P_o$

P_i：入力電力[W]
P_o：出力電力[W]

A－5 図はPLLによる直接FM（F3E）方式の変調器の原理的な構成例を示したものである。 内に入れるべき字句の正しい組合せを下の番号から選べ。

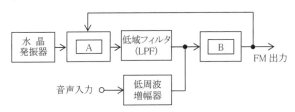

	A	B
1	位相比較器（乗算器）	緩衝増幅器
2	位相比較器（乗算器）	電圧制御発振器（VCO）
3	周波数逓倍器	周波数弁別器
4	周波数逓倍器	緩衝増幅器
5	周波数逓倍器	電圧制御発振器（VCO）

答 A－3：5 A－4：3 A－5：2

A－6 次の記述は、FM（F3E）受信機について述べたものである。このうち誤っているものを下の番号から選べ。

1 受信するFM（F3E）波は、周波数が変化する電波である。

2 一般的にAM（A3E）受信機に比べて、振幅性の雑音に強い。

3 FM（F3E）波が伝搬中に受けた振幅の変動分を除去するために、振幅制限器が設けられている。

4 復調器として、平衡変調器などが用いられる。

5 受信電波がないとき、又は微弱なとき、スピーカからの大きな雑音を抑圧するために、スケルチ回路が設けられている。

A－7 次の記述は、デジタル変調について述べたものである。このうち誤っているものを下の番号から選べ。

1 FSKは、入力信号の「1」、「0」によって、搬送波の周波数が変化する方式をいう。

2 ASKは、入力信号の「1」、「0」によって、搬送波の振幅が変化する方式をいう。

3 PSKは、入力信号の「1」、「0」によって、搬送波の位相が変化する方式をいう。

4 QAMは、入力信号の「1」、「0」によって、搬送波の振幅と周波数が変化する方式をいう。

5 BPSKは、PSKのうち、位相が2種類変化する方式をいう。

A－8 次の記述は、図に示す原理的な構造の八木・宇田アンテナ（八木アンテナ）について述べたものである。□□□内に入れるべき字句の正しい組合せを下の番号から選べ。ただし、使用する電波の波長を λ〔m〕とする。

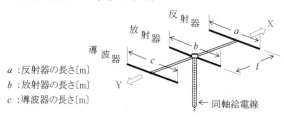

a：反射器の長さ〔m〕
b：放射器の長さ〔m〕
c：導波器の長さ〔m〕

(1) 放射器には、一般に半波長ダイポールアンテナ又は折返し半波長ダイポールアンテナが用いられる。

(2) a、b及びcの関係は、□ A □である。

(3) 反射器と放射器との間隔 l は、ほぼ□ B □である。

答 A－6：4 A－7：4

(4) 八木・宇田アンテナ（八木アンテナ）の主放射方向は、図の◻C◻である。

	A	B	C
1	$a>b>c$	$\lambda/4$〔m〕	Y
2	$a>b>c$	$\lambda/2$〔m〕	X
3	$a<b<c$	$\lambda/2$〔m〕	X
4	$a<b<c$	$\lambda/4$〔m〕	Y
5	$a<b<c$	$\lambda/2$〔m〕	Y

A-9 次の記述は、一般的なパルスレーダーの最大探知距離について述べたものである。◻◻内に入れるべき字句の正しい組合せを下の番号から選べ。

(1) 最大探知距離を大きくするには、受信機の内部雑音を小さくして感度を◻A◻。

(2) 最大探知距離を大きくするには、パルスのパルス幅を◻B◻する。

(3) 送信電力だけで最大探知距離を2倍にするには、元の電力の◻C◻倍の送信電力が必要になる。

	A	B	C
1	上げる（良くする）	広く	8
2	上げる（良くする）	広く	16
3	上げる（良くする）	狭く	8
4	下げる（悪くする）	広く	16
5	下げる（悪くする）	狭く	8

A-10 次の記述は、図に示す鉛蓄電池に電流を流して充電しているときの状態について述べたものである。◻◻内に入れるべき字句の正しい組合せを下の番号から選べ。

(1) 電池は少しずつ◻A◻する。

(2) 電解液の比重は、除々に◻B◻する。

(3) 充電中に発生するガスは、酸素と◻C◻である。

	A	B	C
1	吸熱	低下	水素
2	吸熱	低下	窒素
3	発熱	上昇	窒素
4	発熱	低下	水素
5	発熱	上昇	水素

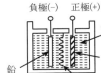

鉛蓄電池の原理的な構造

答 A-8：1　A-9：2　A-10：5

B－1　次の記述は、主にマイクロ波（SHF）の伝送線路として用いられる導波管について述べたものである。◻◻内に入れるべき字句を下の番号から選べ。

(1)　一般に断面は、◻ア◻又は円形である。

(2)　導波管の内部の物質は、通常、◻イ◻である。

(3)　基本モードの遮断周波数◻ウ◻の周波数の信号は、伝送されない。

(4)　一般に、電波が管内から外部へ漏洩することは、◻エ◻。

(5)　基本モードで伝送するときは、高い周波数に用いる導波管ほど外径が◻オ◻。

1　方形　　　2　磁性体　　　　3　以上　　4　無い　　5　小さい
6　六角形　　7　空気（中空）　8　以下　　9　有る　　10　大きい

B－2　次の記述は、VOR/DME について述べたものである。◻◻内に入れるべき字句を下の番号から選べ。

(1)　◻ア◻情報を与える VOR 地上装置と、◻イ◻情報を与える DME 地上装置を併設し、航空機は、これらの装置からの情報を得て、その位置を決定する。

(2)　VOR に割り当てられている周波数帯は、◻ウ◻帯である。

(3)　DME 地上局は、◻エ◻帯の垂直偏波の高利得アンテナを利用している。

(4)　DME の機上装置からは、情報を得るために電波を発射する◻オ◻。

1　距離　　2　高度　　3　短波(HF)　　　4　マイクロ波(SHF)　　5　必要がある
6　方位　　7　速度　　8　超短波(VHF)　9　極超短波(UHF)　　10　必要はない

B－3　次の記述は、航空用レーダーについて述べたものである。このうち正しいものを1、誤っているものを2として解答せよ。

ア　航空機搭載 WX レーダーは、航空機の前方（進行方向）の気象状況を探知し、安全な飛行をするために用いられるレーダーである。

イ　ASDE は、空港の滑走路や誘導路などの地上における移動体を把握し、安全な地上管制を行うために用いられるレーダーである。

ウ　ASR は、洋上空域の航空路を航行する航空機を監視するために用いられるレーダーである。

エ　ARSR は、航空路を航行する航空機を監視するために用いられるレーダーである。

オ　SSR は、空港周辺空域における航空機の進入及び出発管制を行うために用いられる一次監視レーダーである。

◻答◻　B－1：ア－1　イ－7　ウ－8　エ－4　オ－5
　　　B－2：ア－6　イ－1　ウ－8　エ－9　オ－5
　　　B－3：ア－1　イ－1　ウ－2　エ－1　オ－2

無線工学

B－4　次の記述は、超短波（VHF）帯の電波と比べたときのマイクロ波（SHF）帯の電波の一般的な特徴について述べたものである。このうち正しいものを1、誤っているものを2として解答せよ。

ア　電離層反射波による伝搬である。

イ　10〔GHz〕以上の周波数になると降雨による影響を受けにくくなる。

ウ　伝搬距離に対する損失（自由空間基本伝送損失）が大きい。

エ　電波の直進性がより顕著である。

オ　波長が長い。

答　B－4：ア－2　イ－2　ウ－1　エ－1　オ－2

▶解答の指針

A－1

フレミングの右手の法則は、電磁誘導に関するもので、図のように、右手の親指、人差指及び中指を互いに直角になるように広げ、<u>親指</u>を導体の運動方向に、<u>人差指</u>を磁界の方向に指し示すと、<u>中指</u>が誘導起電力の方向を指し示す。

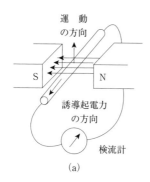

運動
の方向

S　　　　N

誘導起電力
の方向

検流計

(a)

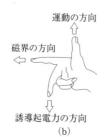

運動の方向

磁界の方向

誘導起電力の方向

(b)

A－2

(1) Lの誘導リアクタンスは、
$$X_L = \omega L = 2,500 \times 1.6 \times 10^{-3}$$
$$= \underline{4} \,[\Omega]$$

(2) 合成インピーダンスは、
$$Z = \sqrt{R^2 + X_L{}^2} = \sqrt{3^2 + 4^2}$$
$$= \sqrt{9+16} = \sqrt{25} = \underline{5} \,[\Omega]$$

(3) 電流の大きさは、
$$I = V/Z = 100/5 = \underline{20} \,[A]$$

A－4

3　$A_p = 1,000$ のとき、G_p は $G_p = 30$ [dB] である。
$$G_p = 10 \log_{10} A_p = 10 \log_{10} 1,000$$
$$= 10 \log_{10} 10^3 = 30 \,[dB]$$

A－5

直接 FM（F3E）方式の変調器の構成において、　A　は基準発振器の出力とVCO の出力との位相比較を行うための<u>位相比較器（乗算器）</u>であり、誤差信号を出力する。　B　は、低域フィルタの出力に音声入力を重畳した信号に応じて周波数を変化させた信号を作る<u>電圧制御発振器（VCO）</u>であり、その出力は FM 変調波となる。

A－6

4　復調器として、**周波数弁別器**などが用いられる。

A－7

4　QAM は、入力信号の「1」、「0」によって、搬送波の振幅と**位相**が変化する方式をいう。

A－9

最大探知距離 R_{max} は、送信電力 P_t [W]、最小受信電力 S_{min} [W]、アンテナ利得 G、物標の有効反射断面積 σ [m²]、波長 λ [m] を用いて、次式で表される。
$$R_{max} = \sqrt[4]{\frac{P_t G^2 \lambda^2 \sigma}{(4\pi)^3 S_{min}}}$$

(1) R_{max} を大きくするには、受信機の内

部雑音を小さくして S_{min} を下げるため感度を上げる（良くする）。

(2) R_{max} を大きくするには、パルスのパルス幅 τ を広くし、送信エネルギーを上げて、繰返し周期 T を長くする。

(3) 送信電力だけで R_{max} を2倍にするには、元の電力の $2^4 = 16$ 倍の送信電力が必要になる。

A-10

(1) 電流が流れるために、電池は少しずつ発熱する。

(2) 水（H_2O）が希硫酸（H_2SO_4）に変わるため電解液の比重は、徐々に上昇する。

(3) 充電末期に近づくと水が電気分解して酸素と水素ガスが発生する。

B-2

(1) 方位情報を与える VOR（VHF Omni-directional Radio-range の略）地上装置と、距離情報を与える DME（Distance Measuring Equipment の略）地上装置を併設し、航空機は、これらの装置からの情報を得て、その位置を決定する。

(2) VOR に割り当てられている周波数帯は、超短波（VHF）（108〜118〔MHz〕）帯である。

(3) DME 地上局は、極超短波（UHF）（960〜1215〔MHz〕）帯の垂直偏波の高利得アンテナを利用している。

(4) DME の機上装置からは、情報を得るために電波を発射する必要がある（インタロゲータ）。

B-3

ウ ASR（Airport Surveillance Radar、空港監視レーダー）は、一般に PSR（Primary Surveillance Radar、一次レーダー）と SSR（二次レーダー）を組み合わせて、空港周辺空域の航空機を監視するレーダーである。

オ SSR（Secondary Surveillance Radar、二次監視レーダー）は、地上側から質問電波を航空機に向けて発射し、航空機からの応答信号を受信することにより航空機の識別符号と飛行高度情報を得る二次レーダーである。

B-4

ア 電離層を突き抜ける。

イ 10〔GHz〕以上の周波数になると降雨による影響を強く受ける。

オ 波長が短い。

英語の試験内容
(1) 文書を適当に理解するために必要な英文和訳
(2) 文書により適当に意思を表明するために必要な和文英訳
(3) 口頭により適当に意思を表明するに足りる英会話

試験の概要

試験問題：　筆　記…問題数／24問　試験時間／1時間30分
　　　　　　英会話…問題数／ 7問　試験時間／30分程度

採点基準：　満　点／105点（筆記70点、英会話35点）
　　　　　　合格点／ 60点（筆記及び英会話の合計）
　　　　　　*ただし、英会話の点数が15点に満たない場合は不合格となります。

配点内訳：　筆　記…（A1～A5）　　　5問／20点（1問4点）
　　　　　　　　　　（A6～A9）　　　4問／20点（1問5点）
　　　　　　　　　　（ア～オ）×3　 15問／30点（1問2点）
　　　　　　英会話…（Q1～Q7）　　　7問／35点（1問5点）

英会話については、過去の問題を国家試験に準じた速度で収録したCD（別売）もございます。当会オンラインショップをご利用ください。

問 1．次の英文を読み、それに続く設問Ａ－１からＡ－５までに答えなさい。解答は、それぞれの設問に続く選択肢１から３までの中から答えとして最も適切なものを一つずつ選び、その番号のマーク欄を黒く塗りつぶしなさい。

If the US government gets its way, all Americans boarding international flights will have to submit to a face scan, which privacy advocates call an ill-advised step toward a surveillance state. The Department of Homeland Security (DHS) says it is the only way to successfully expand a program that tracks nonimmigrant foreigners. They have been required by law since 2004 to submit to biometric identity scans, but to date have only had their fingerprints and photos collected prior to entry. Now DHS says it is finally ready to implement face scans on departure — aimed mainly at better tracking visa overstays but also at tightening security. But, the agency says, US citizens must also be scanned for the program to work. Privacy advocates say this oversteps Congress's mandate. "Congress authorized scans of foreign nationals. DHS heard that and decided to scan everyone," said Alvaro Bedoya, executive director of the Center on Privacy and Technology at Georgetown University.

Pilot projects are underway at six US airports: Boston, Chicago, Houston, Atlanta, New York City and Washington. DHS aims to have high-volume US international airports engaged beginning next year. John Wagner, the Customs and Border Protection (CBP) deputy executive assistant commissioner in charge of the program, confirmed in an interview that US citizens departing on international flights will submit to face scans. Wagner says the agency will delete within 14 days all scans of US citizens. However, he doesn't rule out CBP keeping them in the future, after going "through the appropriate privacy reviews and approvals."

Another DHS initiative worrying privacy advocates is the Transportation Security Administration's (TSA's) Precheck, the voluntary program designed to speed enrollees through airport security. Participants are not being told that the digital fingerprints and biographical data they submit for background checks when enrolling are retained in an FBI identity database for life, said Jeramie Scott, an attorney with the Electronic Privacy Information Center (EPIC).

EPIC worries not just about potential governmental abuse but also the vulnerability to hackers. In the 2015 breach of the federal Office of Personnel Management, 5.6 million sets of fingerprint images were stolen.

<注>　ill-advised　悪い結果に繋がりそうな　　biometric identity　生体認証
　　　　biographical　人の生涯の　　　abuse　乱用　　　vulnerability　脆弱性
　　　　breach　侵入工作

（設問）

A - 1　Which of the following has been enforced at US airports so far?

　　　1　All passengers have had to submit photos when entering and leaving the US.

　　　2　US citizens have been required to submit fingerprints only when leaving the country.

　　　3　Nonimmigrant foreigners have had to submit to fingerprinting and photography upon entry to the US.

A - 2　According to DHS, what will be the principal purpose of face scanning for passengers departing from airports?

　　　1　Face scans are designed to scan only US citizens' faces.

　　　2　Face scans will be used to speed up the processing of passengers at airports with tight schedules.

　　　3　Face scans are mainly intended to find people who have stayed in the US longer than the period permitted by their visa and also to tighten security.

A - 3　What is a major complaint of privacy advocates about the face scan?

　　　1　They argue that scanning everyone, including US citizens, exceeds Congress's mandate.

　　　2　They are worried that the authorities will not be able to scan everyone at major US airports.

　　　3　They are concerned that the program will not work efficiently if it does not include US citizens.

A - 4　What is now happening at six major US airports?

　　　1　The new technology is being tested before being used at other high-volume airports.

　　　2　All pilots flying to international destinations are undergoing face scans prior to departure.

　答　　A - 1 ： 3　　　A - 2 ： 3　　　A - 3 ： 1

3　The face scans of all foreign nationals staying in the US for less than 14 days are being deleted.

A－5　What is the concern of the Electronic Privacy Information Center?

　　1　It is concerned that biographical data on the FBI database may be incorrect.

　　2　It is worried that many US citizens do not store their passports safely and they may get stolen.

　　3　It is worried about potential abuse by the government as well as the security risks to electronically stored data.

問 2．次の英文A－6からA－9までは、航空通信に関する国際文書の規定文の趣旨に沿って述べたものである。この英文を読み、それに続く設問に答えなさい。解答は、それぞれの設問に続く選択肢1から3までの中から、答えとして最も適切なものを一つずつ選び、その番号のマーク欄を黒く塗りつぶしなさい。

A－6　After a call has been made to the aeronautical station, a period of at least 10 seconds should elapse before a second call is made. This should eliminate unnecessary transmissions while the aeronautical station is getting ready to reply to the initial call.

（設問）　What is the purpose of the pause between a call to an aeronautical station and the second call to that station?

　　1　Leaving a period of not less than 10 seconds between calls always prevents smooth communication.

　　2　A gap of 10 seconds or more should allow the aeronautical station to prepare a reply without unwanted interruptions.

　　3　The aeronautical station should allow a minimum pause of 10 seconds in order for the sender to prepare a second call.

A－7　The transmission of long messages should be interrupted momentarily from time to time to permit the transmitting operator to confirm that the frequency in use is clear and, if necessary, to permit the receiving operator to request repetition of parts not received.

（設問）　What is the appropriate procedure when transmitting long messages?

　　1　The person receiving a long message must not allow the sender to interrupt the transmission of that message at any time.

　　2　Long messages should be transmitted in full without interruption, and then

---

答　A－4：1　　A－5：3　　A－6：2

the whole message should be repeated without interruption.

3　The transmitting operator is recommended to take pauses during the transmission of long messages in order to check that the message is being communicated successfully.

A－8　When transmitted by an aircraft station, the acknowledgement of receipt of a message shall comprise the call sign of that aircraft. An aircraft station should acknowledge receipt of important air traffic control messages or parts thereof by reading them back and terminating the readback by its radio call sign.

（設問）　How should an aircraft station acknowledge receipt of important air traffic control messages?

1　An aircraft station should read back the messages and add its call sign at the very end of the acknowledgement.

2　The call sign of the station that has received the original message must not be included in the acknowledgement.

3　An aircraft station should always acknowledge important air traffic control messages by readback of the terminating parts of the messages.

A－9　In the case of complete unavailability of the operator in the course of a flight, and solely as a temporary measure, the person responsible for the station may authorize an operator holding a certificate issued by the government of another Member State to perform the radiocommunication service.

（設問）　Under what circumstances may the person in charge of a station permit someone qualified in another country to perform the radiocommunication service during a flight?

1　Such temporary authorization may only be given in cases where there is no possibility of the regular operator performing his/her duties on a flight.

2　The person responsible for the station may permit individuals holding temporary certificates issued by foreign governments to perform the service whenever they are available.

3　The person in charge may permit the holder of a foreign certificate to perform the radiocommunication service whenever the qualifications can be confirmed.

答　　A－7：3　　A－8：1　　A－9：1

問3. 次の設問B−1の日本文に対応する英訳文の空欄（ア）から（オ）までに入る最も適切な語句を、その設問に続く選択肢1から9までの中からそれぞれ一つずつ選びなさい。解答は、選んだ選択肢の番号のマーク欄を黒く塗りつぶしなさい。

（設問）

B−1　SSR（二次監視レーダー）からの正しい応信の要求に応答するATCトランスポンダは最初、軍当局が味方の飛行機を識別する目的で導入した。今では、管制官が混雑するレーダー画面の中で、飛行機一つ一つをどのようなものでも容易に識別できるよう、管制空域内を飛んでいる飛行機の各トランスポンダに異なるATCコードを使用するのが標準的である。

The ATC transponder which responds to （ ア ） interrogation from SSR was （ イ ） introduced to enable military authorities to identify friendly aircraft. It is now standard （ ウ ） to use a different ATC code for each transponder of aircraft flying in （ エ ） airspace （ オ ） the controller can readily identify any specific aircraft on a crowded radar screen.

1	approach	2	controlled	3	in order for	4	initially	5	practice
6	proper	7	so that	8	training	9	unjustified		

問4. 次の設問B−2の日本文に対応する英訳文の空欄（ア）から（オ）までに入る最も適切な語句を、その設問に続く選択肢1から9までの中からそれぞれ一つずつ選びなさい。解答は、選んだ選択肢の番号のマーク欄を黒く塗りつぶしなさい。

（設問）

B−2　JAXAは、晴天乱気流を検知できる機上搭載用のドップラーライダーを開発し、実演試験を実施した。重さ約150kgのその装置はレーザー光を発射し、それが雨滴や塵により散乱された光を検知して飛行路上の乱気流を識別する。その装置により、到達する約70秒前に飛行機が乱気流を見つけることが可能となる。

JAXA has developed and performed flight demonstration tests of onboard Doppler LIDAR （ ア ） detecting （ イ ）-air turbulence. The device （ ウ ） about 150kg and emits laser beams to identify turbulence on its flight path by detecting the light （ エ ） by water droplets and dust. It will enable the aircraft to （ オ ） air turbulence about 70 seconds before reaching it.

1	area	2	can	3	capable of	4	clean	5	clear
6	scattered	7	split	8	spot	9	weighs		

答　B−1：ア−6　イ−4　ウ−5　エ−2　オ−7
　　　　B−2：ア−3　イ−5　ウ−9　エ−6　オ−8

問 5．次の設問 B－3 の日本文に対応する英訳文の空欄（ア）から（オ）までに入る最も適切な語句を、その設問に続く選択肢 1 から 9 までの中からそれぞれ一つずつ選びなさい。解答は、選んだ選択肢の番号のマーク欄を黒く塗りつぶしなさい。

（設問）

B－3　航空機局は、混信を減少させるため、自局に委ねられた手段の範囲内で、信頼性のある通信をもたらす最も適切な伝搬特性を有する周波数帯を、呼出しのために選定するよう努力しなければならない。

In order to reduce（　ア　）, aircraft stations shall, within the（　イ　）at their（　ウ　）, endeavor to select for calling the band with the（　エ　）favorable propagational（　オ　）for effecting reliable communication.

1	best	2	characteristics	3	consumption	4	disposal
5	interference	6	intervention	7	means	8	most
9	nature						

英 会 話

（注）解答方法：選択肢の中から最も適切な答えを一つ選び、その番号に対応する答案用紙のマーク欄を黒く塗りつぶしなさい。

QUESTION 1　Many ancient animals have been found in fossils. Which of the following animals is already extinct and found only in fossils?

　　　　1．Coral　　　　　　　　2．The oyster

　　　　3．The ammonite　　　　4．The coelacanth

QUESTION 2　In late fall, some wild animals, including bears, eat food to prepare for the winter. How often are you likely to encounter bears in the mountains during their hibernation season?

　　　　1．We will see them less often.

　　　　2．We will see them quite often.

　　　　3．We will see bear cubs instead.

　　　　4．We will see them as frequently as in the summer.

QUESTION 3　You and your friend have to go to the airport in your car but your driver's license has expired. Supposing your friend has a valid driver's license, what should you do?

　答　B－3：ア－5　イ－7　ウ－4　エ－8　オ－2

　　　　Q－1：3　　Q－2：1

1. I should drive my car.

2. I should buy a new car.

3. I should drive my friend's car.

4. I should ask my friend to drive my car.

QUESTION 4　What do you call the extended paved part of an airport where airplanes take on or discharge passengers or cargo and are turned around?

1. The apron

2. The airstrip

3. The aerodrome

4. The run-up area

QUESTION 5　You are the captain of a plane. Snow has accumulated on your wings and fuselage. What must you do before take-off?

1. I have to wait for a clear sky.

2. I have to de-ice and anti-ice the plane.

3. I will ask the controller the status of the landing runway.

4. I will discuss the accumulated deficit of the airline with my copilot.

QUESTION 6　Stacking is the status in which several planes are arranged in holding patterns at different altitudes. In what situation would you expect to see a stack around an airport?

1. When the airport is closed for the day

2. When the airport is busy or temporarily closed

3. When those planes are practicing holding patterns

4. When those planes are about to enter the airway simultaneously

QUESTION 7　You are the controller in the tower. Flight levels, headings, and the wind direction and speed have to be read clearly. What should you do to confirm that the pilot has read them correctly?

1. I should ask the pilot to read them back to me.

2. I should ask the pilot to read the numbers as quickly as possible.

3. I should ask the pilot to repeat the numbers at least three times.

4. I should ask the pilot to transfer the reading to the aeronautical station.

答　Q－3：4　　Q－4：1　　Q－5：2　　Q－6：2　　Q－7：1

英
語

平成30年8月期

問 1. 次の英文を読み、それに続く設問A−1からA−5までに答えなさい。解答は、それぞれの設問に続く選択肢1から3までの中から答えとして最も適切なものを一つずつ選び、その番号のマーク欄を黒く塗りつぶしなさい。

The world's nights are getting alarmingly brighter — bad news for all sorts of creatures, humans included. A German-led team reported that light pollution is threatening darkness almost everywhere. Satellite observations during five Octobers show Earth's artificially lit outdoor area grew by 2 percent a year from 2012 to 2016. So did nighttime brightness. Light pollution is actually worse than that, according to the researchers, because the imaging sensor on the polar-orbiting weather satellite can't detect the blue wavelengths generated by the new, energy-efficient and cost-saving LED's.

The biological impact from surging artificial light is significant, according to the researchers. People's sleep can be marred, which in turn can affect their health. The migration and reproduction of birds, fish, amphibians, insects and bats can be disrupted. Plants can have abnormally extended growing periods. And forget about seeing stars or the Milky Way, if the trend continues. More and more places are installing outdoor lighting given its low cost and the overall growth in communities' wealth, the scientists noted. The outskirts of major cities in developing nations are brightening quite rapidly, in fact, said Christopher Kyba, the lead author of the study.

Franz Holker of the Leibniz Institute of Freshwater Ecology and Inland Fisheries in Berlin, a co-author, said things are at the critical point. "Many people are using light at night without really thinking about the cost," Holker said. Not just the economic cost, "but also the cost that you have to pay from an ecological, environmental perspective." Kyba and his colleagues recommend avoiding glaring lamps whenever possible — choosing amber over so-called white LED's — and using more efficient ways to illuminate places like parking lots or city streets. For example, dim, closely spaced lights tend to provide better visibility than bright lights that are more spread out.

An instrument on the 2011-launched U.S. weather satellite, Suomi, provided the observations for the study. A second such instrument — known as the Visible Infrared Imaging Radiometer Suite (VIIRS) — was launched in November 2017 on a new satellite by NASA and the National Oceanic and Atmospheric Administration. This latest VIIRS will join the continuing night light study.

＜注＞　marred　（質などが）損なわれた　　amphibian　両生類

　　　outskirts　町の中心から遠く離れたところ

（設問）

A − 1　What did the German-led report find?

　　1　Light pollution is not a problem for people.

　　2　Light pollution is getting worse in both its extent and brightness.

　　3　There has been a considerable reduction in light pollution in recent years.

A − 2　What does the research say about the impact of LED light?

　　1　The use of LED's has been the number one cause of light pollution.

　　2　The study cannot evaluate it precisely because not all wavelengths are measured.

　　3　Blue wavelength lights generated by LED's themselves do not have any impact on light pollution.

A − 3　Which of the following does the article say is a direct consequence of light pollution?

　　1　People are sleeping much longer than in the past.

　　2　The Milky Way is becoming more clearly visible in the night sky.

　　3　Brighter nighttime skies are disturbing the natural rhythms of much wildlife.

A − 4　What do the scientists suggest in order to reduce the effect of light pollution?

　　1　Using more old light bulbs for an ecological, environmental perspective.

　　2　Reducing the number of amber LED's by replacing them with white LED's.

　　3　Trying to select amber lights and illuminating places like streets with less bright, closely spaced lights.

A − 5　What does the article say about future plans for the study?

　　1　The study will conclude very shortly.

　　2　The study will be continued with the latest instrument launched last year.

答　A − 1：2　　A − 2：2　　A − 3：3　　A − 4：3

3　The weather satellite Suomi will be removed from the study soon as it does not have the VIIRS.

問 2. 次の英文A－6からA－9までは、航空通信に関する国際文書の規定文の趣旨に沿って述べたものである。この英文を読み、それに続く設問に答えなさい。解答は、それぞれの設問に続く選択肢1から3までの中から、答えとして最も適切なものを一つずつ選び、その番号のマーク欄を黒く塗りつぶしなさい。

A－6　A flight plan shall be submitted, before departure, to an air traffic services reporting office or, during flight, transmitted to the appropriate air traffic services unit or air ground control radio station, unless arrangements have been made for submission of repetitive flight plans.

（設問）　To which authority should flight plans be submitted by an aircraft in flight?

　　　　1　Only repetitive flight plans may be submitted to the authorities concerned during flight.

　　　　2　When submitted during flight, the plans must go to the air traffic services reporting office.

　　　　3　Such plans need to be given to the appropriate air traffic services unit or air ground control radio station.

A－7　Stations with other than continuous hours of operation, engaged in, or expected to become engaged in distress, urgency, unlawful interference, or interception traffic, shall extend their normal hours of service to provide the required support to those communications.

（設問）　What are stations working with limited hours of operation required to do when distress or urgency traffic is anticipated?

　　　　1　These stations must intercept unlawful interference at all times.

　　　　2　Stations operating limited hours shall remain operational in cases of distress or urgency traffic when so required.

　　　　3　Stations working with limited hours of operation are required to provide support for distress or urgency traffic only during their normal service hours.

A－8　Where it is necessary for an aircraft station to send signals for testing or adjustment which are liable to interfere with the working of a neighboring aeronautical station, the consent of the station shall be obtained before such signals are sent.

答　　A－5：2　　A－6：3　　A－7：2

（設問）　What may be required when an aircraft station sends signals for testing?

    1　An aircraft station may send test signals at any time without restriction.

    2　An aircraft station must report the results of test signals to all neighboring aeronautical stations.

    3　An aircraft station needs the permission of any nearby aeronautical station whose operation may be affected by the test.

A－9　The aircraft station may call the aeronautical station only when it comes within the designated operational coverage area of the latter. Designated operational coverage is that volume of airspace needed operationally in order to provide a particular service and within which the facility is afforded frequency protection.

（設問）　At what point may an aircraft station call an aeronautical station?

    1　An aircraft station is permitted to call any aeronautical station at any time.

    2　An aircraft station may call an aeronautical station once it has entered the airspace in which that station provides a particular service.

    3　An aircraft station may only call an aeronautical station during limited hours of operation when the designated frequencies are protected.

問 3. 次の設問B－1の日本文に対応する英訳文の空欄（ア）から（オ）までに入る最も適切な語句を、その設問に続く選択肢1から9までの中からそれぞれ一つずつ選びなさい。解答は、選んだ選択肢の番号のマーク欄を黒く塗りつぶしなさい。

（設問）

B－1　航空機は気圧測定に基づいて高度を決定する高度計を使う。高度計のQNE設定は、海面レベルの気圧が1013.2 hPaであることを前提としている。しかしながら、気圧は気象の影響も受ける。パイロットは必要な調整を行うため、飛行場の近く若しくは14,000フィート未満の飛行では航空管制官からの値を用いてQNH設定を行う。

  An aircraft uses an altimeter which（ ア ）the altitude from the measurement of atmospheric pressure. The QNE setting of the altimeter（ イ ）the air pressure at sea level to be 1013.2 hPa. Atmospheric pressure,（ ウ ）, is also influenced by the weather. When flying close to an（ エ ）or below 14,000 feet, the pilot sets the QNH to make the necessary（ オ ）using the value given by the ATC controller.

1　adjustments	2　aerodrome	3　aileron	4　assumes	5　but
6　determines	7　however	8　predicts	9　reduction	

答　A－8：3　　A－9：2

B－1：ア－6　イ－4　ウ－7　エ－2　オ－1

問 4. 次の設問 B − 2 の日本文に対応する英訳文の空欄（ア）から（オ）までに入る最も適切な語句を、その設問に続く選択肢 1 から 9 までの中からそれぞれ一つずつ選びなさい。解答は、選んだ選択肢の番号のマーク欄を黒く塗りつぶしなさい。

（設問）

B − 2　国内初の手話によって通信ができる公衆電話機が羽田空港に据え付けられた。その電話システムを使えば、聴覚に問題のある人たちがモニターの前で手話を行うことにより、通訳者が反対側に位置する人にメッセージを音声で伝えることができる。日本財団によると、手話フォンは現在20か国を超える国で利用されており、公共施設で幅広く使われているということである。

　　　The nation's first public phones enabling communications via sign language have been （ ア ） at Haneda airport. The phone system enables a person with hearing problems to make signs in （ イ ） a monitor for an interpreter to （ ウ ） the message by voice to the person on the other end. The Nippon Foundation （ エ ） the sign-language phone is now in use in more than 20 countries and widely used at public （ オ ）.

1	complains	2	convey	3	demonstrate	4	equipment	5	facilities
6	front of	7	says	8	set up	9	the place of		

問 5. 次の設問 B − 3 の日本文に対応する英訳文の空欄（ア）から（オ）までに入る最も適切な語句を、その設問に続く選択肢 1 から 9 までの中からそれぞれ一つずつ選びなさい。解答は、選んだ選択肢の番号のマーク欄を黒く塗りつぶしなさい。

（設問）

B − 3　締約国政府は、国際民間航空が安全にかつ整然と発達するように、また、国際航空運送業務が機会均等主義に基づいて確立されて健全かつ経済的に運営されるように、一定の原則及び取り決めについて合意し、その目的のためにこの条約を締結した。

　　　The contracting governments, having agreed on certain （ ア ） and arrangements in order that international civil aviation may be developed in a safe and orderly （ イ ） and that international air transport services may be （ ウ ） on the basis of equality of （ エ ） and operated （ オ ） and economically, have concluded this Convention to that end.

1	advantage	2	established	3	manner	4	opportunity
5	politically	6	principals	7	principles	8	regulation	9	soundly

---

答　　B − 2：ア − 8　イ − 6　ウ − 2　エ − 7　オ − 5
　　　B − 3：ア − 7　イ − 3　ウ − 2　エ − 4　オ − 9

英 会 話

(注) 解答方法：選択肢の中から最も適切な答えを一つ選び、その番号に対応する答案用
紙のマーク欄を黒く塗りつぶしなさい。

QUESTION 1　We are experiencing a very hot summer. How do you think this might affect the consumption of cold beverages?

1．It will increase.

2．It will decrease.

3．It will stop immediately.

4．It will not change at all.

QUESTION 2　You are instructed to round numbers down after the decimal point before entering them on a table. How should you record a value of 10.5?

1．11

2．0.5

3．10

4．10.5

QUESTION 3　Land reclamation is being considered for the new airport. How will the airport probably be constructed?

1．The airport will probably be constructed on a landfill area.

2．The airport will probably be constructed on a mountainside.

3．The airport will probably be constructed by demolishing the old airport.

4．The airport will probably be constructed in the vicinity of the old airport.

QUESTION 4　Which flight rules are more vulnerable to the weather conditions, IFR, the Instrument Flight Rules, or VFR, the Visual Flight Rules?

1．IFR

2．VFR

3．There is no difference.

4．It depends on the aircraft.

答　Q－1：1　　Q－2：3　　Q－3：1　　Q－4：2

QUESTION 5　You are the captain of a plane. During taxiing, you notice some of the aircraft tires have been punctured by debris. What should you do?

1．Go back to the ramp for more fuel.

2．Keep on taxiing to the runway and take off.

3．Get out of the plane and replace the tires by yourself.

4．Stop taxiing and request the tower for tow assistance.

QUESTION 6　Hydraulic fluid sometimes leaks from airplanes. What should a pilot do when he finds a large patch of fluid on the runway before starting rolling for take-off?

1．Cancel take-off and report it to the controller for removal.

2．Continue take-off rolling without taking any special action.

3．Continue take-off rolling with care because of the slippery surface.

4．Check the airplane's oil pressure and then start take-off procedures.

QUESTION 7　In what circumstances may a pilot be requested to observe noise abatement procedures during take-off or landing?

1．The airport might be near mountains.

2．The airport might be close to a harbor.

3．The airplane might be flying over a residential area.

4．The airplane might be flying over an industrial area.

答　Q－5：**4**　　Q－6：**1**　　Q－7：**3**

問 1. 次の英文を読み、それに続く設問A-1からA-5までに答えなさい。解答は、それぞれの設問に続く選択肢1から3までの中から答えとして最も適切なものを一つずつ選び、その番号のマーク欄を黒く塗りつぶしなさい。

Geometric clusters of cyclones encircle Jupiter's poles and its atmosphere is deeper than scientists had suspected. These were some of the findings of four international research teams based on observations by NASA's Juno spacecraft. The fifth planet from the sun, Jupiter is by far the largest in our solar system. Launched in 2011, Juno has been orbiting Jupiter since 2016 and peering beneath the thick ammonia clouds. It is only the second spacecraft to circle the planet; Galileo did so from 1995 to 2003.

One group uncovered a constellation of nine cyclones over Jupiter's north pole and six over the south pole. The wind speeds exceed Category 5 hurricane strength in places, reaching 350 km/h. The massive storms haven't changed position much since observations began. Team leader Alberto Adriani of Italy's National Institute for Astrophysics in Rome was surprised to find such complex structures. Scientists thought they would find something similar to the six-sided cloud system spinning over Saturn's north pole. Instead, what they found on Jupiter was an octagonal grouping over the north pole, with eight cyclones surrounding one in the middle, and a pentagonal batch over the south pole. Each cyclone is thousands of kilometers across.

Another of the studies published in a recent scientific journal finds that Jupiter's crisscrossing east-west jet streams actually penetrate far beneath the visible cloud tops. Refined measurements of Jupiter's uneven gravity field enabled the Weizmann Institute of Science's Yohai Kaspi in Rehovot, Israel, and his colleagues to calculate the depth of the jet streams at about 3,000 km. "The result is a surprise because this indicates that the atmosphere of Jupiter is massive and extends much deeper than we previously expected," Kaspi said in an email.

By better understanding these strong jet streams and the gravity field, Kaspi said, scientists can better decipher the core of Jupiter. A similar situation may be occurring at other gas giants like Saturn, where the atmosphere could be even deeper than Jupiter's, he said. Jonathan Fortney of the University of California, Santa Cruz, who was not involved in the research, called the findings "extremely robust" and said they show that "high-precision measurements of a planet's gravitational field can be used to answer questions of deep planetary dynamics."

<注> constellation 集まり   crisscrossing 行ったり来たりする

decipher 解読する

（設問）

A－1 What is special about the spacecraft Galileo?

    1 It made the first complete orbit of the planet Jupiter.

    2 It was the second spacecraft to travel from Earth to Jupiter.

    3 It was the first spacecraft to reach Jupiter after the long journey from 1995 to 2003.

A－2 Which of the following was reported in the research mentioned in the article?

    1 There are complex systems of huge storms over both of Jupiter's poles.

    2 The atmosphere at Jupiter's north pole is deeper than at the south pole.

    3 The heavy atmosphere of Jupiter may be able to support some life forms.

A－3 How do the storm patterns of the north pole of Jupiter differ from those found on Saturn?

    1 There are fewer clouds over the north pole of Jupiter than on Saturn.

    2 While Saturn has a six-sided cloud system, the research revealed a cluster of nine cyclones over Jupiter's north pole.

    3 The research showed Saturn's north pole to be the same as the south pole of Jupiter but very different from Jupiter's north pole.

A－4 What does the scientist from Israel say about the atmosphere of Jupiter?

    1 According to the scientist, the data was in line with previous expectations.

    2 The scientist argues that the study shows the atmosphere of Jupiter to be deeper than anticipated.

    3 It is the Israeli scientist's opinion that the gravity field on Jupiter is too uneven to be measured accurately.

A－5 How does Jonathan Fortney of the University of California feel about the findings of the research?

答   A－1：1   A－2：1   A－3：2   A－4：2

1 It is his view that the results from Juno are still unreliable.

2 He believes that the data are solid and the method is useful for understanding planets' internal dynamics.

3 He says that high-precision instruments will have to be built in order to answer deep questions of planetary dynamics.

問 2. 次の英文A－6からA－9までは、航空通信に関する国際文書の規定文の趣旨に沿って述べたものである。この英文を読み、それに続く設問に答えなさい。解答は、それぞれの設問に続く選択肢1から3までの中から、答えとして最も適切なものを一つずつ選び、その番号のマーク欄を黒く塗りつぶしなさい。

A－6 An aircraft operated as a controlled flight shall maintain continuous air-ground voice communication watch on the appropriate communication channel of, and establish two-way communication as necessary with, the appropriate air traffic control unit. SELCAL (selective-calling) or similar automatic signaling devices satisfy the requirement to maintain an air-ground voice communication watch.

（設問） Which is a requirement of an aircraft operated as a controlled flight?

1 An aircraft must monitor air-ground voice communication at all times.

2 An aircraft is obliged to establish two-way communication at the earliest opportunity.

3 Automatic signaling devices, such as SELCAL, are insufficient to meet the air-ground voice monitoring requirement.

A－7 The radiotelephone alarm signal, when generated by automatic means, shall be sent continuously for a period of at least thirty seconds but not exceeding one minute; when generated by other means, the signal shall be sent as continuously as practicable over a period of approximately one minute.

（設問） What is the appropriate duration for an automatically generated radiotelephone alarm signal?

1 Such a signal should continue for between 30 and 60 seconds.

2 Automatic alarm generating systems must last for at least one minute.

3 The length of an automatic radiotelephone alarm signal must never exceed 30 seconds.

答 A－5：2 A－6：1 A－7：1

A - 8　In the interests of runway protection, communication methods must be such as to reduce the likelihood of misunderstanding and the procedures used should be such that they will not result in an aircraft or vehicle entering an operational runway without clearance.

（設問）What is the priority for runway-related communication?

　　1　Communication is not allowed when an aircraft or vehicle has entered an operational runway.

　　2　Communication methods should be chosen appropriately to avoid the risk of misunderstanding.

　　3　Communication regarding the operation of runways should be reduced to the minimum possible level.

A - 9　The frequency 156.3 MHz may be used by stations on board aircraft for safety purposes. It may also be used for communication between ship stations and stations on board aircraft engaged in coordinated search and rescue operations. The frequency 156.8 MHz may be used by stations on board aircraft for safety purposes only.

（設問）　What is the main difference between the frequencies 156.3 MHz and 156.8 MHz?

　　1　156.8 MHz is a multipurpose frequency but 156.3 MHz has only a single use.

　　2　156.3 MHz can be used by stations on board aircraft for safety purposes but, unlike 156.8 MHz, may also be used in other circumstances.

　　3　Both frequencies are allowed for search and rescue activities as well as safety purposes, so there is no significant difference between them.

■問■3．次の設問B－1の日本文に対応する英訳文の空欄（ア）から（オ）までに入る最も適切な語句を、その設問に続く選択肢1から9までの中からそれぞれ一つずつ選びなさい。解答は、選んだ選択肢の番号のマーク欄を黒く塗りつぶしなさい。

（設問）

B － 1　航空交通管理センターは、日本の航空交通管理の中心的な機能の提供のため2005年に設置された。その主要業務の一つは航空交通流管理業務であり、同業務においてセンターは飛行経路を管理し、地上の航空機に対する出発時刻及び出発間隔の、そして到着機に対する混雑空域への入域時刻及び間隔の決定を行い、離陸又は着陸時刻の割当てを関係する航空管制官に対して発出する。

答　　A－8：2　　A－9：2

The Air Traffic Management Center was （ ア ） in 2005 to serve a （ イ ） function for Japanese air traffic management. One of its major services is air traffic （ ウ ） management, （ エ ） it manages flight routes, determines departure times and intervals for planes on the ground and entering times and intervals for arriving traffic approaching busy （ オ ）, and issues take-off or landing schedules to relevant ATC controllers.

1 airspaces   2 atmosphere   3 central   4 current   5 established
6 flow   7 surrounding   8 where   9 which

問4. 次の設問B−2の日本文に対応する英訳文の空欄（ア）から（オ）までに入る最も適切な語句を、その設問に続く選択肢1から9までの中からそれぞれ一つずつ選びなさい。解答は、選んだ選択肢の番号のマーク欄を黒く塗りつぶしなさい。

（設問）

B−2　大きさ160万平方キロメートル以上の太平洋ゴミベルトの航空画像により、そのゴミの塊の密度がこれまでの見積もりより16倍も大きいことが明らかになった。その画像は79,000トンのプラスチックの蓄積を示しており、その蓄積は食物連鎖に対する重大な脅威をもたらすものである。

Aerial images of the Great Pacific Garbage Patch, which is more than 1.6 （ ア ） square kilometers in area, have （ イ ） that the mass of trash is （ ウ ） 16 times denser than had previously been estimated. They show an （ エ ） of 79,000 tons of plastic, which （ オ ） a significant threat to the food chain.

1 accommodation   2 accumulation   3 as much as
4 billion   5 brightened   6 million
7 multiples of   8 poses   9 revealed

問5. 次の設問B−3の日本文に対応する英訳文の空欄（ア）から（オ）までに入る最も適切な語句を、その設問に続く選択肢1から9までの中からそれぞれ一つずつ選びなさい。解答は、選んだ選択肢の番号のマーク欄を黒く塗りつぶしなさい。

（設問）

B−3　VFR（有視界飛行）の航空機に対しては一般に、垂直間隔が規定されない。しかしながら、水面又は地表から3,000フィートと29,000フィートの間でのVFR巡航は、原則として割り当てられている高度に基づいて行われるべきである。

答　B−1：ア−5　イ−3　ウ−6　エ−8　オ−1
　　B−2：ア−6　イ−9　ウ−3　エ−2　オ−8

The vertical（ ア ）is generally not provided for a VFR（Visual Flight Rules）aircraft. VFR（ イ ）, however, should in principle be（ ウ ）on the altitude（ エ ）when operating between 3,000 and 29,000 feet above the sea or ground（ オ ）.

1 area	2 assignment	3 cruising
4 discrimination	5 homework	6 level
7 predicated	8 sailing	9 separation

英 会 話

（注）解答方法：選択肢の中から最も適切な答えを一つ選び、その番号に対応する答案用紙のマーク欄を黒く塗りつぶしなさい。

QUESTION 1　A movement of extremely high pressure air is generated when an airplane exceeds the speed of sound. What do you call this kind of wave?
1．A light wave
2．A radio wave
3．A shock wave
4．A tidal wave

QUESTION 2　In the figure skating competition, spectators were stunned by the winner's performance. How well did he skate?
1．He skated as well as the other skaters.
2．He skated exactly as they had expected.
3．He was well illuminated by the spotlight.
4．His skating far exceeded their expectations.

QUESTION 3　Each department has been requested to submit its budgetary quotations for the coming year. What numbers are being requested?
1．Best estimates of operating costs and capital expenditure
2．The expenses that each department budgeted for last year
3．An estimate of the total combined costs for all departments
4．Exact itemized amounts that each department spent last year

QUESTION 4　What do you call the route to the airway after take-off?
1．En-route
2．The transition route

答　B－3：ア－**9**　イ－**3**　ウ－**7**　エ－**2**　オ－**6**
Q－1：**3**　　Q－2：**4**　　Q－3：**1**

3. The interpolation line

4. The area navigation route

QUESTION 5　You are the captain of a plane. You have reported an obstruction on the taxiway and have been asked whether you can move around it or not. What does "move around" mean in this case?

1. Cancel the flight.

2. Get past the obstruction.

3. Run over the obstruction.

4. Get out of the plane and remove the obstruction.

QUESTION 6　The airplane is doing a low pass near the airport control tower. It appears to be confirming something. What do you think the pilot might be doing?

1. The pilot may be checking taxiway visibility.

2. The pilot and controller might be having communication problems.

3. The pilot may have asked the controller to check the landing gear status.

4. The pilot may be demonstrating the aircraft's ability to fly at low altitude.

QUESTION 7　You are the captain of a passenger plane and have to go back to the ramp for de-icing due to heavy snow. Upon approving your taxi-back request, the controller instructed you to use caution. What is the most likely reason for this?

1. Because the passengers may catch cold.

2. Because the taxiway is slippery with ice and snow.

3. Because of the possibility of heavy rain and gusty winds.

4. Because the runway is contaminated with hydraulic fluid.

答　Q－4：－　　Q－5：**2**　　Q－6：**3**　　Q－7：**2**

（注）Q－4については、正答がないため全員正解といたします。

令和元年8月期

問 1. 次の英文を読み、それに続く設問A－1からA－5までに答えなさい。解答は、それぞれの設問に続く選択肢1から3までの中から答えとして最も適切なものを一つずつ選び、その番号のマーク欄を黒く塗りつぶしなさい。

Mars is about to get its first U.S. visitor in years: a three-legged, one-armed geologist to dig deep and listen for quakes. InSight will be the first American spacecraft to land since the Curiosity rover in 2012 and the first dedicated to exploring underground. NASA is going with a tried-and-true method to get this mechanical miner to the surface of the red planet. Engine firings will slow its final descent and the spacecraft will plop down on its rigid legs, mimicking the landings of earlier successful missions. Once flight controllers in California determine the coast is clear at the landing site — fairly flat and rock free — InSight's 1.8-meter arm will remove the two main science experiments from the lander's deck and place them directly on the Martian surface. No spacecraft has attempted anything like that before. The firsts don't stop there. One experiment will attempt to penetrate 5 meters into Mars, using a self-hammering nail with heat sensors to gauge the planet's internal temperature. That would shatter the out-of-this-world depth record of 2.5 meters drilled by the Apollo moonwalkers nearly a half-century ago for lunar heat measurements. InSight carries the first seismometers to monitor for marsquakes — if they exist. Yet another experiment will calculate Mars' wobble, providing clues about the planet's core. It won't be looking for signs of life, past or present. No life detectors are on board.

This time there won't be a ball bouncing down with the spacecraft tucked inside, like there was for the Spirit and Opportunity rovers in 2004. And there won't be a sky crane to lower the lander like there was for the six-wheeled Curiosity. No matter how it's done, landing there is hard and the current success rate is a mere 40 percent. While it's had its share of flops, the U.S. has by far the best track record. No one else has managed to land and operate a spacecraft on Mars. Two years ago, a European lander came in so fast that it carved out a crater on impact. The tensest time for flight controllers in Pasadena, California: the six minutes from the time the spacecraft hits Mars' atmosphere to touchdown. InSight will enter Mars' atmosphere at a supersonic

19,800 km/h, relying on its white nylon parachute and a series of engine firings to slow down enough for a soft upright landing on Mars' Elysium Planitia, a sizable equatorial plain. InSight project manager, Tom Hoffman, hopes it's like a huge supermarket parking lot in Kansas. The flatter the better so the lander doesn't tip over.

＜注＞　plop down　ドサッと腰を下ろす　mimic　真似る　experiment　実験用器具
seismometer　地震計　wobble　揺れ　flop　失敗

（設問）

A－1　What does the article say about how the spacecraft will land on Mars?

　　1　NASA will use a familiar technique that has been successful in the past.

　　2　InSight will attempt a new kind of landing that has never been tried before.

　　3　This time the landing will be very different to those of earlier successful missions.

A－2　Which of the following is one of the unique aims of the mission?

　　1　The vessel will investigate unexplored coastal areas of Mars.

　　2　The mission plans to dig deeper than any other space mission.

　　3　This will be the first mission that attempts to find life on Mars.

A－3　How successful have previous attempts to land on Mars been?

　　1　No U.S. mission to land on Mars has ever failed.

　　2　Attempts to land on Mars fail more often than they succeed.

　　3　The most successful landing occurred two years ago when a European lander made a new crater.

A－4　What is the most difficult and stressful time for the flight controllers in California?

　　1　The first few seconds after the vessel is launched.

　　2　The six minutes following the landing on the surface of Mars.

　　3　The minutes between entering the atmosphere of Mars and landing on its surface.

A－5　What is a key requirement for the landing site on Mars?

　　1　The surface of the planet needs to be very soft at the landing site.

　　2　The site must be close to the equator of Mars as this is the easiest place to land.

　　3　It is important that site is as flat as possible to prevent the lander from falling to one side.

答　A－1：1　　A－2：2　　A－3：2　　A－4：3　　A－5：3

問 2. 次の英文A－6からA－9までは、航空通信に関する国際文書の規定文の趣旨に沿って述べたものである。この英文を読み、それに続く設問に答えなさい。解答は、それぞれの設問に続く選択肢1から3までの中から、答えとして最も適切なものを一つずつ選び、その番号のマーク欄を黒く塗りつぶしなさい。

A－6　Aircraft earth stations are authorized to use frequencies in the bands allocated to the maritime mobile-satellite service for the purpose of communicating, via the stations of that service, with the public telegraph and telephone networks.

（設問）　Under what circumstances does the above regulation say aircraft earth stations are allowed to use frequencies in the bands allocated to the maritime mobile-satellite service?

　　　　1　Mobile-satellite service frequencies may only be used for distress purposes.

　　　　2　These frequencies may be used when communicating with public networks through the stations of the maritime mobile-satellite service.

　　　　3　Aircraft earth stations have authority to use these frequencies only for the purpose of communicating with stations of the maritime mobile-satellite service.

A－7　The use of the frequency bands 161.9625-161.9875 MHz and 162.0125-162.0375 MHz by the aeronautical mobile (OR) service is limited to the automatic identification system (AIS) emissions from search and rescue aircraft operations. The AIS operations in these frequency bands shall not constrain the development and use of the fixed and mobile services operating in the adjacent frequency bands.

（設問）　What restrictions are in place concerning AIS operations on the frequencies 161.9625-161.9875 MHz and 162.0125-162.0375 MHz?

　　　　1　The AIS emissions are not permitted by the aeronautical mobile (OR) service.

　　　　2　These frequencies should not be used for AIS operations during a search and rescue mission.

　　　　3　The AIS operations using those frequency bands must not constrain nearby frequency bands used in the fixed and mobile services.

A－8　It is recognized that Supplementary Procedures may be required in certain cases in order to meet particular requirements of ICAO Regions. Any Supplementary Procedure recommended for this purpose must be a requirement peculiar to the region and must not be contained in, nor conflict with, any worldwide Procedure of ICAO.

答　A－6：**2**　　A－7：**3**

（設問）　What do the regulations say about the use of particular local procedures?

　　　　1　Local regional procedures always take priority over international ones.

　　　　2　Procedures peculiar to a particular region are permitted as long as there is no conflict with any worldwide procedure.

　　　　3　No regional variations on the internationally established procedures of the ICAO are permitted under any circumstance.

A－9　Each State shall designate the authority responsible for ensuring that the international aeronautical telecommunication service is conducted in accordance with the relevant Procedures. The authorities designated should exchange information regarding the performance of systems of communication, radio navigation, operation and maintenance, unusual transmission phenomena, etc.

（設問）　How does each State ensure the relevant Procedures for the international aeronautical telecommunication service are properly observed?

　　　　1　It appoints the authority to handle the task.

　　　　2　The authority with the best communication systems is made responsible for the communication service.

　　　　3　The Procedures are defined by the authorities responsible for radio navigation, operation and maintenance.

問 3. 次の設問 B－1 の日本文に対応する英訳文の空欄（ア）から（オ）までに入る最も適切な語句を、その設問に続く選択肢 1 から 9 までの中からそれぞれ一つずつ選びなさい。解答は、選んだ選択肢の番号のマーク欄を黒く塗りつぶしなさい。

（設問）

B－1　北海道の新聞社は、大災害時に公衆へニュースを伝えるためにドローンの信頼性を試験した。その会社の配達員達で構成されるグループは大地震が橋に損害を与え道路を分断するという想定の下で、旭川市内の川を越えて200メートル先のところへ10部の新聞を運ぶドローンの飛行に成功した。

　　A Hokkaido newspaper company has tested the（ア）of drones for newspaper delivery to the public in times of（イ）. A group of the company's delivery staff has successfully（ウ）a drone carrying 10 copies of its newspaper 200 meters across a river in the city of Asahikawa（エ）a hypothetical scenario in which a major quake damages a bridge and（オ）roads.

答　　A－8：2　　A－9：1

1	disaster	2	durability	3	flown	4	jumped	5	reliability
6	severs	7	slices	8	under	9	writing		

問4. 次の設問B-2の日本文に対応する英訳文の空欄（ア）から（オ）までに入る最も適切な語句を、その設問に続く選択肢1から9までの中からそれぞれ一つずつ選びなさい。解答は、選んだ選択肢の番号のマーク欄を黒く塗りつぶしなさい。

（設問）

B-2　日本は2021年度に月面探査用上陸機を打ち上げることを計画している。その目的は、太陽電池が十分な太陽光を得られる場所に上陸機が着地できるようにするための正確な着陸技術の確立である。科学者たちは許容誤差として数百メートル以内の正確さで上陸機が与えられた場所に着陸できる技術の確立を目指している。

　　　Japan is planning to（　ア　）a lunar exploration lander in fiscal 2021. The aim is to establish accurate landing technology for a lander to（　イ　）at a location（　ウ　）sufficient sunlight for solar cells. Scientists are aiming to establish technology that will（　エ　）the lander to land at a given location within a（　オ　）of error of several hundred meters.

1	able	2	affordable	3	causing	4	dive	5	enable
6	launch	7	margin	8	touch down	9	with		

問5. 次の設問B-3の日本文に対応する英訳文の空欄（ア）から（オ）までに入る最も適切な語句を、その設問に続く選択肢1から9までの中からそれぞれ一つずつ選びなさい。解答は、選んだ選択肢の番号のマーク欄を黒く塗りつぶしなさい。ただし、（　　）内の同じ記号は、同じ解答を示します。

（設問）

B-3　航空移動業務は航空地上局と航空機局、又は航空機局相互間の移動業務として定義され、生存艇局（救命浮機局）もその業務に参加することができる、また、非常用位置指示無線標識局も、指定された遭難周波数及び非常用周波数を用いて参加することができる。

　　　Aeronautical mobile service is（　ア　）as a mobile service between aeronautical stations and aircraft stations, or between aircraft stations, in which survival craft stations may（　イ　）; emergency position-（　ウ　）radiobeacon stations may also（　イ　）in this service（　エ　）designated distress and emergency（　オ　）.

答　　B-1：ア-5　イ-1　ウ-3　エ-8　オ-6
　　　B-2：ア-6　イ-8　ウ-9　エ-5　オ-7

1	above	2	accompany	3	defined
4	displaying	5	frequencies	6	indicating
7	on	8	participate	9	power

英 会 話

(注) 解答方法：選択肢の中から最も適切な答えを一つ選び、その番号に対応する答案用紙のマーク欄を黒く塗りつぶしなさい。

QUESTION 1　You received discount tickets for lunch at the ABC restaurant. What would you expect to pay at the restaurant?

1．I will pay less than usual for lunch.

2．I will pay less than usual for supper.

3．I will pay more than usual for lunch.

4．I will pay more than usual for supper.

QUESTION 2　When the air temperature falls to around the dew-point temperature, you will see drops of dew form on the surfaces of leaves or glasses. What will happen to the dew-point temperature when the air gets very humid?

1．It will depend on the person.

2．It has no relation with the humidity.

3．It will drop far below the air temperature.

4．It will be close or equal to the air temperature.

QUESTION 3　BMI, the body mass index, is calculated from an adult person's weight and height. A BMI of 22 is said to be ideal and levels of 25 and over are considered overweight. How would you describe a person whose BMI is less than 18?

1．The person is very fat.

2．The person is underweight.

3．The person is not too fat but a little overweight.

4．It is impossible to judge without information on the person's height.

QUESTION 4　An airplane's cockpit has a variety of instruments. Which instrument does a pilot usually look at to check how high the plane is flying?

1．The altimeter

答　B－3：ア－3　イ－8　ウ－6　エ－7　オ－5
Q－1：1　　Q－2：4　　Q－3：2

2. The thermometer

3. The air speed indicator

4. The attitude director indicator (ADI)

QUESTION 5　You are the captain of an airplane. Before receiving take off clearance from the controller, you are told to hold short of the runway. How should you taxi your plane?

1. I should taxi it onto the runway for take-off.

2. I should call for a taxi to hurry to the airport.

3. I should take a taxi to the airport terminal quickly.

4. I should taxi it to the point before the stop line nearest to the runway.

QUESTION 6　You are a crew member of a passenger plane. Before declaring the cabin ready for departure, you must check whether the overhead compartments have been closed correctly. What risk can be prevented by closing all of the compartments firmly?

1. Passengers using the facilities

2. Bags moving inside the compartment

3. Bags falling out and hitting passengers

4. Passengers being able to access their bags freely

QUESTION 7　The magnitude of the wake turbulence which occurs behind airplanes depends on the size of the plane. In order to reduce the effects of wake turbulence, what will the ATC controller do when you are landing?

1. He will give you clearance to ditch over the water because of the turbulence.

2. He will give you landing clearance with a greater space behind a larger plane.

3. He will instruct you to stay in the holding pattern until the weather improves.

4. He will always issue landing clearance with allowance for identical intervals between planes.

答　Q-4：1　　Q-5：4　　Q-6：3　　Q-7：2

英語

問 1．次の英文を読み、それに続く設問Ａ－１からＡ－５までに答えなさい。解答は、それぞれの設問に続く選択肢１から３までの中から答えとして最も適切なものを一つずつ選び、その番号のマーク欄を黒く塗りつぶしなさい。

It will be weeks before Russian investigators conclusively identify the cause of Sunday's fiery emergency plane landing in Moscow, but they already know which countries have the worst aviation safety records in the world. A 2018 report by the Interstate Aviation Committee, a group that oversees air safety standards in countries that make up the former Soviet Union, found that 42 of the region's 58 aviation accidents that year took place in Russia. Across the former Soviet Union, 75% of those events labeled catastrophes or accidents were attributable to human error.

Another report reviewing data for 2018, released by the International Air Transport Association (IATA), placed the former Soviet Union dead last in a regional ranking of aircraft lost to crashes and other disasters. In 2018, it said the former Soviet region rated 1.19 hull losses per million flights. The next closest competitor was the Latin America/Caribbean region with 0.76 losses, and then the Asia Pacific with 0.32 losses. The former Soviet region (CIS) fared slightly better in a review of data from 2013-17, placing just above Africa and just below the Middle East. According to Mikhail Barabanov, an analyst at the Center for the Analysis of Strategies and Technologies, a Moscow think tank, "Air traffic safety in the Russian Federation and the CIS in 2018 was the worst in the world — worse than Africa." Investigators quoted in the Russian press said Tuesday that preliminary results on the possible cause of Sunday's plane fire won't be available until next week, with a full report at least another month away. But on Tuesday, discussions about pilot error dominated the domestic media.

Vladimir Evmenkov, the mayor of Severomorsk, a town in northern Russia, says he noticed the pilot took the plane right up through a major thunderhead. He said he witnessed two lightning strikes to the plane's right engine. This is where technical questions about the airworthiness of the SSJ100 aircraft come into play. Lightning strikes are common and planes are designed to discharge the energy in electric strikes through their wings or tail section. It is not clear why the SSJ100 would have failed to do this.

Much Russian media speculation has focused on reports that the plane took off from Sheremetyevo with nearly a full tank but did not burn enough fuel before attempting to make an emergency landing, making it too heavy to survive a hard landing. However, Viktor Galenko, an expert on Russia's Interdepartmental Aviation Expert Council, told the Russian news agency that most commercial airliners do not have the ability to dump fuel and are designed to be able to land safely with full tanks.

＜注＞　hull　機体　　thunderhead　積乱雲　　airworthiness　耐空性

（設問）

A－1　According to the article, what do investigators know about the causes of the air disaster in Moscow?

    1　At the time the article was written, the reasons for the accident were unconfirmed.

    2　The investigators concluded beyond doubt that human error had caused the crash.

    3　They have confirmed that the accident was the result of a small fire in the galley of the aircraft.

A－2　How many aviation accidents occurred in Russia in 2018?

    1　A total of 58 Russian accidents were reported in that year.

    2　In 2018, 75% of the world's aviation accidents occurred in Russian air space.

    3　58 accidents were reported in the territories of the former Soviet Union and 42 of those happened in Russia.

A－3　Which of the following is the most logical conclusion to be drawn from IATA's 2018 data?

    1　The Latin America/Caribbean region had far more hull losses than any other part of the world.

    2　The Asia-Pacific region was the world's most dangerous area in which to fly.

    3　The former Soviet Union was probably the most dangerous place in the world to fly on a commercial aircraft.

A－4　What usually happens when lightning strikes an aircraft?

    1　On most occasions when lightning strikes an aircraft, the result is a fatal

答　A－1：1　　A－2：3　　A－3：3

accident.

  2 Modern aircraft are designed to cope with lightning strikes, so usually there is no major damage.

  3 Lightning strikes on planes are very rare but when they happen they often cause damage to the wings of the aircraft.

A－5 What does the article imply about the fuel tanks on the aircraft that crashed?

  1 The tanks did not contain enough fuel to make a successful take-off.

  2 Like many commercial aircraft, this plane should have been able to land safely even with full fuel tanks.

  3 An expert believes that the fuel tanks on the aircraft were too heavy and this may have caused the accident.

問2. 次の英文A－6からA－9までは、航空通信に関する国際文書の規定文の趣旨に沿って述べたものである。この英文を読み、それに続く設問に答えなさい。解答は、それぞれの設問に続く選択肢1から3までの中から答えとして最も適切なものを一つずつ選び、その番号のマーク欄を黒く塗りつぶしなさい。

A－6 Aircraft of each contracting State of the ICAO Convention may, in or over the territory of other contracting States, carry radio transmitting apparatus only if a license to install and operate such apparatus has been issued by the appropriate authorities of the State in which the aircraft is registered.

（設問） Under what circumstances is it allowed to carry radio transmitting apparatus over the territory of another State?

  1 Aircraft may only carry radio transmitting apparatus in or over the State in which the aircraft is registered.

  2 Aircraft are permitted to carry such equipment if they have an appropriate license issued in the country of registration.

  3 Aircraft are allowed to carry radio transmitting apparatus over any member country of the ICAO Convention without any operating license for the apparatus.

A－7 Telecommunication logs, written or automatic, shall be retained for a period of at least thirty days. When logs are pertinent to inquiries or investigations they shall be retained for longer periods until it is evident that they will be no longer required.

答   A－4：**2**   A－5：**2**   A－6：**2**

（設問）　How long is it necessary to keep telecommunication logs?

1　Neither written nor automatic telecommunication logs are required for inquiries or investigations.

2　Telecommunication logs should be kept for a maximum of thirty days even when pertinent to an inquiry or investigation.

3　All logs should be kept for a minimum of thirty days, although there may be certain cases where they need to be retained for longer.

A - 8　The service of an aeronautical station or an aeronautical earth station shall be continuous throughout the period during which it bears responsibility for the radiocommunication service to aircraft in flight.

（設問）　What is required of an aeronautical station in charge of radiocommunication to aircraft in flight?

1　Stations must continue to communicate with aircraft at all times.

2　Stations are responsible for maintaining a service for most of the required period but are permitted to take short breaks.

3　Stations must never stop providing the service at any time during the period they are responsible for such communication.

A - 9　An aeronautical station should acknowledge position reports and other flight progress reports by reading back the report and terminating the readback by its call sign, except that the readback procedure may be suspended temporarily whenever it will alleviate congestion on the communication channel.

＜注＞　alleviate　緩和する　　congestion　通信回線の混雑

（設問）　Under what circumstances is the aeronautical station not required to read back position reports and other flight progress reports received from the aircraft stations?

1　The readback is not required when communication channel congestion can be reduced by not reading back.

2　The readback acknowledgement for the position reports, but not for other flight progress reports, can only be omitted when the communication channel is congested.

3　The aeronautical station can give no readback acknowledgement to position reports when the operator's workload is so high that he or she requires a temporary rest.

答　A - 7 : 3　　A - 8 : 3　　A - 9 : 1

問3．次の設問B−1の日本文に対応する英訳文の空欄（ア）から（オ）までに入る最も適切な語句を、その設問に続く選択肢1から9までの中からそれぞれ一つずつ選びなさい。解答は、選んだ選択肢の番号のマーク欄を黒く塗りつぶしなさい。

（設問）

B−1　空港のラウンジは、かつて、ビジネスマンが仕事をするための静かな隠れ家と見られていたが、今では様々な用途を提供しようとしている。その変遷の中で、それらは航空会社の間でもうひとつの競争の場となった。ラウンジの中には、スパ・トリートメントや滑走路の広大な眺めを提供するものもあり、ほとんどのところではいろいろな食べ物を選べるよう改善している。

　　Airport lounges were （ ア ） seen as quiet retreats for businessmen to get some work （ イ ）, but now they are trying to serve a （ ウ ） of purposes. In that shift, they have become one more area of competition （ エ ） the airlines. Some lounges offer spa treatments and expansive views of the runways, and most are （ オ ） their food options.

| 1 | against | 2 | among | 3 | doing | 4 | done | 5 | improvement |
| 6 | improving | 7 | once | 8 | variation | 9 | variety |

問4．次の設問B−2の日本文に対応する英訳文の空欄（ア）から（オ）までに入る最も適切な語句を、その設問に続く選択肢1から9までの中からそれぞれ一つずつ選びなさい。解答は、選んだ選択肢の番号のマーク欄を黒く塗りつぶしなさい。

（設問）

B−2　太陽系内で実施される次なるミッションとして、NASAは土星の最大の衛星であるタイタンにドローン型のヘリコプターを飛ばし、生命の構成要素を探す計画をしている。そのドラゴンフライというミッションは、2026年に打ち上げられ2034年に着陸し、氷で覆われた衛星上の多数の場所を飛ばすためにドローンのような回転翼機を送り込む。タイタンにはかなりの大気があり、科学者は原始の地球に匹敵すると見ている。

　　For its next mission in our （ ア ） system, NASA plans to fly a drone copter to Titan, Saturn's largest moon, in （ イ ） of the building blocks of life. The so-called Dragonfly mission, （ ウ ） will launch in 2026 and land in 2034, will send a rotorcraft like a drone to fly to dozens of locations across the icy moon. Titan has a substantial （ エ ） and is viewed by scientists as an （ オ ） of the very early earth.

| 1 | atmosphere | 2 | equality | 3 | equivalent | 4 | gas | 5 | search |
| 6 | solar | 7 | sunny | 8 | what | 9 | which |

答　B−1：ア−7　イ−4　ウ−9　エ−2　オ−6
　　　　B−2：ア−6　イ−5　ウ−9　エ−1　オ−3

問 5. 次の設問B-3の日本文に対応する英訳文の空欄（ア）から（オ）までに入る最も適切な語句を、その設問に続く選択肢1から9までの中からそれぞれ一つずつ選びなさい。解答は、選んだ選択肢の番号のマーク欄を黒く塗りつぶしなさい。

（設問）

B-3　無線通信の局は、遭難の呼出し及び通報を、いずれから発せられたかを問わず、絶対的優先順位において受信し、同様にこの通報に応答し、及び直ちに必要な措置をとる義務を負う。

Radio stations shall be （ ア ） to accept, with （ イ ） priority, distress calls and messages regardless of their （ ウ ）, to （ エ ） in the same manner to such messages, and immediately to take such （ オ ） in regard thereto as may be required.

1	absolute	2	action	3	compulsory	4	installation	5	obliged
6	origin	7	relay	8	reply	9	unanimous		

英 会 話

（注）解答方法：選択肢の中から最も適切な答えを一つ選び、その番号に対応する答案用紙のマーク欄を黒く塗りつぶしなさい。

QUESTION 1　She bought a genuine leather coat though it was rather expensive. What is a genuine leather coat?

1．A coat made of thin leather
2．A coat made of real leather
3．A coat made of durable leather
4．A coat made of artificial leather

QUESTION 2　When you receive some product or service on a regular basis, you usually have to make a series of fixed payments. What do you call this kind of periodical payment?

1．A tip　　　　　　　　2．A debt
3．A profit　　　　　　　4．A subscription fee

QUESTION 3　A company may decide that certain documents should be regarded as classified because they contain important corporate information. What does classified mean in this case?

答　B-3：ア-5　イ-1　ウ-6　エ-8　オ-2
　　　Q-1：2　　Q-2：4

1．Historical   2．Categorical

3．Educational   4．Confidential

QUESTION 4　The ATC controller says, "Runway 34 (three four) left is closed for 15 minutes for bird-sweeping." The time is now 3 pm. When do you expect the runway will reopen?

1．2:15 pm   2．2:45 pm

3．3:15 pm   4．3:45 pm

QUESTION 5　You are the captain of an airplane. When the controller gave you the take-off clearance, he said, "Maintain runway heading until advised due to arriving traffic." What did arriving traffic mean in this case?

1．An airplane arriving at the airport

2．Passengers getting off at the arrival gate

3．Taxis and buses which were coming to the airport

4．A departure airplane taxiing behind you to take off

QUESTION 6　Airline companies employ qualified ground staff to control and supervise flight operations and support pilots in the safe conduct of flights. What do you call such people?

1．Co-pilots

2．Air traffic controllers

3．Aircraft maintenance officers

4．Dispatchers or, formally, flight operations officers

QUESTION 7　Flare is the movement of the aircraft taken just before touchdown to prevent nose landing gear from touching the ground first. Which of the following is the correct description of flare?

1．The nose of the aircraft is lowered in order to descend.

2．The movement of a descending aircraft using the localizer's radio signal

3．The nose of the aircraft is raised so that the main landing gear will land first.

4．The movement of a descending aircraft without deviation from the glide slope

----

答　　Q－3：4　　　Q－4：3　　　Q－5：1　　　Q－6：4　　　Q－7：3

令和2年8月期

問 1. 次の英文を読み、それに続く設問A-1からA-5までに答えなさい。解答は、それぞれの設問に続く選択肢1から3までの中から答えとして最も適切なものを一つずつ選び、その番号のマーク欄を黒く塗りつぶしなさい。

The days of passengers bringing their pets on airplanes as emotional-support animals could be ending in the U.S. The U.S. Department of Transportation on Wednesday proposed that only specially trained dogs qualify as service animals, which must be allowed in the cabin at no charge. Airlines could ban emotional-support animals including untrained dogs, cats and more unusual pets such as pigs, rabbits and snakes. Airlines say the number of support animals has grown dramatically in recent years. They lobbied the Transportation Department to crack down on what they consider a scam — passengers who call their pets emotional-support animals to avoid pet fees that generally run more than $100 each way.

"This is a wonderful step in the right direction for people like myself who are dependent on and reliant on legitimate service animals," said Albert Rizzi, founder of My Blind Spot, an advocacy group for people with disabilities. He said some people "want to have the benefits of having a disability without actually losing the use of their limbs or senses just so they can take their pet with them." The main trade group for large U.S. airlines praised the proposal. Flight attendants had pushed to rein in support animals, and they too were pleased. "The days of Noah's Ark in the air are hopefully coming to an end," said Sara Nelson, president of the Association of Flight Attendants. She said some of her union's members were hurt by untrained pets. On the other side are people who say that an emotional-support animal helps them with anxiety or other issues that would prevent them from traveling or make it more stressful. They aren't a very organized group, but there are lots of them.

Transportation Department officials said in a briefing with reporters that they proposed the changes to improve safety on flights. Some passengers have been bitten by support animals, and airlines complain that they relieve themselves on planes and in airports. The Department proposes a narrow definition in which a service animal could only be a dog that is trained to help a person with a physical or other disability.

Passengers with a service dog would have to fill out a federal form on which they swear that the dog is trained to help them. A dog trained to help with psychiatric needs would qualify as a service animal. Current rules do not require any training for emotional-support animals. However, airlines can demand that the animal's owner show them a medical professional's note saying they need the animal for support. The proposed rules would prohibit airlines from banning particular types of dog breeds if the animal qualifies as a service dog, although they could refuse to board an individual dog they deem a threat.

＜注＞　scam　詐欺　　reliant on　〜に依存している　　advocacy　支持

　　　　relieve oneself　排泄する　　psychiatric　精神医学の

（設問）

A－1　According to the article, why are the airlines negotiating to change the rules concerning emotional-support animals on planes?

　　　1　There are growing concerns about health issues caused by animals flying with passengers.

　　　2　There have been a lot of complaints from passengers about the number of animals on aircraft.

　　　3　The airlines believe that some passengers have been cheating in order to avoid paying to carry pets on board.

A－2　How does the spokesperson from the group for people with disabilities feel about the proposed changes?

　　　1　He is quite shocked because the new rules discriminate against passengers with disabilities.

　　　2　He is very angry because the changes will make it impossible for many people with disabilities to fly.

　　　3　He is pleased because the changes would stop people with no disabilities from taking advantage of the rules.

A－3　How have the airlines and the people who work on board aircraft reacted to the changes?

　　　1　Both airlines and cabin crew members have expressed their support for the new measures.

　　　2　Although the airlines welcome the changes, cabin crew are mostly opposed

答　A－1：3　　A－2：3

to the new rules.

 3 Representatives of the airlines say the changes could be bad for business, but crew are generally positive about the proposal.

A－4 What do government officials mention as a reason for the new regulations?

 1 Safety concerns for passengers are the main reason behind the changes.

 2 Reports of stress caused to animals traveling by air have prompted the move.

 3 There is now strong evidence that emotional-support animals do not provide any relief on board aircraft.

A－5 What do the proposed rules require passengers to do if they wish to be accompanied by a service animal?

 1 Any qualified animal will be permitted to give onboard support, not only dogs.

 2 Passengers must submit a document confirming their dog has been properly trained.

 3 It is now necessary for all animals to have psychological training before boarding an aircraft.

問 2. 次の英文A－6からA－9までは、航空通信に関する国際文書の規定文の趣旨に沿って述べたものである。この英文を読み、それに続く設問に答えなさい。解答は、それぞれの設問に続く選択肢1から3までの中から答えとして最も適切なものを一つずつ選び、その番号のマーク欄を黒く塗りつぶしなさい。

A－6 If a message has not been completely transmitted when instructions to cancel are received, the station transmitting the message shall instruct the receiving station to disregard the incomplete transmission. This shall be effected in radiotelephony by use of an appropriate phrase.

（設問）What is the correct procedure when instructions to cancel are received for a message that has not been completely transmitted?

 1 It is necessary for the transmitting station to complete the message before the cancellation can be confirmed.

 2 The receiving station must instruct the transmitting station with the appropriate phrase for confirming the message.

 3 The transmitting station should use radiotelephony to tell the receiving station to ignore the unfinished message by means of a designated phrase.

答 A－3：1 A－4：1 A－5：2 A－6：3

A－7　The user of the air-to-air VHF communications channel shall ensure that adequate watch is maintained on designated ATS frequencies, the frequency of the aeronautical emergency channel, and any other mandatory watch frequencies.

（設問）　On which frequencies must the user of the air-to-air VHF communications channel ensure an adequate watch?

　　　1　An adequate watch needs to be maintained on all frequencies at all times.

　　　2　The user needs to guarantee that a watch is maintained only on certain designated ATS frequencies.

　　　3　Every user of the air-to-air VHF communications channel is obliged to monitor all of the specified frequencies.

A－8　As a general rule, it rests with the aircraft station to establish communication with the aeronautical station. For this purpose, the aircraft station may call the aeronautical station only when it comes within the designated operational coverage area of the latter.

（設問）　Under normal circumstances, when and how is contact between an aircraft station and an aeronautical station established?

　　　1　Usually an aircraft station calls an aeronautical station upon entering the aeronautical station's operational coverage area.

　　　2　Generally, an aircraft station should establish contact before it enters the operational coverage area of an aeronautical station.

　　　3　It is normal for an aircraft station entering a new coverage area to wait for the aeronautical station responsible to establish communication.

A－9　Having regard to interference which may be caused by aircraft stations at high altitudes, frequencies in the maritime mobile bands above 30 MHz shall not be used by aircraft stations, with the exception specified in the relevant article of the Radio Regulations.

（設問）　What is the main reason for the restrictions on the use of frequencies by high-altitude aircraft stations in the maritime mobile bands above 30 MHz?

　　　1　High-flying aircraft stations can obstruct the frequencies used in maritime mobile services.

　　　2　Use of these frequencies may interfere with the safe operation of aircraft flying at high altitudes.

　　　3　The relevant articles permit no exceptions to the restrictions on the use of frequencies above 30 MHz.

答　A－7：3　　A－8：1　　A－9：1

問3. 次の設問B−1の日本文に対応する英訳文の空欄（ア）から（オ）までに入る最も適切な語句を、その設問に続く選択肢1から9までの中からそれぞれ一つずつ選びなさい。解答は、選んだ選択肢の番号のマーク欄を黒く塗りつぶしなさい。

（設問）

B−1　JAXAは新しい共同プロジェクトにおいて、国連食糧農業機関（FAO）と、自分たちの地球観測衛星のデータをFAOのツールキットに追加させることに合意した。世界中の森林やマングローブはJAXAのLバンド合成開口レーダ（SAR）によってあらゆる時間すべての天候下において観測されている。SARは、光学的な衛星のカメラとは違い、雲を通し、暗い中でも地表を観測できる。

In a new （ ア ） project, JAXA has （ イ ） the U.N. Food and Agriculture Organization （FAO） to （ ウ ） the FAO add its Earth observation satellite data to the FAO tool kit. Forests and mangroves around the world are （ エ ） at all times and in all weathers by JAXA's L-band Synthetic Aperture Radar （SAR）. Unlike optical satellite cameras, SAR can observe the Earth's （ オ ） through cloud and in darkness.

1	agreed with	2	agreement	3	being observed	4	entire	5	globe
6	joint	7	let	8	mechanical	9	surface

問4. 次の設問B−2の日本文に対応する英訳文の空欄（ア）から（オ）までに入る最も適切な語句を、その設問に続く選択肢1から9までの中からそれぞれ一つずつ選びなさい。解答は、選んだ選択肢の番号のマーク欄を黒く塗りつぶしなさい。

（設問）

B−2　ロシアによる無人ロケットで打ち上げられた等身大のヒト型ロボットのヒョードルは、国際宇宙ステーションに10日間滞在して宇宙飛行士の補佐を学んだ。ヒョードルという名前は、Final Experimental Demonstration Object Research の頭文字をとったもので、そのプロジェクトの略語でもある。それはコントロール・スーツを着た宇宙飛行士や地上の人間の動作を模倣して動くのだ。

Fedor, the life-size humanoid robot launched on an （ ア ） rocket by Russia, （ イ ） 10 days learning to assist astronauts on the International Space Station. Fedor （ ウ ） Final Experimental Demonstration Object Research, and as such is also an （ エ ） of the project's title. It works （ オ ） the physical movements of astronauts or people on Earth who wear control suits.

答　B−1：ア−6　イ−1　ウ−7　エ−3　オ−9

1	abbreviation	2	by copying	3	empty
4	has accommodated	5	has spent	6	imitation
7	makes up	8	stands for	9	unmanned

問5. 次の設問B－3の日本文に対応する英訳文の空欄（ア）から（オ）までに入る最も適切な語句を、その設問に続く選択肢1から9までの中からそれぞれ一つずつ選びなさい。解答は、選んだ選択肢の番号のマーク欄を黒く塗りつぶしなさい。

（設問）

B－3　飛行中、航空機局は、適切な当局の要求に応じて聴守を維持しなければならず、関係航空局に通報することなくこれを中止してはならない。ただし、安全目的の場合を除く。

During flight, aircraft stations shall maintain watch as （ ア ） by the appropriate Authority and shall not （ イ ） watch, （ ウ ） reasons of safety, （ エ ） informing the aeronautical stations （ オ ）.

1	after	2	cease	3	concerned	4	concerning	5	connected
6	except for	7	request	8	required	9	without		

英 会 話

（注）解答方法：選択肢の中から最も適切な答えを一つ選び、その番号に対応する答案用紙のマーク欄を黒く塗りつぶしなさい。

QUESTION 1　You have made a telephone call only to be told, "You have the wrong number." What does that mean?

　　1．You have made many calls.

　　2．You have made a counting error.

　　3．You didn't pass the examination.

　　4．You have called somebody in error.

QUESTION 2　The westerlies are the winds that blow from the west to the east in the middle latitudes. The trade winds are the opposite winds in the equatorial region. What are the trade winds?

　　1．They are east winds.　　2．They are south winds.

　　3．They blow from the west.　　4．They blow from the north.

答　B－2：ア－9　イ－5　ウ－8　エ－1　オ－2
　　B－3：ア－8　イ－2　ウ－6　エ－9　オ－3
　　Q－1：4　　Q－2：1

QUESTION 3　You told your friend, "It's very humid today," and he replied, "You can say that again." What did he mean?

　　1．He doesn't think so.

　　2．He doesn't agree with you.

　　3．He didn't catch what you said.

　　4．He completely agrees with you.

QUESTION 4　The wind direction is the main factor in deciding the direction of take-off or landing. Which of the following is the most favorable for take-off and landing?

　　1．A tailwind　　　　　　　2．A headwind

　　3．A crosswind　　　　　　4．A downburst

QUESTION 5　On the final approach for landing, the pilot has decided to abort and climb again. What has he decided to do?

　　1．Go around

　　2．Request a priority landing

　　3．Request an emergency landing

　　4．Start landing with the glideslope

QUESTION 6　You are the captain of a passenger plane. During the flight you have noticed a volcanic eruption. The volcanic ash may reach you if you continue along the planned route. What should you do?

　　1．I should request an emergency landing near the volcano.

　　2．I should take no action and continue to fly along the planned route.

　　3．I should take immediate steps to avoid the ash and request ATC-clearance for a different route.

　　4．I should approach the volcano to make a detailed report on its status to the meteorological agency.

QUESTION 7　You are the captain of an airplane and the Pilot Flying. When your co-pilot calls out V1 during the final stage of take-off, what does that generally mean?

　　1．The plane is at the right speed for landing.

　　2．The plane has not reached the safe take-off speed.

　　3．The plane is now going too fast to abort the take-off.

　　4．The plane has reached the speed for retracting the landing gear.

答　Q－3：4　　Q－4：2　　Q－5：1　　Q－6：3　　Q－7：3

問 1. 次の英文を読み、それに続く設問 A − 1 から A − 5 までに答えなさい。解答は、それぞれの設問に続く選択肢 1 から 3 までの中から答えとして最も適切なものを一つずつ選び、その番号のマーク欄を黒く塗りつぶしなさい。

英語

Three countries — the United States, China and the United Arab Emirates — are sending unmanned spacecraft to Mars in quick succession beginning this week. This is being seen as the most sweeping effort yet to seek signs of ancient microscopic life while scouting out the place for future astronauts. The three nearly simultaneous launches are no coincidence: The timing is dictated by the opening of a one-month window in which Mars and Earth are in ideal alignment on the same side of the sun, which minimizes travel time and fuel use. Such a window opens only once every 26 months.

The U.S., for its part, is dispatching a six-wheeled rover the size of a car, named Perseverance, to collect rock samples that will be brought back to Earth for analysis in about a decade. Scientists want to know what Mars was like billions of years ago when it had rivers, lakes and oceans that may have allowed simple, tiny organisms to flourish before the planet morphed into the barren, wintry desert world it is today. "Trying to confirm that life existed on another planet, it's a tall order. It has a very high burden of proof," said Perseverance's project scientist, Ken Farley of Caltech in Pasadena, California.

Perseverance is set to touch down in an ancient river delta and lake known as Jezero Crater, not quite as big as Florida's Lake Okeechobee. Jezero Crater is full of boulders, cliffs, sand dunes and depressions, any one of which could end Perseverance's mission. Jezero Crater is, however, worth the risks, according to scientists who chose it over 60 other potential sites. Where there was water — and Jezero was apparently flush with it 3.5 billion years ago — there may have been life, though it was probably only simple microbial life, existing perhaps in a slimy film at the bottom of the crater. But those microbes may have left telltale marks in the sediment layers. Perseverance will hunt for rocks containing such biological signatures, if they exist. It will drill into the most promising rocks and store a half-kilogram of samples in dozens of titanium tubes that will eventually be fetched by another rover. To prevent Earth microbes from contaminating the samples, the tubes are super-sterilized, guaranteed germ-free by the chief engineer for the mission at NASA's Jet Propulsion Laboratory in Pasadena.

Perseverance's mission is seen by NASA as a comparatively low-risk way of testing out some of the technology that will be needed to send humans to the red planet and bring them home safely. "Sort of crazy for me to call it low risk because there's a lot of hard work in it and there are billions of dollars in it," Farley said. "But compared to humans, if something goes wrong, you will be very glad you tested it out on a half-kilogram of rock instead of on the astronauts."

＜注＞　microscopic　微小な　　alignment　一直線　　morph　変身する
　　　　wintry　寒い　　boulder　巨礫<ruby>巨礫<rt>きょれき</rt></ruby>（大きな石）　　sand dune　砂丘
　　　　microbe　微生物　　telltale　見誤りようのない　　sediment　堆積物
　　　　sterilize　殺菌する

（設問）

A－1　What does the article say about the timing of the three separate missions to Mars?

　　1　It is an amazing coincidence that the three countries have decided to send spacecraft at the same time.

　　2　In fact, they are not three separate missions as they have been planned together under U.S. leadership.

　　3　The timing is not really surprising as one of the main points to consider in planning such a launch is Mars's position in relation to Earth.

A－2　What are the U.S. scientists hoping to find out?

　　1　They are researching the winter climate on Mars.

　　2　They are looking to map the deserts on Mars where no life exists.

　　3　They hope to be able to understand more about conditions on Mars in the distant past.

A－3　What is known about the area where Perseverance is scheduled to land?

　　1　The area was chosen as a landing site because it is considered very low risk.

　　2　There are many potential hazards in the area that make the landing

答　A－1：3　　A－2：3

dangerous.

   3   It is a watery area, with rivers and lakes which make it relatively safe for landing.

A－4   What are they planning to bring back from Mars?

   1   Microbial life from Mars

   2   Small samples of rocks in sterilized containers

   3   The slimy film found at the bottom of the existing lakes on Mars

A－5   What does the Perseverance's project scientist say about the risks associated with the mission?

   1   Even though there are many dangers, it is far less problematic than a manned journey.

   2   He is confident the mission is safe because it has been thoroughly tested with humans.

   3   It is a high-risk mission because there may be human casualties.

問 2. 次の英文 A－6 から A－9 までは、航空通信に関する国際文書の規定文の趣旨に沿って述べたものである。この英文を読み、それに続く設問に答えなさい。解答は、それぞれの設問に続く選択肢 1 から 3 までの中から答えとして最も適切なものを一つずつ選び、その番号のマーク欄を黒く塗りつぶしなさい。

A－6   Stations of the international aeronautical telecommunication service shall extend their normal hours of service as required to provide for traffic necessary for flight operation.

（設問）   How should stations of the international aeronautical telecommunication service manage their hours of service?

   1   Stations are not obliged to extend their normal hours of service at any time.

   2   Stations must be prepared to stay open beyond their normal service hours when necessary.

   3   Stations of the international aeronautical telecommunication must remain open at all times.

A－7   When it is desired to verify the accurate reception of numbers, the person transmitting the message shall request the person receiving the message to read back the numbers.

  答   A－3：**2**   A－4：**2**   A－5：**1**   A－6：**2**

（設問）　What is the correct procedure to be followed by the receiver when confirming numbers included in a transmission?

　　　1　The receiver should ask the transmitter to read back all numbers carefully.

　　　2　The receiver should request the person transmitting to repeat the whole message.

　　　3　The receiver should repeat the numbers when asked to do so by the person transmitting the message.

A－8　Communications shall commence with a call and a reply when it is desired to establish contact, except that, when it is certain that the station called will receive the call, the calling station may transmit the message, without waiting for a reply from the station called.

（設問）　How are calling stations supposed to establish contact for a new communication?

　　　1　Communication can only begin when the calling station has received a reply from the station called.

　　　2　The station being called does not need to reply to a calling station but should wait for the calling station to establish contact.

　　　3　Normally, a calling station will wait for a reply but this is not necessary if the calling station is sure the call is being received.

A－9　If an aeronautical station finds it necessary to intervene in communications between aircraft stations, these stations shall comply with the instructions given by the aeronautical station.

（設問）　What is the appropriate response for an aircraft station when communication is interrupted by an aeronautical station?

　　　1　The aircraft station should follow the instructions provided by the aeronautical station.

　　　2　The aircraft station may intervene and provide new instructions to the aeronautical station.

　　　3　The aircraft station must immediately stop all communications with the aeronautical station or other aircraft stations.

問3. 次の設問B－1の日本文に対応する英訳文の空欄（ア）から（オ）までに入る最も適切な語句を、その設問に続く選択肢1から9までの中からそれぞれ一つずつ選びなさ

　答　　A－7：3　　A－8：3　　A－9：1

い。解答は、選んだ選択肢の番号のマーク欄を黒く塗りつぶしなさい。

（設問）

B－1　日本の主要な空港の周りにあるターミナル・コントロール・エリア（TCA）と称される指定された管制空域では、VFR（有視界飛行方式）飛行の交通量が多く、レーダー識別されるVFR機に対してTCAアドバイザリー業務が提供される。その業務には、レーダー交通情報の提供、要求に基づくレーダー誘導、進入順位及び待機の助言が含まれる。

The（ ア ）areas of controlled（ イ ）known as terminal control areas（TCA）surrounding major airports in Japan have congested VFR（visual flight rule）traffic and TCA advisory services for radar（ ウ ）VFR aircraft. The services（ エ ）provision of radar traffic information, vectoring on a request basis and advisory of approach（ オ ）and holding.

| 1 | airline | 2 | airspace | 3 | designated | 4 | exclude | 5 | identified |
| 6 | include | 7 | introduced | 8 | rotation | 9 | sequence | | |

問4. 次の設問B－2の日本文に対応する英訳文の空欄（ア）から（オ）までに入る最も適切な語句を、その設問に続く選択肢1から9までの中からそれぞれ一つずつ選びなさい。解答は、選んだ選択肢の番号のマーク欄を黒く塗りつぶしなさい。

（設問）

B－2　英国のある企業が、既存のジェットエンジンを溶かすような目もくらむ速度を発生できるエンジンを作っている。その会社は音速の5倍を超える極超音速の速度を達成することを望んでいる。その目的は2030年代までに高速旅客輸送機関を作りあげることにある。そのような速度だと、ロサンゼルスから東京まで2時間で飛ぶことができるだろう。

A British company is building engines that can（ ア ）dizzying speeds that would melt existing jet engines. The firm wants to reach hypersonic（ イ ）, beyond five（ ウ ）the speed of sound. The aim is to build a high-speed passenger（ エ ）system by the 2030's. Such speeds would（ オ ）us to fly from Los Angeles to Tokyo in two hours.

| 1 | capable | 2 | enable | 3 | generate | 4 | multiples | 5 | times |
| 6 | transmission | 7 | transportation | 8 | power | 9 | velocity | | |

答　B－1：ア－3　イ－2　ウ－5　エ－6　オ－9
　　　　B－2：ア－3　イ－9　ウ－5　エ－7　オ－2

問5．次の設問B-3の日本文に対応する英訳文の空欄（ア）から（オ）までに入る最も適切な語句を、その設問に続く選択肢1から9までの中からそれぞれ一つずつ選びなさい。解答は、選んだ選択肢の番号のマーク欄を黒く塗りつぶしなさい。

（設問）

B-3　航空機上の局は、海上移動業務又は海上移動衛星業務の局と通信することができる。これらの局は、これらの業務に関する無線通信規則の規定に従わなければならない。

Stations on （ ア ） aircraft may communicate （ イ ） stations of the maritime mobile or maritime mobile-satellite services. They shall （ ウ ） to those （ エ ） of the Radio Regulations which （ オ ） these services.

| 1 | aboard | 2 | against | 3 | board | 4 | concerning | 5 | conform |
| 6 | provisions | 7 | relate to | 8 | sustain | 9 | with |

英 会 話

（注）解答方法：選択肢の中から最も適切な答えを一つ選び、その番号に対応する答案用紙のマーク欄を黒く塗りつぶしなさい。

QUESTION 1　Her dog sits when she lowers her hand and gives her its paw when she tells it to. What kind of dog is it?

　　1．It seldom barks.

　　2．It is very obedient.

　　3．It is a little stubborn.

　　4．It imitates her actions well.

QUESTION 2　The teacher thought five minutes was sufficient for the exercise, but to his surprise, no one was able to finish it. What can we say about the exercise?

　　1．He allowed sufficient time to finish it.

　　2．Five minutes was enough for the students to finish it.

　　3．It was too difficult for the students to finish in such a short time.

　　4．He was surprised that every student was able to finish it so quickly.

QUESTION 3　A survey suggests that Japanese office workers take fewer holidays than their counterparts abroad. In this case, who are their counterparts?

答　B-3：ア-3　イ-9　ウ-5　エ-6　オ-7
　　　Q-1：2　　Q-2：3

1. They are employers.

2. They are office workers.

3. They are people who seldom take holidays.

4. They are colleagues in the same company in Japan.

QUESTION 4 You are the captain of an airplane. When you say to the ground controller, "Request push back," what vehicle is going to do the job?

1. A towing car

2. A belt loader

3. A catering car

4. A cargo loader

QUESTION 5 The call signs of some aircraft in the United States include heavy or super, such as ABC Air 101 heavy or ABC Air 102 super. What kind of aircraft is this?

1. A heavy aircraft

2. A light aircraft

3. A high-speed aircraft

4. A newly introduced aircraft

QUESTION 6 Wake turbulence is disturbance in the atmosphere that forms behind an aircraft. When an ATC controller says, "Caution, wake turbulence behind the departing aircraft," what kind of aircraft might be near you?

1. A light aircraft that is landing

2. A light aircraft that is taking off

3. A helicopter that is departing from the airport

4. A heavy passenger airplane that is departing from the airport

QUESTION 7 The first two digits of the bearings of a runway are indicated by the numbers at both ends. If 04 is indicated at one end, 22 will be shown at the other. The difference between the two numbers is always 18. If 34 is written at one end of the runway, what two-digit number will be at the other end?

1. 02   2. 34   3. 06   4. 16

答　Q－3：2   Q－4：1   Q－5：1   Q－6：4   Q－7：4

令和3年8月期

問 1. 次の英文を読み、それに続く設問A－1からA－5までに答えなさい。解答は、それぞれの設問に続く選択肢1から3までの中から答えとして最も適切なものを一つずつ選び、その番号のマーク欄を黒く塗りつぶしなさい。

Before Neil Armstrong and Buzz Aldrin knew they would be the first to walk on the moon, they took crash courses in geology at the Grand Canyon and a nearby impact crater that is the most well-preserved on Earth. Northern Arizona has had deep ties to the Apollo missions: Every moon-walking astronaut trained here, and a crater on the moon was even named in honor of the city of Flagstaff. "It's a really interesting and unique part of our history, and it's really cool to think that this relatively small town in northern Arizona played such a big role in the Apollo missions," said Benjamin Carver, a public lands historian at Northern Arizona University.

Today, astronaut candidates still train in and around Flagstaff. They walk in the same volcanic cinder fields where the U.S. Geological Survey intentionally blasted hundreds of craters from the ground to replicate the lunar surface, testing rovers and geology tools. Scientists used early photos of the moon taken from orbit and re-created the Sea of Tranquility with "remarkable accuracy" before Apollo 11 landed there in 1969, the Geological Survey said.

The region's role in moon missions is credited to former Geological Survey scientist Gene Shoemaker, who moved the agency's astrogeology branch to Flagstaff in 1963. It wasn't long before Shoemaker guided Armstrong and Aldrin on hikes at Meteor Crater as he pushed to ensure NASA would include geology in lunar exploration. A story passed down by geologists at the crater says Aldrin ripped his spacesuit on jagged limestone rocks that are part of the aptly named "tear-pants formation," forcing a redesign, head tour guide Jeff Beal said. Armstrong and Aldrin also hiked the Grand Canyon. A historical photo shows Armstrong carrying a rock hammer, a hand lens and a backpack for rock samples.

In another historical photo, Apollo astronauts Jim Irwin and David Scott ride around in Grover, a prototype of the lunar rover made in Flagstaff from spare parts and now on display at the Astrogeology Science Center. The eventual lunar rover used in three Apollo missions famously got a broken fender on a 1972 mission to the moon. Astronauts cobbled together a quick fix that included a map produced by geologists in Flagstaff.

Of the three crater fields created in northern Arizona for astronaut training in the late 1960s, only one has a sign acknowledging its importance in the moon missions. Visitors can walk through gaps in a barbed-wire fence and feel their feet sink into the volcanic cinders, although not as deeply as the astronauts' feet sank on the moon. The craters don't come into view without being close up, some as darkened, shallow depressions and others as giant welts in the ground partially lost to the weather. Arizona has approved a nomination to list several of the training sites on the National Register of Historic Places to better preserve them.

<注> crash course　短期集中講座　　volcanic cinder　噴石
　　　replicate　レプリカを作る　　jagged　ギザギザの　　formation　層
　　　cobble together　修理する　　welt　縁かがり

（設問）

A－1　When did Armstrong and Aldrin take intensive courses in geology?
　　　1　They studied the subject in northern Arizona before they went to the moon.
　　　2　They took the course through an area with a lot of natural craters.
　　　3　They took the course after returning from the moon after realizing the necessity of geological knowledge.

A－2　How was northern Arizona used to assist the Apollo mission?
　　　1　Northern Arizona was suitable for the astronauts' training because it had many volcanic mountains.
　　　2　Arizona donated a great amount of money as the center of astrogeology research had been relocated there.
　　　3　Some areas of northern Arizona were artificially blasted to simulate the moon's surface for use in astronaut training.

A－3　How did Gene Shoemaker contribute to the scientific missions to the moon?
　　　1　He guided Armstrong and Aldrin up a rocky mountain with great skill.
　　　2　He persuaded NASA that geological research should be included in the exploration of the moon.

答　A－1：1　　A－2：3

3　He was the one who repaired Aldrin's torn spacesuit and gave useful advice on how to improve the spacesuit.

A－4　According to the article, the moon map produced by Flagstaff geologists was used for a unique purpose. What was that?

　　1　The map was used to locate every crater, including the one associated with the city of Flagstaff.

　　2　Although the map was produced to guide the astronauts, it was also used to repair the lunar rover's fender.

　　3　The map was used not only to help astronauts explore the moon but also to identify geologically unique spots.

A－5　What is the current status of the training areas used in the late 1960s in northern Arizona?

　　1　Some have been proposed for designation as important heritage sites.

　　2　They look so different that anyone can identify them very easily from a distance.

　　3　They have been completely flattened by exposure to severe weather for over half a century.

問2．次の英文A－6からA－9までは、航空通信に関する国際文書の規定文の趣旨に沿って述べたものである。この英文を読み、それに続く設問に答えなさい。解答は、それぞれの設問に続く選択肢1から3までの中から答えとして最も適切なものを一つずつ選び、その番号のマーク欄を黒く塗りつぶしなさい。

A－6　If the receiving operator is in doubt as to the correctness of the message received, he shall request repetition either in full or in part.

（設問）　How should a receiving operator respond if he is not sure that a message is correct?

　　1　He must not request that a message be repeated in full or in part when he doubts its correctness.

　　2　He must correct all messages received either in full or in part so there can be no doubt about a message's correctness.

　　3　He should ask for either the whole message or just a part of it to be repeated when he is not sure of its correctness.

　答　A－3：2　　A－4：2　　A－5：1　　A－6：3

A − 7　The English language shall be available, on request from any aircraft station, at all stations on the ground serving designated airports and routes used by international air services.

(設問)　What is the language requirement for ground stations serving designated airports for international air services?

    1　Ground stations serving designated international airports must use English at all times.

    2　Ground stations serving such airports must be able to use English when asked to do so.

    3　Such ground stations may choose to use either English or the local language, depending on the language abilities of available personnel.

A − 8　In cases of distress and urgency communications, in general, the transmissions by radiotelephony shall be made slowly and distinctly, each word being clearly pronounced to facilitate transcription.

(設問)　According to the above regulation, how should radiotelephony communications be transmitted?

    1　The radiotelephony transmissions must always be performed slowly and distinctly to facilitate transcription under any circumstances.

    2　Except for distress or urgency communications, the radiotelephony transmissions should be performed slowly and distinctly to facilitate transcription.

    3　For distress or urgency communications, the radiotelephony transmissions must generally be performed slowly and distinctly to facilitate transcription.

A − 9　The service of every aircraft station and every aircraft earth station shall be controlled by an operator holding a certificate issued or recognized by the government to which the station is subject. Provided the station is so controlled, other persons besides the holder of the certificate may use the radiotelephone equipment.

(設問)　In which situations may a person who does not have the operator's certificate use radiotelephone equipment?

    1　When the station is under the control of a person holding the appropriate certificate

    2　In cases where the government to which the station is subject recognizes the uncertified person

英語

答　A − 7：**2**　　A − 8：**3**

3　In situations where the person who does not have the operator's certificate owns the radiotelephone equipment

問3. 次の設問B－1の日本文に対応する英訳文の空欄（ア）から（オ）までに入る最も適切な語句を、その設問に続く選択肢1から9までの中からそれぞれ一つずつ選びなさい。解答は、選んだ選択肢の番号のマーク欄を黒く塗りつぶしなさい。

（設問）

B－1　JAXAと東北大学の共同研究によると、国際宇宙ステーションに持ち込まれたマウスの実験において、体内のあるタンパク質が老化プロセスを遅らせるのを助ける可能性があることが示された。JAXAと大学の科学者のチームは、この発見がアルツハイマー病や糖尿病のような老年期に関連する広範囲の病気を治療する薬の開発の道を開くことを望んでいる。

Experiments on mice that were taken to the International Space Station have shown an （ ア ） protein has the potential to help slow the （ イ ） process, according to a joint study by JAXA and Tohoku University. A team of scientists from JAXA and the university hopes the discovery will （ ウ ） the way for the development of drugs to treat a broad （ エ ） of illnesses （ オ ） old age, such as Alzheimer's and diabetes.

| 1 | aging | 2 | associated with | 3 | combined to | 4 | growing | 5 | internal |
| 6 | pass | 7 | pave | 8 | range | 9 | width | | |

問4. 次の設問B－2の日本文に対応する英訳文の空欄（ア）から（オ）までに入る最も適切な語句を、その設問に続く選択肢1から9までの中からそれぞれ一つずつ選びなさい。解答は、選んだ選択肢の番号のマーク欄を黒く塗りつぶしなさい。

（設問）

B－2　現在、5社の会社からなるグループが、視覚障害者の単独旅行を支援する人工知能スーツケースを開発している。それらの会社によれば、ユーザーの位置と地図データに基づいて目的地までの最適ルートを立案できる小型ナビゲーションロボットが、多数のセンサーを駆使して周囲の状況を解析し、障害物にぶつからないようにしている。試作品の実地試験が、昨年の11月に日本の空港で行われた。

A group of five companies are currently developing an artificial intelligence suitcase to help visually （ ア ） people travel independently. The small navigation

---

答　A－9：1
　　B－1：ア－5　イ－1　ウ－7　エ－8　オ－2

robot, which is able to plan an optimal route to a （ イ ） based on the user's location and map data, uses （ ウ ） sensors to assess its （ エ ） to avoid bumping into （ オ ）, according to the companies. A pilot test of a prototype was conducted at an airport in Japan last November.

| 1 | destination | 2 | determination | 3 | enclosures | 4 | huge | 5 | impaired |
| 6 | multiple | 7 | objections | 8 | obstacles | 9 | surroundings | | |

問5. 次の設問B－3の日本文に対応する英訳文の空欄（ア）から（オ）までに入る最も適切な語句を、その設問に続く選択肢1から9までの中からそれぞれ一つずつ選びなさい。解答は、選んだ選択肢の番号のマーク欄を黒く塗りつぶしなさい。

（設問）

B－3　飛行中の航空機局及び航空機地球局は、航空機の安全及び正常な飛行に関して不可欠な通信上の必要性を満たすために業務を維持し、また、権限のある機関が要求する聴守を維持する。さらに、航空機局及び航空機地球局は、安全上の理由がある場合を除くほか、関係の航空局又は航空地球局に通知することなく聴守を中止してはならない。

Aircraft stations and aircraft earth stations in flight shall maintain service to （ ア ） the essential communications needs of the aircraft with （ イ ） to safety and regularity of flight and shall maintain watch as required by the competent authority and shall not （ ウ ） watch, （ エ ） reasons of safety, （ オ ） informing the aeronautical station or aeronautical earth station concerned.

| 1 | beside | 2 | cease | 3 | except for | 4 | meet | 5 | out of |
| 6 | prevent | 7 | respect | 8 | see | 9 | without | | |

英 会 話

（注）解答方法：選択肢の中から最も適切な答えを一つ選び、その番号に対応する答案用紙のマーク欄を黒く塗りつぶしなさい。

QUESTION 1　You are late for school. Your homeroom teacher asks you how you came to be so late. What does he want to know?

1．My route to school

2．When I had arrived at school

3．The reason why I came to school

答　B－2：ア－5　イ－1　ウ－6　エ－9　オ－8
　　　B－3：ア－4　イ－7　ウ－2　エ－3　オ－9

4．The reason why I was late for school

QUESTION 2　If your friend sends you a message, "Please email me ASAP," what does he want?

1．He doesn't want your email.

2．He wants to see you as soon as he can.

3．He wants you to email him back quickly.

4．He wants to teach you the phrase, ASAP.

QUESTION 3　Although she has lived in America for a few years, she recognizes she still needs to brush up her English proficiency to get the job. What should she do?

1．She should try to brush herself proficiently.

2．She should try to improve her English skills.

3．She should try to brush up her teaching skills.

4．She should try to maintain her English ability.

QUESTION 4　Flight attendants are responsible for passenger safety in addition to providing customer service to passengers. Which of the following is directly relevant to passenger safety?

1．Serving meals and drinks quickly during the flight

2．Ensuring passengers can order duty-free items during the flight

3．Ensuring that passengers follow safety procedures in the event of an emergency

4．Greeting passengers as they board the plane and helping them find their seats

QUESTION 5　You are a tower controller. The pilot of an aircraft which has just landed has reported a serious tail strike. What should you do?

1．Ask the airline company to tell their staff to be more co-operative

2．Let other aircraft use the runway only for take-off due to the change of wind direction

3．Request the pilot to look up the emergency recovery procedures for possible engine damage

4．Close the runway and ask the operations vehicle to inspect the runway surface for metal debris

----

答　Q－1：4　　Q－2：3　　Q－3：2　　Q－4：3　　Q－5：4

QUESTION 6　Flight levels are usually designated in writing as FL plus a two- or three-digit number indicating the altitude in units of 100 feet. Which of the following denotes the flight level for 32,000 feet?

1．FL32

2．FL320

3．FL3200

4．FL32000

QUESTION 7　The order of priority of aeronautical radio communications is defined in the international regulations. Which of the following is correct with regard to the priority of aeronautical radio communications?

1．Distress communication has the highest priority at any time.

2．Urgency communication has higher priority than distress communication.

3．Weather reports have higher priority than air traffic control communication.

4．Air traffic control communication is always treated with the highest priority.

答　Q－6：2　　Q－7：1

問 1. 次の英文を読み、それに続く設問A−1からA−5までに答えなさい。解答は、それぞれの設問に続く選択肢1から3までの中から答えとして最も適切なものを一つずつ選び、その番号のマーク欄を黒く塗りつぶしなさい。

A German lab is hoping to cut the time it takes to send coronavirus test samples across Berlin by using drones, thereby avoiding the capital's clogged roads. A California-based company is currently testing drone deliveries between a hospital and Labor Berlin, one of the largest laboratories in Europe. The route from hospital to lab is about 11 kilometers as the drone flies, and officials expect to cut standard delivery times from about an hour to around 10 minutes when service on the route begins. Eventually, the hope is that drones will provide regular deliveries to the lab from six points around Berlin, shaving vital minutes off the turnaround time for COVID tests.

"The whole topic of 'time to the result' is really important, especially when there is the suspicion of an infection," said Klaus Tenning, who is leading the project for Labor Berlin. "You want to identify the person and get the result as soon as possible so that the person can self-isolate or be able to just continue with normal daily life." Each route will be served by two drones in order to have each served 24 hours a day. The batteries in the drone simply get replaced when they are running low, eliminating charging time. Each drone can carry about 40 samples. It won't just be COVID tests that are transported, but any samples that need to be examined in a lab. "We said from the start that this would be a working project," said Tenning.

According to Germany's disease control agency, the Robert Koch Institute, 175 laboratories in Germany have a combined COVID-19 test capacity of 307,000 tests per day. Each week over a million standard PCR tests for COVID-19 are carried out, some at designated test centers but also in doctors' practices and at hospitals. Tenning thinks there's room for improvement when it comes to delivering samples from some testing sites to the labs. "An emergency situation like a pandemic can bring about faster change and innovation," he said.

The Californian company is already running similar drone delivery systems in

Switzerland and the United States, but Berlin will have the first such system in the European Union. The company is waiting for new drone regulations to come into effect on Dec. 30 before starting regular operations. Should an engine unexpectedly fail, the drones have a parachute. They can also detect other aircraft, such as helicopters, and the control center will be connected to helicopter operations to avoid a drone flying in the same area. But for the most part the drones are fully autonomous. "They start themselves and follow a pre-defined route and then they land autonomously at the destination," said Alex Norman, the company's project manager.

＜注＞ lab＝laboratory　　turnaround time　全所要時間
working project　実用的なプロジェクト

（設問）

A－1　Which of the following correctly describes the drone delivery service referred in the above article?

1　It will run in Berlin, California, and be operated by a German company.

2　It was run by a Californian company, but will now be replaced by a German one.

3　It is being piloted between one of Europe's biggest testing facilities and a hospital.

A－2　Which is NOT true of the new COVID test drone service?

1　Unfortunately, it will not improve the delivery time at all.

2　It can fly 11 kilometers in roughly 10 minutes.

3　It is expected eventually to deliver the samples from six points around Berlin.

A－3　What is the purpose of assigning two battery-replaceable drones to each route?

1　To enable round-the-clock operation

2　To enable 40 samples to be carried every time

3　To enable as many different types of disease to be dealt with as possible

A－4　According to the article, what is special about times of emergency?

1　The pandemic provides us with funds for preserving laboratories.

2　More and more places for PCR testing open up for general use.

3　They speed up the generation of new ideas and methods.

答　A－1：3　　A－2：1　　A－3：1　　A－4：3

A－5　What is expected to happen if the drone engines break down?

    1　The control center will send a helicopter to the rescue.

    2　They will drop from the sky in a controlled manner.

    3　They will fly back home autonomously under the new drone regulations.

問2．次の英文Ａ－6からＡ－9までは、航空通信に関する国際文書の規定文の趣旨に沿って述べたものである。この英文を読み、それに続く設問に答えなさい。解答は、それぞれの設問に続く選択肢1から3までの中から答えとして最も適切なものを一つずつ選び、その番号のマーク欄を黒く塗りつぶしなさい。

A－6　Aeronautical stations should record messages at the time of their receipt, except that, if during an emergency the continued manual recording would result in delays in communication, the recording of messages may be temporarily interrupted and completed at the earliest opportunity. In the case of radiotelephony operation it would be desirable if voice recording were provided for use during interruption in manual recording.

（設問）　When can aeronautical stations interrupt their manual recording of messages?

    1　When voice recording will result in a clearer message during an emergency

    2　When delays could result from the use of manual input during an emergency

    3　When it is easier to record voices during an emergency

A－7　The originator of messages addressed to an aircraft in distress or urgency condition shall restrict to the minimum the number and volume and content of such messages as required by the condition.

（設問）　What is true of messages to aircraft in distress or urgency situations?

    1　Only relevant messages, and as few as possible, should be sent.

    2　Messages should be sent quietly, and with minimum fuss.

    3　Messages and their content should be frequent, clear, and thorough.

A－8　It is permissible for verification for the receiving station to read back the message as an additional acknowledgement of receipt. In such instances, the station to which the information is read back should acknowledge the correctness of readback by transmitting its call sign.

（設問）　In circumstances where the received message is read back, what is required of

---

答　A－5：2　　A－6：2　　A－7：1

the station that originated the message to acknowledge its correctness?

    1   It must reply with its own call sign.

    2   A full read back of the message received is required.

    3   No additional acknowledgement of receipt is needed.

A－9 An aeronautical station having traffic for an aircraft station may call this station if it has reason to believe that the aircraft station is keeping watch and is within the designated operational coverage area of the aeronautical station.

（設問） In what circumstances is it acceptable for an aeronautical station to call an aircraft station in relation to traffic for that station?

    1   It is reasonable to call the aircraft at any time the aeronautical station feels necessary.

    2   It is acceptable only if the aircraft has visual contact inside the designated operational coverage area.

    3   It is acceptable if the aeronautical station thinks the aircraft station is keeping watch inside its designated operational coverage area.

問3．次の設問B－1の日本文に対応する英訳文の空欄（ア）から（オ）までに入る最も適切な語句を、その設問に続く選択肢1から9までの中からそれぞれ一つずつ選びなさい。解答は、選んだ選択肢の番号のマーク欄を黒く塗りつぶしなさい。

（設問）

B－1 オマハのエプリー飛行場のセキュリティチェックポイントでは、運転免許証やパスポートを含む数千種類の旅行者のIDを確認するために新しいID認証技術が使用されている。そのシステムにはまた、乗客のフライトステータスをほぼリアルタイムで確認する機能も加えられている。それによって不正なIDを識別する能力が強化され、また乗客の身元が自動的に確認されることにより効率が改善される。

A new ID authentication technology is being used at security checkpoints on Omaha's Eppley Airfield to confirm several thousand types of traveler ID, （ ア ） driving licenses and passports. The system also has the added capability to confirm the passenger's flight status in （ イ ） real time. It （ ウ ） the capability to identify fraudulent IDs and improves （ エ ） by （ オ ） passenger identities automatically.

1 effects   2 efficiency   3 enforces   4 enhances   5 ensuring

6 included   7 including   8 near   9 verifying

答 A－8：1   A－9：3

     B－1：ア－7 イ－8 ウ－4 エ－2 オ－9

問 4．次の設問 B−2 の日本文に対応する英訳文の空欄（ア）から（オ）までに入る最
も適切な語句を、その設問に続く選択肢 1 から 9 までの中からそれぞれ一つずつ選びなさ
い。解答は、選んだ選択肢の番号のマーク欄を黒く塗りつぶしなさい。

（設問）

B−2　航空機のエンジン音を低減し乗客の快適性を向上させることができる、信じられ
ないほど軽い新素材がバース大学で開発された。それは新しいエアロゲルであり、その
メレンゲのような構造によって極めて軽量となる、つまり、それは全体重量をほとんど
増加させないで航空機のエンジンナセル内で遮音材として機能することが可能であるこ
とを意味している。この材料は現在、安全性向上のためにさらに最適化されているとこ
ろである。

　　An（ ア ）light new material that can reduce aircraft engine noise and improve
passenger（ イ ）has been developed at the University of Bath. It is a new aerogel
and its meringue-like structure（ ウ ）it extremely light, meaning it could act as an
insulator within aircraft engine nacelles, with almost no increase in（ エ ）weight.
The material is currently being（ オ ）optimized to improve safety.

1　authentic	2　becomes	3　comfort	4　further	5　incredibly
6　integral	7　makes	8　overall	9　relief	

問 5．次の設問 B−3 の日本文に対応する英訳文の空欄（ア）から（オ）までに入る最
も適切な語句を、その設問に続く選択肢 1 から 9 までの中からそれぞれ一つずつ選びなさ
い。解答は、選んだ選択肢の番号のマーク欄を黒く塗りつぶしなさい。ただし、本文中の
同じ記号は同じ語句を示しています。

（設問）

B−3　航空移動業務の局が呼出しをする前の送信機の調整のため、又は受信機の調整の
ために試験信号を送信する必要がある場合には、このような信号は、10秒間を超えて継
続してはならず、無線電話で音声の数字（ONE、TWO、THREE 等）及びこれに続い
て試験信号を送信する局の無線呼出符号で構成しなければならない。

　　When it is necessary for a station in the aeronautical mobile service to make test
signals,（ ア ）for the（ イ ）of a transmitter before making a call or for the（ イ ）of
a receiver, such signals shall not continue for more than 10 seconds and shall be
（ ウ ）of spoken（ エ ）(ONE, TWO, THREE, etc.) in radiotelephony,（ オ ）by the
radio call sign of the station transmitting the test signals.

答　B−2：ア−5　イ−3　ウ−7　エ−8　オ−4

1	adjustment	2	composed	3	each	4	either	5	followed
6	following	7	justification	8	letters	9	numerals		

英 会 話

(注) 解答方法：選択肢の中から最も適切な答えを一つ選び、その番号に対応する答案用紙のマーク欄を黒く塗りつぶしなさい。

QUESTION 1　My father worries about my future and always tells me to put money aside for a rainy day. What does he want me to do?

　　1．Spend money when I like

　　2．Prepare for the rainy season

　　3．Spend money in case it rains

　　4．Save money for the day I'll need it most

QUESTION 2　She thought she had done quite well in the test but looked dismayed when she discovered the result. What did she think of her result?

　　1．She was satisfied.

　　2．She was relieved.

　　3．She was disappointed.

　　4．She was dislocated.

QUESTION 3　The head coach told his players, "Stick to our new practice schedule, and there's no reason why we can't win the championship." What did he want them to do?

　　1．He wanted them to practice more than scheduled.

　　2．He made them complete the schedule by themselves.

　　3．He wanted them to practice according to the new schedule.

　　4．He wanted them to find a reason why they couldn't win the championship.

QUESTION 4　You are the tower controller. When deciding the landing sequence for several aircraft, to which of these planes will you give the highest priority?

　　1．The heaviest plane in the holding pattern

　　2．A plane which has declared MAYDAY FUEL

答　B－3：ア－4　イ－1　ウ－2　エ－9　オ－5
　　Q－1：4　　Q－2：3　　Q－3：3

3．The airplane with an important person or most passengers on board

4．There are no such priorities. It is always done on a first-come, first-served basis.

QUESTION 5   Standardized phraseology in aeronautical radiotelephony is defined by the ICAO, the International Civil Aviation Organization. The ICAO defines WILCO as an abbreviation of 'will comply.' Which of the following is the meaning of WILCO?

1．I will comply with the ICAO regulations.

2．I understand your message and will comply with it.

3．I understand the request from the cabin crew and will comply with it.

4．I will comply with the written procedures as defined in the official publication.

QUESTION 6   Your aircraft has been de-iced and anti-iced and you have proceeded towards the runway, but your take-off looks like being delayed beyond your hold-over time. What should you do?

1．Keep waiting in the line

2．Ask the tower to change the take-off sequence in order to take off first

3．Ask airport staff to come to your aircraft to de-ice and anti-ice it again

4．Ask for the tower's approval to go back to the ramp and de-ice and anti-ice again

QUESTION 7   Pilots refer to the location of other aircraft by means of clock positions. Twelve o'clock, for example, is the position directly in front of the aircraft. Where would you look if traffic is reported at 10 o'clock 2 miles southbound?

1．Front left

2．Front right

3．Rear left

4．Rear right

答   Q－4：2   Q－5：2   Q－6：4   Q－7：1

問 1. 次の英文を読み、それに続く設問A-1からA-5までに答えなさい。解答は、それぞれの設問に続く選択肢1から3までの中から答えとして最も適切なものを一つずつ選び、その番号のマーク欄を黒く塗りつぶしなさい。

NASA's new space telescope opened its huge, gold-plated, flower-shaped mirror Saturday, the final step in the observatory's dramatic unfurling. The last portion of the 6.5-meter mirror swung into place at flight controllers' command, completing the unfolding of the James Webb Space Telescope. "I'm emotional about it. What an amazing milestone. We see that beautiful pattern out there in the sky now," said Thomas Zurbuchen, chief of NASA's science missions. More powerful than the Hubble Space Telescope, the $10 billion Webb will scan the cosmos for light streaming from the first stars and galaxies formed 13.7 billion years ago. To accomplish this, NASA had to outfit Webb with the largest and most sensitive mirror ever launched — its "golden eye," as scientists call it. Webb is so big that it had to be folded origami-style to fit in the rocket that soared from South America two weeks ago. The riskiest operation occurred earlier in the week, when the tennis court-size sunshield unfurled, providing shade for the mirror and infrared detectors.

Flight controllers in Baltimore began opening the primary mirror Friday, unfolding the left side like a drop-leaf table. The mood was even more upbeat Saturday, with peppy music filling the control room as the right side snapped into place. After applauding, the controllers immediately got back to work.

Webb's main mirror is made of beryllium, a lightweight yet sturdy and cold-resistant metal. Each of its 18 segments is coated with an ultra-thin layer of gold, highly reflective of infrared light. The hexagonal, coffee table-size segments must be adjusted in the weeks ahead so they can focus as one on stars, galaxies and alien worlds that might hold atmospheric signs of life. "It's like we have 18 mirrors that are right now little prima donnas all doing their own thing, singing their own tune in whatever key they're in, and we have to make them work like a chorus and that is a methodical, laborious process," operations project scientist Jane Rigby told reporters.

Webb should reach its destination 1.6 million kilometers away in another two weeks; it's already more than 1 million kilometers from Earth since its Christmas Day launch. If all continues to go well, science observations will begin this summer. Astronomers hope to peer back to within 100 million years of the universe-forming Big Bang, closer than Hubble has achieved. Project manager Bill Ochs stressed the team isn't letting its guard down, despite the unprecedented successes of the past two weeks. "It's not downhill from here. It's all kind of a level playing field," he said.

<注> observatory 観測所　　unfurl 広げる　　milestone 画期的な出来事
　　　infrared 赤外線の　　drop-leaf table 垂れ板の付いたテーブル
　　　peppy 元気いっぱいの　　hexagonal 六角形の
　　　methodical 順序だった　　laborious 骨の折れる

（設問）

A-1　What made Thomas Zurbuchen feel emotional?

　　　1　The naming of the gigantic space telescope after James Webb

　　　2　The beauty of the gold-plated, flower-like mirror of the space telescope

　　　3　Completion of the unfolding process of the telescope, marking a great milestone

A-2　Which of the following describes the telescope correctly?

　　　1　The telescope's mirror is the second largest ever next to that of the Hubble Space Telescope.

　　　2　The telescope should have the power to detect light from the first stars and galaxies of the cosmos.

　　　3　The mirror-protecting sunshield was folded down to the size of a tennis court using an origami technique.

A-3　From where was the rocket that delivered NASA's new telescope into space launched?

　　　1　A launch site in the southern part of the USA

　　　2　A launch site in the Republic of South Africa

　　　3　A launch site on the continent of South America

A-4　According to the article, what is the next stage for establishing the full operational power of the telescope?

　　　1　Coating the segments with ultra-thin gold

　　　2　Enabling the segmented mirrors to work as one

答　　A-1：3　　A-2：2　　A-3：3

3　Refocusing each segmented mirror to watch different sectors of the universe

A－5　What are scientists going to do after they have completed the deployment of the telescope?

    1　They will move the telescope to its final position for viewing the universe as it was less than 100 million years after its birth.

    2　They are relocating the gigantic space telescope to a position 1 million kilometers away from Earth in the next two weeks.

    3　They will need to concentrate less during the next step of the operation because the deployment of the telescope has now been completed.

問2. 次の英文A－6からA－9までは、航空通信に関する国際文書の規定文の趣旨に沿って述べたものである。この英文を読み、それに続く設問に答えなさい。解答は、それぞれの設問に続く選択肢1から3までの中から答えとして最も適切なものを一つずつ選び、その番号のマーク欄を黒く塗りつぶしなさい。

A－6　Distress and urgency traffic shall normally be maintained on the frequency on which such traffic was initiated from the aircraft until it is considered that better assistance can be provided by transferring that traffic to another frequency.

（設問）　What frequency should normally be used for distress and urgency traffic?

    1　The traffic should be moved immediately to a frequency which might provide better public correspondence for the aircraft.

    2　The traffic should generally be carried on the frequency used by the aircraft making the distress or urgency call.

    3　The frequency on which the distress or urgency call has been made should always be maintained under any circumstance.

A－7　Messages accepted for transmission should be transmitted in plain language or ICAO phraseologies without altering the sense of the message in any way.

  ＜注＞　phraseology　用語

（設問）　What does the above provision require when transmitting messages accepted for transmission?

    1　Messages containing ICAO phraseologies may be transmitted with altered meanings if they are in plain language.

  答　A－4：2　　A－5：1　　A－6：2

2　Messages should be transmitted in either plain language or ICAO phraseologies without changing the meaning.

3　It is the duty of the transmitting operator to change ICAO phraseologies used in the transmitted messages to plain language.

A－8　Messages having the same priority should, in general, be transmitted in the order in which they are received by the aeronautical station for transmission.

（設問）　What does the above provision say about the order of message transmission by the aeronautical station?

1　If there is no difference in priority, the order of reception should be maintained.

2　As there is no particular order to be maintained, the aeronautical station can transmit messages in any order it likes.

3　The priority of messages is defined by the relevant regulations, but the aeronautical station does not always have to comply with it.

A－9　Having regard to interference which may be caused by aircraft stations at high altitude, frequencies in the maritime mobile bands above 30 MHz shall not be used by aircraft stations, with some exceptions. The frequency 156.3 MHz may be used by stations on board aircraft for safety purposes. It may also be used for communication between ship stations and stations on board aircraft engaged in coordinated search and rescue operations.

（設問）　In which of the following cases should an aircraft station refrain from using frequencies in the maritime mobile bands above 30 MHz?

1　When an aircraft station needs to communicate for safety purposes using 156.3 MHz

2　When an aircraft station is engaged in search and rescue operations with ship stations using 156.3 MHz

3　When an aircraft station is engaged in normal radio communication with an aeronautical station for navigation

問 3．次の設問B－1の日本文に対応する英訳文の空欄（ア）から（オ）までに入る最も適切な語句を、その設問に続く選択肢1から9までの中からそれぞれ一つずつ選びなさい。解答は、選んだ選択肢の番号のマーク欄を黒く塗りつぶしなさい。

答　A－7：**2**　　A－8：**1**　　A－9：**3**

(設問)

B－1　飛行機が墜落した時に最初に求められる事のひとつは何が事故の原因だったかである。この時に事故を調べる調査官が頼るのがブラックボックスで、それはフライトデータレコーダーとコックピットボイスレコーダーで成り立っている。安全性の観点から、それは一般的に機体の後部に収められている。ブラックボックスは事故の直前に起こった出来事の詳細を明らかにすることができる。

One of the first things asked when any airplane crashes is what （ ア ） the accident. This is when investigators （ イ ） the accident turn to the black box, which is （ ウ ） a flight data recorder and cockpit voice recorder. From the security point of （ エ ）, it is generally kept at the rear of the airplane. The black box is able to reveal （ オ ） of events happening just before the accident.

1　caused　　2　details　　3　happened　　4　looking into　　5　made up of
6　searching for　7　sight　　8　trifles　　9　view

問 4. 次の設問B－2の日本文に対応する英訳文の空欄（ア）から（オ）までに入る最も適切な語句を、その設問に続く選択肢1から9までの中からそれぞれ一つずつ選びなさい。解答は、選んだ選択肢の番号のマーク欄を黒く塗りつぶしなさい。

(設問)

B－2　ACARSとよく略される航空機空地データ通信システムとは、航空機と地上局との間で短い通信文を航空バンドや衛星リンクを経由して伝送するためのデジタルデータリンクシステムのことである。その通信文は内容から、クリアランスの要求や提供に使われる航空管制通信メッセージ、運航管理通信メッセージ、航空業務通信メッセージの三つに分類することができる。

Aircraft Communications Addressing and Reporting System, commonly （ ア ） as ACARS, is a digital datalink system for （ イ ） of short messages between aircraft and ground stations via air-band radio, or satellite links. Its messages may be classified （ ウ ） three types based on their （ エ ）, air traffic control messages used to request or provide clearances, aeronautical （ オ ） control and airline administrative control messages.

1　abbreviated　2　consent　　3　content　　4　capitalized　　5　intermission
6　into　　　7　operational　8　over　　9　transmission

答　B－1：ア－1　イ－4　ウ－5　エ－9　オ－2
　　　B－2：ア－1　イ－9　ウ－6　エ－3　オ－7

問 5．次の設問B－3の日本文に対応する英訳文の空欄（ア）から（オ）までに入る最も適切な語句を、その設問に続く選択肢1から9までの中からそれぞれ一つずつ選びなさい。解答は、選んだ選択肢の番号のマーク欄を黒く塗りつぶしなさい。

（設問）

B－3　航空通信業務のすべての局は、協定世界時（UTC）を使用しなければならない。真夜中はその日の終わりの2400とし、及びその日の始まりを0000としなければならない。日時の集合は、6桁の数字で構成しなければならず、最初の、2桁の数字はその月の日を、また最後の4桁の数字は、UTCの時及び分を示す。

　　　（ア）Universal Time (UTC) shall be used by all stations in the aeronautical telecommunication service. Midnight shall be（イ）as 2400 for the end of the day and 0000 for the（ウ）of the day. A date-time group shall（エ）six figures, the first two figures（オ）the date of the month and the last four figures the hours and minutes in UTC.

1	beginning	2	build	3	consist of	4	Cooperated	5	Coordinated
6	designated	7	first	8	illustrated	9	representing		

英 会 話

（注）解答方法：選択肢の中から最も適切な答えを一つ選び、その番号に対応する答案用紙のマーク欄を黒く塗りつぶしなさい。

QUESTION 1　My friend has started a new business and it is thriving. How is his business doing?

　　　1．The business has failed.

　　　2．The business is a success.

　　　3．The business has had a hard time.

　　　4．The business has lost all of its money.

QUESTION 2　The chairperson declares unanimous agreement is needed for this plan to go ahead. What kind of agreement is needed for the plan to proceed?

　　　1．No agreement is needed for it.

　　　2．All of the members must agree to it.

　　　3．More than half of the members must agree to it.

　　　4．More than two-thirds of the members must agree to it.

QUESTION 3　A radius is a straight line between the center of a circle and any point on its outer edge. A diameter is twice as long as a radius. Which of the

----

答　B－3：ア-**5**　イ-**6**　ウ-**1**　エ-**3**　オ-**9**

　　　Q－1：**2**　　Q－2：**2**

following describes a diameter?

　1．A line that goes around a circle

　2．A straight line that touches the outside of a circle but does not cross it

　3．An axis through the center of an object, around which the object turns

　4．A straight line going from one side of a circle to the other side, passing through the center

QUESTION 4　In the airport, what do you call the place where passengers go to deposit their luggage and receive their boarding pass?

　1．An airfield apron　　　　2．A maintenance hangar

　3．A check-in counter　　　4．A passport control counter

QUESTION 5　You are the pilot of an airplane. You inform departure control of your status after take-off, and departure control responds, "radar contact." What does the controller mean?

　1．He has identified you on the radar screen.

　2．He has asked you to contact him by radiotelephone.

　3．He has asked you to watch your radar screen carefully.

　4．He has requested you to send your identification using secondary radar.

QUESTION 6　You are the ground controller. You have received a push-back clearance request. What is the situation of an aircraft which sends such a request?

　1．The aircraft is ready to depart.

　2．The aircraft is stuck on the taxiway.

　3．The pilot has requested the doors be opened.

　4．The pilot of the aircraft has ignored all the requests made so far.

QUESTION 7　Pilots are expected to report some dangerous weather conditions. One such is the growth of cumulonimbus clouds, which may be indicative of a thunderstorm or downburst. What does a cumulonimbus cloud look like?

　1．A thin, shining feather-like cloud

　2．A regular sheet of cloud resembling fish scales

　3．A towering cauliflower-shaped cloud rising up to 10 km in height

　4．A blanket of dense, cotton wool-like cloud, white on top and gray underneath

---

答　Q-3：4　　Q-4：3　　Q-5：1　　Q-6：1　　Q-7：3

法　規

ご　注　意

　各設問に対する答は、出題時点での法令等に準拠して
解答しております。

法規の試験内容

(1)　電波法及びこれに基づく命令（航空法及び電気通
　　信事業法並びにこれらに基づく命令の関係規定を含
　　む。）の概要
(2)　通信憲章、通信条約、無線通信規則、電気通信規
　　則及び国際民間航空条約（電波に関する規定に限
　　る。）の概要

試験の概要

試験問題：　問題数／20問　　　試験時間／1時間30分
採点基準：　満　点／100点　　合　格　点／70点
配点内訳　　A問題……14問／70点（1問5点）
　　　　　　B問題…… 6問／30点（1問5点）

A－1　無線設備の変更の工事について総務大臣の許可を受けた免許人は、どのような手続をとった後でなければ、その許可に係る無線設備を運用することができないか。電波法（第18条）の規定に照らし、下の1から4までのうちから一つ選べ。

1　無線設備の変更の工事の許可を受けた免許人は、総務省令で定める場合を除き、総務大臣の検査を受け、当該無線設備の変更の工事の結果が許可の内容に適合していると認められた後でなければ、許可に係る無線設備を運用してはならない。

2　無線設備の変更の工事の許可を受けた免許人は、申請書にその工事の結果を記載した書面を添えて総務大臣に提出し、許可を受けた後でなければ、その許可に係る無線設備を運用してはならない。

3　無線設備の変更の工事の許可を受けた免許人は、その工事の結果を記載した書面を添えてその旨を総務大臣に届け出た後でなければ、許可に係る無線設備を運用してはならない。

4　無線設備の変更の工事の許可を受けた免許人は、総務省令で定める場合を除き、登録検査等事業者（注1）又は登録外国点検事業者（注2）の検査を受け、当該無線設備の変更の工事の結果が電波法第3章（無線設備）に定める技術基準に適合していると認められた後でなければ、許可に係る無線設備を運用してはならない。

注1　登録検査等事業者とは、電波法第24条の2（検査等事業者の登録）第1項の登録を受けた者をいう。
　2　登録外国点検事業者とは、電波法第24条の13（外国点検事業者の登録等）第1項の登録を受けた者をいう。

A－2　次に掲げる無線設備の操作（モールス符号による通信操作を除く。）のうち、航空無線通信士の資格の無線従事者が行うことのできる無線設備の操作に該当するものはどれか。電波法施行令（第3条）の規定に照らし、下の1から4までのうちから一つ選べ。

1　航空局及び航空地球局の無線設備で空中線電力500ワット以下のものの外部の調整部分の技術操作

2　航空機のための無線航行局の無線設備で空中線電力500ワット以下のものの外部の調整部分の技術操作

3　航空機局の無線設備の技術操作

4　航空局及び航空機局の無線設備の通信操作

答　A－1：1　　A－2：4

法規-1

A－3　次の記述は、混信等の防止について述べたものである。電波法（第56条）の規定に照らし、□内に入れるべき最も適切な字句の組合せを下の1から4までのうちから一つ選べ。

　　無線局は、□A□又は電波天文業務の用に供する受信設備その他の総務省令で定める受信設備（無線局のものを除く。）で総務大臣が指定するものにその運用を阻害するような混信その他の妨害を□B□ならない。但し、□C□については、この限りでない。

	A	B	C
1	重要無線通信を行う無線局	与えないように運用しなければ	遭難通信
2	他の無線局	与えない機能を有しなければ	遭難通信
3	重要無線通信を行う無線局	与えない機能を有しなければ	遭難通信、緊急通信、安全通信又は非常通信
4	他の無線局	与えないように運用しなければ	遭難通信、緊急通信、安全通信又は非常通信

A－4　次の記述のうち、無線局が無線電話通信において、自局に対する呼出しであることが確実でない呼出しを受信したときにとるべき措置に該当するものはどれか。無線局運用規則（第26条、第14条及び第18条）の規定に照らし、下の1から4までのうちから一つ選べ。

1　応答事項のうち「こちらは」及び自局の呼出符号又は呼出名称を送信して直ちに応答しなければならない。

2　応答事項のうち相手局の呼出符号又は呼出名称の代わりに「誰かこちらを呼びましたか」の語を使用して直ちに応答しなければならない。

3　応答事項のうち相手局の呼出符号又は呼出名称の代わりに「各局」の語を使用して直ちに応答しなければならない。

4　その呼出しが反覆され、且つ、自局に対する呼出しであることが確実に判明するまで応答してはならない。

A－5　次の記述は、航空機局の運用について述べたものである。電波法（第70条の2）及び無線局運用規則（第142条）の規定に照らし、□内に入れるべき最も適切な字句の組合せを下の1から4までのうちから一つ選べ。なお、同じ記号の□内には、同じ字句が入るものとする。

①　航空機局の運用は、その航空機の□A□に限る。但し、受信装置のみを運用すると

　答　　A－3：4　　　A－4：4

き、電波法第52条（目的外使用の禁止等）各号に掲げる通信（遭難通信、緊急通信、安全通信、非常通信、放送の受信その他総務省令で定める通信をいう。）を行うとき、その他総務省令で定める場合は、この限りでない。

② ①のただし書の規定により　A　以外の航空機の航空機局を運用することができる場合は、次の(1)又は(2)のとおりとする。

(1) 無線通信によらなければ他に連絡手段がない場合であって、　B　に送信するとき。

(2) 総務大臣又は総合通信局長（沖縄総合通信事務所長を含む。）が行う無線局の検査に際してその運用を必要とするとき。

③ 航空局は、航空機局から自局の運用に妨害を受けたときは、妨害している航空機局に対して、　C　ことができる。

	A	B	C
1	航行中及び航行の準備中	重要な通報を航空交通管制の機関	その運用の停止を命ずる
2	航行中	急を要する通報を航空移動業務の無線局	その運用の停止を命ずる
3	航行中及び航行の準備中	急を要する通報を航空移動業務の無線局	その妨害を除去するために必要な措置をとることを求める
4	航行中	重要な通報を航空交通管制の機関	その妨害を除去するために必要な措置をとることを求める

A－6 航空局、航空地球局、義務航空機局及び航空機地球局が聴守を要しない場合に関する次の記述のうち、無線局運用規則（第147条）の規定に照らし、これらの規定に定めるところに適合しないものはどれか。下の1から4までのうちから一つ選べ。

1 航空局については、現に通信を行っている場合で聴守することができないとき。

2 義務航空機局については、責任航空局又は交通情報航空局がその指示した周波数の電波の聴守の中止を認めたとき又はやむを得ない事情により無線局運用規則第146条（航空局等の聴守電波）第3項に規定する156.8MHzの電波の聴守をすることができないとき。

3 航空地球局については、航空機の安全運航又は正常運航に関する通信を取り扱っていない場合。

4 航空機地球局については、航空機の安全運航又は正常運航に関する通信を取り扱っている場合は、現に通信を行っている場合で聴守することができないとき。

答　A－5：3　　A－6：2

A－7　次の記述は、航空移動業務の無線局における電波の発射前の措置について述べたものである。無線局運用規則（第19条の2及び第18条）の規定に照らし、　　　内に入れるべき最も適切な字句の組合せを下の1から4までのうちから一つ選べ。

① 無線局は、相手局を呼び出そうとするときは、電波を発射する前に、　A　に調整し、自局の発射しようとする　B　によって聴守し、他の通信に混信を与えないことを確かめなければならない。ただし、遭難通信、緊急通信、安全通信及び電波法第74条（非常の場合の無線通信）第1項に規定する通信を行う場合は、この限りでない。

② ①の場合において、他の通信に混信を与える虞があるときは、　C　でなければ呼出しをしてはならない。

	A	B	C
1	受信機を最良の感度	電波の周波数その他必要と認める周波数	その通信が終了した後
2	送信機を最良の状態	電波の周波数	その通信が終了した後
3	送信機を最良の状態	電波の周波数その他必要と認める周波数	少なくとも10分間経過した後
4	受信機を最良の感度	電波の周波数	少なくとも10分間経過した後

A－8　航空移動業務の無線局の免許状に記載した事項の遵守及び無線設備の機器の試験又は調整のための運用に関する次の記述のうち、電波法（第52条から第54条まで及び第57条）の規定に照らし、これらの規定に定めるところに適合しないものはどれか。下の1から4までのうちから一つ選べ。

1 無線局を運用する場合においては、遭難通信を行う場合を除き、無線設備の設置場所、識別信号、電波の型式及び周波数は、その無線局の免許状に記載されたところによらなければならない。

2 無線局を運用する場合においては、遭難通信を行う場合を除き、空中線電力は、次の(1)及び(2)の定めるところによらなければならない。

　(1) 免許状に記載されたものの範囲内であること。

　(2) 通信を行うため必要最小のものであること。

3 無線局は、遭難通信を行う場合を除き、免許状に記載された目的又は通信の相手方若しくは通信事項の範囲を超えて運用してはならない。

4 無線局は、無線設備の機器の試験又は調整を行うために運用するときは、なるべく擬似空中線回路を使用しなければならない。

答　A－7：1　　A－8：3

A－9　遭難通信及び緊急通信の取扱い等に関する次の記述のうち、電波法（第52条、第66条、第67条及び第70条の6）の規定に照らし、これらの規定に定めるところに適合しないものはどれか。下の1から4までのうちから一つ選べ。

1　無線局は、遭難信号又は電波法第52条（目的外使用の禁止等）第1号の総務省令で定める方法により行われる無線通信を受信したときは、遭難通信を妨害するおそれのある電波の発射を直ちに中止しなければならない。

2　緊急通信とは、船舶又は航空機が重大かつ急迫の危険に陥った場合に緊急信号を前置する方法その他総務省令で定める方法により行われる無線通信をいう。

3　航空局、航空地球局、航空機局及び航空機地球局は、遭難通信を受信したときは、他の一切の無線通信に優先して、直ちにこれに応答し、かつ、遭難している船舶又は航空機を救助するため最も便宜な位置にある無線局に対して通報する等総務省令で定めるところにより救助の通信に関し最善の措置をとらなければならない。

4　航空局、航空地球局、航空機局及び航空機地球局は、緊急信号又は電波法第52条（目的外使用の禁止等）第2号の総務省令で定める方法により行われる無線通信を受信したときは、遭難通信を行う場合を除き、その通信が自局に関係のないことを確認するまでの間（総務省令で定める場合には、少なくとも3分間）継続してその緊急通信を受信しなければならない。

A－10　次の記述は、総務大臣が行う無線局（登録局を除く。）の周波数等の変更の命令について述べたものである。電波法（第71条）の規定に照らし、　　内に入れるべき最も適切な字句の組合せを下の1から4までのうちから一つ選べ。

　　総務大臣は、　A　必要があるときは、無線局の目的の遂行に支障を及ぼさない範囲内に限り、当該無線局の　B　の指定を変更し、又は　C　の変更を命ずることができる。

	A	B	C
1	電波の規整その他公益上	周波数若しくは実効輻射電力	無線設備の設置場所
2	電波の規整その他公益上	周波数若しくは空中線電力	人工衛星局の 無線設備の設置場所
3	混信の除去その他特に	周波数若しくは実効輻射電力	人工衛星局の 無線設備の設置場所
4	混信の除去その他特に	周波数若しくは空中線電力	無線設備の設置場所

答　A－9：2　　A－10：2

A－11 免許人は、無線局の検査の結果について総務大臣又は総合通信局長（沖縄総合通信事務所長を含む。以下同じ。）から指示を受け相当な措置をしたときは、どうしなければならないか。電波法施行規則（第39条）の規定に照らし、下の1から4までのうちから一つ選べ。

 1 指示を受けた事項について相当な措置をした旨を検査職員に届け出て、その検査職員の確認を受けなければならない。

 2 指示を受けた事項について行った相当な措置の内容を無線業務日誌に記載しなければならない。

 3 指示を受けた事項について相当な措置をした旨を総務大臣又は総合通信局長に届け出て、再度検査を受けなければならない。

 4 指示を受けた事項について行った相当な措置の内容を速やかに総務大臣又は総合通信局長に報告しなければならない。

A－12 次の記述は、航空移動業務における遭難通報の送信事項について述べたものである。無線局運用規則（第170条）の規定に照らし、□□□内に入れるべき最も適切な字句の組合せを下の1から4までのうちから一つ選べ。

　航空機局が無線電話により送信する遭難通報（海上移動業務の無線局にあてるものを除く。）は、 A （なるべく3回）に引き続き、できる限り、次の(1)から(5)までに掲げる事項を順次送信して行うものとする。ただし、遭難航空機局以外の航空機局が送信する場合には、その旨を明示して、次の(1)から(5)までに掲げる事項と異なる事項を送信することができる。

(1) 相手局の呼出符号又は呼出名称（遭難通報のあて先を特定しない場合を除く。）

(2) 　B 又は遭難航空機局の呼出符号若しくは呼出名称

(3) 遭難の種類

(4) 遭難した　C

(5) 遭難した航空機の位置、高度及び針路

	A	B	C
1	警急信号	遭難した航空機の運行者	航空機の機長のとろうとする措置
2	遭難信号	遭難した航空機の運行者	航空機の機長の求める助言
3	遭難信号	遭難した航空機の識別	航空機の機長のとろうとする措置
4	警急信号	遭難した航空機の識別	航空機の機長の求める助言

　答　 A－11：4　　A－12：3

A－13　次の記述は、緊急通報に対し応答した航空局のとるべき措置について述べたものである。無線局運用規則（第176条の2）の規定に照らし、□□内に入れるべき最も適切な字句の組合せを下の1から4までのうちから一つ選べ。

　　航空機の緊急の事態に係る緊急通報に対し応答した航空局は、次の(1)から(3)までに掲げる措置をとらなければならない。

(1)　直ちに□A□に緊急の事態の状況を通知すること。

(2)　緊急の事態にある航空機を□B□に緊急の事態の状況を通知すること。

(3)　必要に応じ、□C□こと。

	A	B	C
1	航空交通管制の機関	運行する者	当該緊急通信の宰領を行う
2	航空交通管制の機関	所有する者	通信可能の範囲内にあるすべての航空機局に当該緊急通報を中継する
3	捜索救助の機関	所有する者	当該緊急通信の宰領を行う
4	捜索救助の機関	運行する者	通信可能の範囲内にあるすべての航空機局に当該緊急通報を中継する

A－14　次の記述は、無線局からの混信を防止するための措置について述べたものである。無線通信規則（第15条）の規定に照らし、□□内に入れるべき最も適切な字句の組み合わせを下の1から4までのうちから一つ選べ。なお、同じ記号の□□内には、同じ字句が入るものとする。

①　すべての局は、□A□、過剰な信号の伝送、虚偽の又はまぎらわしい信号の伝送、識別表示のない信号の伝送を行ってはならない（無線通信規則第19条（局の識別）に定める場合を除く。）。

②　送信局は、業務を満足に行うため必要な最小限の電力で輻射する。

③　混信を避けるために、送信局の□B□及び、業務の性質上可能な場合には、受信局の□B□は、特に注意して選定しなければならない。

④　混信を避けるために、不要な方向への輻射又は不要な方向からの受信は、業務の性質上可能な場合には、指向性のアンテナの利点をできる限り利用して、□C□にしなければならない。

	A	B	C		A	B	C
1	不要な伝送	位置	最小	2	長時間の伝送	無線設備	最小
3	不要な伝送	無線設備	最大	4	長時間の伝送	位置	最大

答　A－13：1　　A－14：1

B-1　次の記述は、無線局の開設について述べたものである。電波法（第4条）の規定に照らし、□□□内に入れるべき最も適切な字句を下の1から10までのうちからそれぞれ一つ選べ。なお、同じ記号の□□□内には、同じ字句が入るものとする。

　　無線局を開設しようとする者は、　ア　ならない。ただし、次の(1)から(4)までに掲げる無線局については、この限りでない。

(1)　　イ　無線局で総務省令で定めるもの

(2)　26.9MHzから27.2MHzまでの周波数の電波を使用し、かつ、空中線電力が0.5ワット以下である無線局のうち総務省令で定めるものであって、　ウ　のみを使用するもの

(3)　空中線電力が　エ　である無線局のうち総務省令で定めるものであって、電波法第4条の2（呼出符号又は呼出名称の指定）の規定により指定された呼出符号又は呼出名称を自動的に送信し、又は受信する機能その他総務省令で定める機能を有することにより他の無線局にその運用を阻害するような混信その他の妨害を与えないように運用することができるもので、かつ、　ウ　のみを使用するもの

(4)　　オ　開設する無線局

1　総務大臣の免許を受けなければ　　　2　あらかじめ総務大臣に届け出なければ
3　発射する電波が著しく微弱な　　　　4　小規模な
5　その型式について総務大臣の行う検定に合格した無線設備の機器
6　適合表示無線設備　　　　　　　　　7　1ワット以下
8　0.1ワット以下　　　　　　　　　　　9　総務大臣の登録を受けて
10　地震、台風、洪水、津波その他の非常の事態が発生した場合において臨時に

B-2　次に掲げる義務航空機局に備え付けておかなければならない無線業務日誌に関する記述のうち、電波法施行規則（第40条）の規定の定めるところに照らし、この規定に該当するものを1、これに該当しないものを2として解答せよ。

　ア　国際航空に従事する航空機の航空機局の無線業務日誌に記載する時刻は、協定世界時とする。

　イ　無線機器の試験又は調整をするために行った通信については、その概要を無線業務日誌に記載しなければならない。

　ウ　電波法又は電波法に基づく命令の規定に違反して運用した無線局を認めたときは、その事実を無線業務日誌に記載しなければならない。

　エ　使用を終わった無線業務日誌は、次の定期検査（電波法第73条第1項の検査のこと

　答　　B-1：ア-1　イ-3　ウ-6　エ-7　オ-9

をいう。）の日まで保存しなければならない。

オ　機器の故障の事実、原因及びこれに対する措置の内容は無線業務日誌に記載しなければならない。

B-3　次の表の各欄の記述は、それぞれ電波の型式の記号表示と主搬送波の変調の型式、主搬送波を変調する信号の性質及び伝送情報の型式に分類して表す電波の型式を示すものである。電波法施行規則（第4条の2）の規定に照らし、□□□内に入れるべき最も適切な字句を下の1から10までのうちからそれぞれ一つ選べ。なお、同じ記号の□□□内には、同じ字句が入るものとする。

電波の型式	電波の型式		
の記号	主搬送波の変調の型式	主搬送波を変調する信号の性質	伝送情報の型式
G1B	ア	デジタル信号である単一チャネルのものであって、変調のための副搬送波を使用しないもの	イ
A2D	ウ	デジタル信号である単一チャネルのものであって、変調のための副搬送波を使用するもの	エ
A3E	ウ	オ	電話（音響の放送を含む。）
J3E	振幅変調で抑圧搬送波による単側波帯	オ	電話（音響の放送を含む。）

1　パルス変調（変調パルス列）で時間変調　　2　角度変調で位相変調
3　電信（自動受信を目的とするもの）　　4　電信（聴覚受信を目的とするもの）
5　振幅変調で残留側波帯　　6　振幅変調で両側波帯
7　ファクシミリ　　8　データ伝送、遠隔測定又は遠隔指令
9　アナログ信号である単一チャネルのもの
10　デジタル信号である2以上のチャネルのもの

B-4　次に掲げる通信の通報のうち、無線局運用規則（第150条）の規定に照らし、航空機の安全運航に関する通信の通報に該当するものを1、航空機の正常運航に関する通信の通報に該当するものを2として解答せよ。

ア　航空機の運航計画の変更に関する通報
イ　航空機の移動及び航空交通管制に関する通報
ウ　航行中又は出発直前の航空機に関し、急を要する気象情報

答　B-2：ア-1　イ-2　ウ-1　エ-2　オ-1
　　B-3：ア-2　イ-3　ウ-6　エ-8　オ-9

エ　当該航空機を運行する者から発する航行中の航空機に関し、急を要する通報

オ　航空機の予定外の着陸に関する通報

B-5　次の記述のうち、無線局運用規則（第174条）の規定に照らし、航空移動業務の遭難通信が終了したときに遭難通信を宰領した航空局又は航空機局がとらなければならない措置に該当するものを1、これに該当しないものを2として解答せよ。

ア　直ちに遭難に係る航空機を運行する者にその旨を通知しなければならない。

イ　できる限り遭難に係る航空機の付近を航行中の船舶にその旨を通知しなければならない。

ウ　直ちに遭難に係る航空機の付近を航行中の他の航空機にその旨を通知しなければならない。

エ　直ちに航空交通管制の機関にその旨を通知しなければならない。

オ　直ちに海上保安庁その他の救助機関にその旨を通知しなければならない。

B-6　総務大臣に対する報告に関する次の事項のうち、電波法（第80条）の規定に照らし、無線局の免許人が総務省令で定める手続により総務大臣に報告しなければならないときに該当するものを1、これに該当しないものを2として解答せよ。

ア　電波法又は電波法に基づく命令の規定に違反して運用した無線局を認めたとき。

イ　無線局が外国において、あらかじめ総務大臣が告示した以外の運用の制限をされたとき。

ウ　無線局が外国において、当該外国の主管庁による検査を受け、その検査の結果について指示を受けたとき。

エ　航行中の航空機において無線従事者を補充することができないため無線従事者の資格を有しない者が無線設備の操作を行ったとき。

オ　遭難通信又は緊急通信を行ったとき。

A－1　次の記述は、航空機局の免許申請の審査について、述べたものである。電波法（第６条及び第７条）の規定に照らし、□□□内に入れるべき最も適切な字句の組合せを下の１から４までのうちから一つ選べ。

　　総務大臣は、航空機局の免許の申請書を受理したときは、遅滞なくその申請が次の(1)から(3)までのいずれにも適合しているかどうかを審査しなければならない。

(1)　□A□設計が電波法第３章に定める技術基準に適合すること。

(2)　□B□の割当てが可能であること。

(3)　(1)及び(2)に掲げるもののほか、総務省令で定める無線局の開設の根本的基準に合致すること。

	A	B		A	B
1	無線局の	識別信号	2	無線局の	周波数
3	無線設備の工事	識別信号	4	無線設備の工事	周波数

A－2　次の記述は、無線従事者でなければ行ってはならない無線設備の操作について述べたものである。電波法施行規則（第34条の２）の規定に照らし、□□□内に入れるべき最も適切な字句の組合せを下の１から４までのうちから一つ選べ。

　　電波法第39条（無線設備の操作）第２項の総務省令で定める無線従事者でなければ行ってはならない無線設備の操作は、次のとおりとする。

(1)　航空局、航空機局、航空地球局又は航空機地球局の無線設備の通信操作で□A□に関するもの

(2)　航空局の無線設備の通信操作で次に掲げる通信の連絡の設定及び終了に関するもの（注１）

　　注１　自動装置による連絡設定が行われる無線局の無線設備のものを除く。

　　ア　無線方向探知に関する通信

　　イ　□B□に関する通信

　　ウ　気象通報に関する通信（注２）

　　注２　イに掲げるものを除く。

(3)　(1)及び(2)に掲げるもののほか、総務大臣が別に告示するもの

答　A－1：4

	A	B
1	遭難通信	航空機の安全運航
2	遭難通信又は緊急通信	航空機の安全運航
3	遭難通信	航空機の正常運航
4	遭難通信又は緊急通信	航空機の正常運航

A－3 次の通信のうち、航空移動業務の無線局が免許状に記載された目的又は通信の相手方若しくは通信事項の範囲を超えて運用することができる通信に該当しないものはどれか。電波法（第52条）及び電波法施行規則（第37条）の規定に照らし、下の1から4までのうちから一つ選べ。

1 無線機器の試験又は調整をするために行う通信

2 気象の照会又は時刻の照合のために行う航空局と航空機局との間又は航空機局相互間の通信

3 一の免許人に属する航空機局と当該免許人に属する陸上移動局との間で行う当該免許人以外の者のための急を要する通信

4 国の飛行場管制塔の航空局と当該飛行場内を移動する陸上移動局との間で行う飛行場の交通の整理に関する通信

A－4 次に掲げる場合のうち、無線局がなるべく擬似空中線回路を使用しなければならないときに該当しないものはどれか。電波法（第57条）の規定に照らし、下の1から4までのうちから一つ選べ。

1 実験等無線局を運用するとき。

2 航空局の無線設備の機器の調整を行うために運用するとき。

3 航空機局の無線設備の機器の試験を行うために運用するとき。

4 総務大臣又は総合通信局長（沖縄総合通信事務所長を含む。）の行う無線局の検査に際してその運用を必要とするとき。

A－5 無線通信（注）の秘密の保護に関する次の記述のうち、電波法（第59条及び第109条）の規定に照らし、これらの規定に定めるところに適合するものはどれか。下の1から4までのうちから一つ選べ。

注 電気通信事業法第4条（秘密の保護）第1項又は第164条（適用除外等）第3項の通信であるものを除く。

答 A－2：2 A－3：3 A－4：4

1　何人も法律に別段の定めがある場合を除くほか、いかなる無線通信も傍受してその存在若しくは内容を漏らし、又はこれを窃用してはならない。

2　何人も法律に別段の定めがある場合を除くほか、特定の相手方に対して行われる無線通信を傍受してその存在若しくは内容を漏らし、又はこれを窃用してはならない。

3　何人も法律に別段の定めがある場合を除くほか、総務省令で定める周波数の電波を使用して行われるいかなる無線通信も傍受してその存在若しくは内容を漏らし、又はこれを窃用してはならない。

4　無線通信の業務に従事する者が、その業務に関し知り得た無線局の取扱中に係る無線通信の秘密を漏らし、又は窃用したときは、1年以下の懲役又は50万円以下の罰金に処する。

A－6　次の記述は、航空移動業務の無線局等の聴守義務について述べたものである。電波法（第70条の4）及び無線局運用規則（第146条）の規定に照らし、□□□内に入れるべき最も適切な字句の組合せを下の1から4までのうちから一つ選べ。なお、同じ記号の□□□内には、同じ字句が入るものとする。

① 航空局、航空地球局、航空機局及び航空機地球局は、その運用義務時間中は、総務省令で定める周波数で聴守しなければならない。ただし、総務省令で定める場合は、この限りでない。

② ①による航空局の聴守電波の型式は、□A□とし、その周波数は、別に告示する。

③ ①による航空地球局の聴守電波の型式は、G1D又はG7Wとし、その周波数は、別に告示する。

④ ①による義務航空機局の聴守電波の型式は、□A□とし、その周波数は、次の表の左欄に掲げる区別に従い、それぞれ同表の右欄に掲げるとおりとする。

区　　　別	周　波　数
航行中の航空機の義務航空機局	(1)　□B□ (2)　当該航空機が□C□
航空法第96条の2第2項の規定の適用を受ける航空機の義務航空機局	交通情報航空局が指示する周波数

⑤ ①による航空機地球局の聴守電波の型式は、G1D、G7D又はG7Wとし、その周波数は、別に告示する。

答　A－5：2

	A	B	C
1	F 3 E	121.5MHz 又は 123.1MHz	航行する区域の責任航空局が指示する周波数
2	F 3 E	121.5MHz	適切であると認める周波数
3	A 3 E 又は J 3 E	121.5MHz	航行する区域の責任航空局が指示する周波数
4	A 3 E 又は J 3 E	121.5MHz 又は 123.1MHz	適切であると認める周波数

A－7 次の記述は、ノータムについて述べたものである。無線局運用規則（第150条）の規定に照らし、[　　]内に入れるべき最も適切な字句の組合せを下の1から4までのうちから一つ選べ。

① ノータムとは、航空施設、航空業務、航空方式又は[A]に関する事項で、[B]に迅速に通知すべきものを内容とする通報をいう。

② ノータムに関する通信は、緊急の度に応じ、[C]に次いでその順位を適宜に選ぶことができる。

	A	B	C
1	航空機の航行上の障害	航空機の運行関係者	緊急通信
2	航空路	航空交通管制の機関	緊急通信
3	航空路	航空機の運行関係者	航空機の安全運航に関する通信
4	航空機の航行上の障害	航空交通管制の機関	航空機の安全運航に関する通信

A－8 次の記述は、義務航空機局の無線設備の機能試験について述べたものである。無線局運用規則（第9条の2及び第9条の3）の規定に照らし、[　　]内に入れるべき最も適切な字句の組合せを下の1から4までのうちから一つ選べ。

① 義務航空機局においては、[A]その無線設備が[B]を確かめなければならない。

② 義務航空機局においては、[C]使用する度ごとに1回以上、その送信装置の出力及び変調度並びに受信装置の感度及び選択度について無線設備規則に規定する性能を維持しているかどうかを試験しなければならない。

	A	B	C
1	その航空機の飛行前に	有効通達距離の条件を満たしているかどうか	2,000時間
2	その航空機の飛行前に	完全に動作できる状態にあるかどうか	1,000時間

| 3 | 毎日1回以上 | 完全に動作できる状態にあるかどうか | 2,000時間 |
| 4 | 毎日1回以上 | 有効通達距離の条件を満たしているかどうか | 1,000時間 |

A-9 次の記述のうち、航空移動業務における遭難通信が終了したときに、遭難通信を宰領した航空局がとらなければならない措置に該当するものはどれか。無線局運用規則（第174条）の規定に照らし、下の1から4までのうちから一つ選べ。

1 直ちに航空交通管制の機関及び遭難に係る航空機を運行する者にその旨を通知しなければならない。

2 できる限り速やかに遭難に係る航空機の付近を航行中の船舶にその旨を通知しなければならない。

3 直ちに遭難に係る航空機の付近を航行中の他の航空機にその旨を通知しなければならない。

4 直ちに海上保安庁その他の救助機関にその旨を通知しなければならない。

A-10 遭難通信は、遭難信号を前置する方法その他総務省令で定める方法により、どのような場合に行う通信か。電波法（第52条）の規定に照らし、下の1から4までのうちから一つ選べ。

1 船舶又は航空機が重大かつ急迫の危険に陥るおそれがある場合その他緊急の事態が発生した場合に行う通信

2 船舶又は航空機が重大かつ急迫の危険に陥った場合又は陥るおそれがある場合に行う通信

3 船舶又は航空機の航行に対する重大な危険を予防する場合に行う通信

4 船舶又は航空機が重大かつ急迫の危険に陥った場合に行う通信

A-11 次の記述は、遭難通信の取扱いについて述べたものである。電波法（第66条及び第70条の6）の規定に照らし、□□内に入れるべき最も適切な字句の組合せを下の1から4までのうちから一つ選べ。

① 航空局、航空地球局、航空機局及び航空機地球局は、遭難通信を受信したときは、□A□、かつ、□B□に対して通報する等総務省令で定めるところにより救助の通信に関し最善の措置をとらなければならない。

② 無線局は、遭難信号又は電波法第52条（目的外使用の禁止等）第1号の総務省令で定める方法により行われる無線通信を受信したときは、□C□を直ちに中止しなければならない。

答 A-8：2 A-9：1 A-10：4

	A	B	C
1	他の一切の無線通信に優先して、直ちにこれに応答し	遭難している船舶又は航空機を救助するため最も便宜な位置にある無線局	遭難通信を妨害するおそれのある電波の発射
2	他の一切の無線通信に優先して、直ちにこれに応答し	通信可能の範囲内にあるすべての無線局	すべての電波の発射
3	できる限り速やかにこれに応答し	通信可能の範囲内にあるすべての無線局	遭難通信を妨害するおそれのある電波の発射
4	できる限り速やかにこれに応答し	遭難している船舶又は航空機を救助するため最も便宜な位置にある無線局	すべての電波の発射

A－12　次に掲げる場合のうち、総務大臣が無線局に対して臨時に電波の発射の停止を命ずることができるときに該当しないものはどれか。電波法（第28条及び第72条）の規定に照らし、下の1から4までのうちから一つ選べ。

1　無線局の発射する電波の周波数の幅が総務省令で定めるものに適合していないと認めるとき。

2　無線局の発射する電波の周波数の偏差が総務省令で定めるものに適合していないと認めるとき。

3　無線局の発射する電波の周波数の安定度が総務省令で定めるものに適合していないと認めるとき。

4　無線局の発射する電波の高調波の強度等が総務省令で定めるものに適合していないと認めるとき。

A－13　次に掲げる書類のうち、電波法施行規則（第38条）の規定に照らし、国際通信を行う航空機局及び航空機地球局（注）に備え付けなければならないものに該当しないものはどれか。下の1から4までのうちから一つ選べ。

　　　注　航空機の安全運航又は正常運航に関する通信を行うものに限る。

1　免許状

2　無線従事者選解任届の写し

3　無線局の免許の申請書の添付書類の写し

4　国際電気通信連合憲章、国際電気通信連合条約及び無線通信規則並びに国際民間航空機関により採択された通信手続

答　　A－11：1　　　A－12：3　　　A－13：2

A－14　次の記述は、航空移動業務等の局の執務時間について述べたものである。無線通信規則（第40条）の規定に照らし、＿＿＿内に入れるべき最も適切な字句の組合せを下の1から4までのうちから一つ選べ。

① 航空移動業務及び航空移動衛星業務の各局は、　A　に正しく調整した正確な時計を備え付けなければならない。

② 航空局又は航空地球局の執務は、その局が飛行中の航空機との無線通信業務に対して責任を負う全時間中無休としなければならない。

③ 飛行中の航空機局及び航空機地球局は、航空機の　B　に不可欠な通信上の必要性を満たすために業務を維持し、また、権限のある機関が要求する聴守を維持しなければならない。更に、航空機局及び航空機地球局は、安全上の理由がある場合を除くほか、関係の　C　に通知することなく聴守を中止してはならない。

	A	B	C
1	所属する国又は地域の標準時	安全及び正常な飛行	運航管理機関
2	所属する国又は地域の標準時	効率的な飛行	航空局又は航空地球局
3	協定世界時（UTC）	効率的な飛行	運航管理機関
4	協定世界時（UTC）	安全及び正常な飛行	航空局又は航空地球局

B－1　次の記述は、無線局（包括免許に係るものを除く。）の免許がその効力を失ったときにとるべき措置等について述べたものである。電波法（第22条から第24条まで、第78条及び第113条）及び電波法施行規則（第42条の2）の規定に照らし、＿＿＿内に入れるべき最も適切な字句を下の1から10までのうちからそれぞれ一つ選べ。

① 免許人は、その無線局を廃止するときは、　ア　ならない。

② 免許人が無線局を廃止したときは、免許は、その効力を失う。

③ 無線局の免許がその効力を失ったときは、免許人であった者は、　イ　にその免許状を　ウ　しなければならない。

④ 無線局の免許がその効力を失ったときは、免許人であった者は、遅滞なく空中線の撤去その他の総務省令で定める電波の発射を防止するために必要な措置を講じなければならない。

⑤ ④の総務省令で定める電波の発射を防止するために必要な措置は、航空機用救命無線機及び航空機用携帯無線機については、　エ　とする。

⑥ ④に違反した者は、　オ　に処する。

答　A－14：4

1	総務大臣の許可を受けなければ	2	その旨を総務大臣に届け出なければ
3	3箇月以内	4	1箇月以内
5	返納	6	廃棄
7	電池を取り外すこと	8	送信機を撤去すること
9	6月以下の懲役又は30万円以下の罰金	10	30万円以下の罰金

B－2　航空無線航行業務に関する次の記述のうち、電波法施行規則（第2条）の規定に照らし、この規定に定めるところに適合するものを1、この規定に定めるところに適合しないものを2として解答せよ。

ア　「ILS」とは、計器着陸方式（航空機に対し、その着陸降下直前又は着陸降下中に、水平及び垂直の誘導を与え、かつ、定点において着陸基準点までの距離を示すことにより、着陸のための複数の進入の経路を設定する無線航行方式）をいう。

イ　「ATCRBS」とは、地表の定点において、位置、識別、高度その他航空機に関する情報（飛行場内を移動する車両に関するものを含む。）を取得するための航空交通管制の用に供する通信の方式をいう。

ウ　「ACAS」とは、航空機局の無線設備であって、他の航空機の位置、高度その他の情報を取得し、他の航空機との衝突を防止するための情報を自動的に表示するものをいう。

エ　「VOR」とは、108MHzから118MHzまでの周波数の電波を全方向に発射する回転式の無線標識業務を行なう設備をいう。

オ　「航空用DME」とは、960MHzから1,215MHzまでの周波数の電波を使用し、航空機において、当該航空機から地表の定点までの見通し距離及び方位を測定するための無線航行業務を行う設備をいう。

B－3　航空移動業務の無線電話通信に係る次の記述のうち、無線局運用規則（第163条、第164条及び第166条）の規定に照らし、これらの規定に定めるところに適合するものを1、これらの規定に定めるところに適合しないものを2として解答せよ。

ア　航空無線電話通信網に属する航空局は、当該航空無線電話通信網内の無線局の行うすべての通信を受信しなければならない。

イ　航空無線電話通信網に属する航空局は、航空機局が他の航空局に対して送信している通報で自局に関係のあるものを受信したときは、特に支障がある場合を除くほか、その受信を終了したときから30秒以内にその通報に係る受信証を当該他の航空局に送

答　B－1：ア－2　イ－4　ウ－5　エ－7　オ－10
　　B－2：ア－2　イ－1　ウ－1　エ－1　オ－2

信するものとする。この受信証を受信した航空局は、当該通報に係るその後の送信を省略しなければならない。

ウ　無線電話通信においては、通報を確実に受信した場合の受信証の送信は、航空機局の場合には、次の事項を送信して行うものとする。

「自局の呼出符号又は呼出名称」１回

エ　無線電話通信においては、通報を確実に受信した場合の受信証の送信は、航空局の場合であって、相手局が航空機局であるときには、次の事項を送信して行うものとする。

「相手局の呼出符号又は呼出名称」１回。なお、必要がある場合は、「自局の呼出符号又は呼出名称」１回を付する。

オ　無線電話通信においては、通報を確実に受信した場合の受信証の送信は、航空局の場合であって、相手局が航空局であるときには、次の事項を送信して行うものとする。

「相手局の呼出符号又は呼出名称」１回

B－4　航空機の遭難に係る遭難通報に応答した航空局又は航空機局のとるべき措置に関する次の記述のうち、無線局運用規則（第171条の３、第171条の５、第172条の２及び第172条の３）の規定に照らし、これらの規定に定めるところに適合するものを１、これらの規定に定めるところに適合しないものを２として解答せよ。

ア　航空機の遭難に係る遭難通報に対し応答した航空局は、当該遭難に係る航空機を運行する者に遭難の状況を通知しなければならない。

イ　航空局は、自局をあて先として送信された遭難通報を受信し、これに応答したときは、直ちに当該遭難通報を航空交通管制の機関に通報しなければならない。

ウ　遭難通報を受信し、これに応答した航空局又は航空機局は、当該遭難通信の宰領を行い、又は適当と認められる他の航空局に当該遭難通信の宰領を依頼しなければならない。

エ　航空機局は、あて先を特定しない遭難通報を受信し、これに応答したときは、無線局運用規則第59条（各局あて同報）に定める方法により、直ちに当該遭難通報を通信可能の範囲内にあるすべての航空機局に対し送信しなければならない。

オ　航空機の遭難に係る遭難通報に対し応答した航空局は、遭難した航空機が海上にある場合には、直ちに最も迅速な方法により、救助上適当と認められる通信可能の範囲内にあるすべての船舶局に対し、当該遭難通報を送信しなければならない。

答　B－3：ア－1　イ－2　ウ－1　エ－1　オ－2
　　B－4：ア－1　イ－1　ウ－1　エ－2　オ－2

B－5　次の記述は、無線局の免許の取消しについて、述べたものである。電波法（第76条）の規定に照らし、□□□内に入れるべき最も適切な字句を下の1から10までのうちからそれぞれ一つ選べ。

総務大臣は、免許人（包括免許人を除く。）が次の各号のいずれかに該当するときは、その免許を取り消すことができる。

(1)　正当な理由がないのに、無線局の運用を引き続き□ア□以上休止したとき。

(2)　不正な手段により無線局の免許若しくは無線局の目的、通信の相手方、通信事項、無線設備の設置場所の変更若しくは□イ□の許可を受け、又は識別信号、電波の型式、周波数、空中線電力若しくは運用許容時間の指定の変更を行わせたとき。

(3)　電波法、放送法若しくはこれらの法律に基づく命令又はこれらに基づく処分に違反したことにより□ウ□を命ぜられ又は運用許容時間、周波数若しくは空中線電力を制限された場合において、それらの命令又は制限に従わないとき。

(4)　□エ□に規定する罪を犯し罰金以上の刑に処せられ、その執行を終わり、又はその執行を受けることがなくなった日から□オ□を経過しない者に該当するに至ったとき。

1　1年　　2　6月　　3　無線設備の変更の工事　　4　無線局の種別の変更
5　電波の発射の停止　　6　無線局の運用の停止　　7　電波法又は電気通信事業法
8　電波法又は放送法　　9　2年　　　　　　　　　10　3年

B－6　航空機局の無線業務日誌に関する次の記述のうち、電波法施行規則（第40条）の規定に照らし、この規定に定めるところに適合するものを1、この規定に定めるところに適合しないものを2として解答せよ。

ア　レーダーの維持の概要及びその機能上又は操作上に現れた特異現象の詳細は、無線業務日誌に記載しなければならない。

イ　無線局が外国において、あらかじめ総務大臣が告示した以外の運用の制限をされたときは、その事実及び措置の内容を無線業務日誌に記載しなければならない。

ウ　免許人は、使用を終わった無線業務日誌を次の定期検査（電波法第73条第1項の検査をいう。）の日まで保存しなければならない。

エ　免許人は、検査の結果について総合通信局長（沖縄総合通信事務所長を含む。）から指示を受け相当な措置をしたときは、その措置の内容を無線業務日誌の記載欄に記載しなければならない。

オ　電波法第70条の4（聴守義務）の規定による聴守周波数は、無線業務日誌に記載しなければならない。

答　B－5：ア－2　イ－3　ウ－6　エ－8　オ－9
　　B－6：ア－1　イ－1　ウ－2　エ－2　オ－1

平成31年2月期

A－1 航空移動業務の無線局の落成後の検査に関する次の記述のうち、電波法（第10条）の規定に照らし、この規定に定めるところに適合するものはどれか。下の1から4までのうちから一つ選べ。

1 電波法第8条の予備免許を受けた者は、工事が落成したときは、その旨を総務大臣に届け出て、その無線設備、無線従事者の資格（主任無線従事者の要件に係るものを含む。）及び員数並びに時計及び書類について検査を受けなければならない。

2 電波法第8条の予備免許を受けた者は、工事落成の期限の日になったときは、その旨を総務大臣に届け出て、電波の型式、周波数及び空中線電力、無線従事者の資格（主任無線従事者の要件に係るものを含む。）及び員数並びに時計及び書類について検査を受けなければならない。

3 電波法第8条の予備免許を受けた者は、工事が落成したときは、その旨を総務大臣に届け出て、電波の型式、周波数及び空中線電力、無線従事者の資格（主任無線従事者の要件に係るものを含む。）及び員数並びに計器及び予備品について検査を受けなければならない。

4 電波法第8条の予備免許を受けた者は、工事落成の期限の日になったときは、その旨を総務大臣に届け出て、その無線設備並びに無線従事者の資格（主任無線従事者の要件に係るものを含む。）及び員数について検査を受けなければならない。

A－2 航空移動業務の無線局の主任無線従事者に関する次の記述のうち、電波法（第39条）及び電波法施行規則（第34条の5）の規定に照らし、この規定に定めるところに適合しないものはどれか。下の1から4までのうちから一つ選べ。

1 電波法第40条（無線従事者の資格）の定めるところにより無線設備の操作を行うことができる無線従事者以外の者は、無線局の無線設備の操作の監督を行う者（以下2、3及び4において「主任無線従事者」という。）として選任された者であってその選任の届出がされたものにより監督を受けなければ、無線局の無線設備の操作（簡易な操作であって総務省令で定めるものを除く。）を行ってはならない。ただし、航空機が航行中であるため無線従事者を補充することができないとき、その他総務省令で定める場合は、この限りでない。

2 無線局の主任無線従事者として選任の届出がされた主任無線従事者は、主任無線従

答 A－1：1

法規－21

事者の監督を受けて無線設備の操作を行う者に対する訓練（実習を含む。）の計画を立案し、実施する等無線設備の操作の監督に関し総務省令で定める職務を誠実に行わなければならない。

3　無線局（総務省令で定めるものを除く。）の免許人は、主任無線従事者としてその選任の届出をした主任無線従事者に毎年1回無線設備の操作及び運用に関し総務大臣の行う講習を受けさせなければならない。

4　無線局の主任無線従事者として選任の届出がされた主任無線従事者の監督の下に無線設備の操作に従事する者は、当該主任無線従事者がその職務を行うために必要であると認めてする指示に従わなければならない。

A-3　次の記述は、航空移動業務の無線局の免許状に記載された事項の遵守について述べたものである。電波法（第53条）の規定に照らし、_____内に入れるべき最も適切な字句の組合せを下の1から4までのうちから一つ選べ。

　　無線局を運用する場合においては、無線設備の設置場所、識別信号、　A　は、その無線局の免許状に記載されたところによらなければならない。ただし、　B　については、この限りでない。

	A	B
1	電波の型式及び周波数	遭難通信、緊急通信又は安全通信
2	電波の型式、周波数及び空中線電力	遭難通信
3	電波の型式、周波数及び空中線電力	遭難通信、緊急通信又は安全通信
4	電波の型式及び周波数	遭難通信

A-4　次の記述は、航空機局の運用について述べたものである。電波法（第70条の2）の規定に照らし、_____内に入れるべき最も適切な字句の組合せを下の1から4までのうちから一つ選べ。

①　航空機局の運用は、その航空機の　A　に限る。ただし、受信装置のみを運用するとき、電波法第52条（目的外使用の禁止等）各号に掲げる通信（遭難通信、緊急通信、安全通信、非常通信、放送の受信その他総務省令で定める通信をいう。）を行うとき、その他総務省令で定める場合は、この限りでない。

②　航空局は、航空機局から自局の運用に妨害を受けたときは、妨害している航空機局に対して、　B　ことができる。

③　航空機局は、航空局と通信を行う場合において、　C　又は使用電波の型式若しく

は周波数について、航空局から指示を受けたときは、その指示に従わなければならない。

	A	B	C
1	航行中及び航行の準備中	その妨害を除去するために必要な措置をとることを求める	通信の順序若しくは時刻
2	航行中	その妨害を除去するために必要な措置をとることを求める	電波の規正
3	航行中	その運用の停止を命ずる	通信の順序若しくは時刻
4	航行中及び航行の準備中	その運用の停止を命ずる	電波の規正

A - 5　一般通信方法における無線通信の原則に関する次の記述のうち、無線局運用規則（第10条）の規定に照らし、この規定に定めるところに該当しないものはどれか。下の1から4までのうちから一つ選べ。

1　必要のない無線通信は、これを行ってはならない。

2　無線通信を行うときは、暗語を使用してはならない。

3　無線通信に使用する用語は、できる限り簡潔でなければならない。

4　無線通信を行うときは、自局の識別信号を付して、その出所を明らかにしなければならない。

A - 6　次の記述は、航空移動業務の無線局の無線電話通信における呼出し及び呼出しの反復について述べたものである。無線局運用規則（第20条、第18条、第154条の2及び第154条の3）の規定に照らし、[____]内に入れるべき最も適切な字句の組合せを下の1から4までのうちから一つ選べ。

① 呼出しは、[A]を順次送信して行うものとする。

② 航空機局は、[B]に対する呼出しを行っても応答がないときは、少なくとも[C]を置かなければ、呼出しを反復してはならない。

	A		B	C
1	(1) 相手局の呼出符号又は呼出名称	3回以下	航空局及び	10秒間
	(2) こちらは	1回	他の航空機局	の間隔
	(3) 自局の呼出符号又は呼出名称	3回以下		
2	(1) 相手局の呼出符号又は呼出名称	3回以下	航空局	10秒間
	(2) 自局の呼出符号又は呼出名称	3回以下		の間隔
3	(1) 相手局の呼出符号又は呼出名称	3回以下	航空局及び	1分間
	(2) 自局の呼出符号又は呼出名称	3回以下	他の航空機局	の間隔
4	(1) 相手局の呼出符号又は呼出名称	3回以下	航空局	1分間
	(2) こちらは	1回		の間隔
	(3) 自局の呼出符号又は呼出名称	3回以下		

A－7 航空移動業務の無線局は、無線電話通信において、自局に対する呼出しを受信した場合に呼出局の呼出符号又は呼出名称が不確実であるときは、どうしなければならないか。無線局運用規則（第26条、第14条及び第18条）の規定に照らし、下の1から4までのうちから一つ選べ。

1 応答事項のうち、「こちらは」及び自局の呼出符号又は呼出名称を送信して、直ちに応答しなければならない。

2 応答事項のうち、相手局の呼出符号又は呼出名称の代わりに「貴局名は何ですか」の語を使用して、直ちに応答しなければならない。

3 応答事項のうち、相手局の呼出符号又は呼出名称の代わりに「誰かこちらを呼びましたか」の語を使用して、直ちに応答しなければならない。

4 その呼出しが反復され、かつ、呼出局の呼出符号又は呼出名称が確実に判明するまで応答してはならない。

A－8 義務航空機局の運用を中止しようとするときはどのようにしなければならないか。無線局運用規則（第148条）の規定に照らし、この規定に定めるところに適合するものはどれか。下の1から4までのうちから一つ選べ。

1 責任航空局又は交通情報航空局に対し、その旨及び再開の予定時刻を通知しなければならない。その予定時刻を変更しようとするときも、同様とする。

2 通信可能の範囲内にあるすべての航空局に対し、その旨及び再開の予定時刻を通知しなければならない。

答 A－6：2 A－7：3

3　責任航空局から指示されている周波数の電波により、すべての航空局及び航空機局に対し、その旨及び理由並びに再開の予定時刻を通知しなければならない。

4　当該航空機局のある航空機が航行する区域にあるすべての責任航空局に対し、その旨及び理由並びに再開の予定時刻を通知しなければならない。

A－9　次の記述は、121.5MHz の電波の使用制限について述べたものである。無線局運用規則（第153条）の規定に照らし、[　　　]内に入れるべき最も適切な字句の組合せを下の1から4までのうちから一つ選べ。

121.5MHz の電波の使用は、次に掲げる場合に限る。

(1)　[　A　]の航空機局と航空局との間に通信を行う場合で、[　B　]が不明であるとき又は他の航空機局のために使用されているとき。

(2)　捜索救難に従事する航空機の航空機局と遭難している船舶の船舶局との間に通信を行うとき。

(3)　航空機局相互間又はこれらの無線局と航空局若しくは船舶局との間に共同の捜索救難のための呼出し、応答又は[　C　]の送信を行うとき。

(4)　121.5MHz 以外の周波数の電波を使用することができない航空機局と航空局との間に通信を行うとき。

(5)　無線機器の試験又は調整を行う場合で、総務大臣が別に告示する方法により試験信号の送信を行うとき。

(6)　(1)から(5)までに掲げる場合を除くほか、急を要する通信を行うとき。

	A	B	C
1	急迫の危険状態にある航空機	遭難通信又は緊急通信に使用する電波	通報
2	航行中又は航行の準備中の航空機	遭難通信又は緊急通信に使用する電波	準備信号
3	航行中又は航行の準備中の航空機	通常使用する電波	通報
4	急迫の危険状態にある航空機	通常使用する電波	準備信号

A－10　航空機の緊急の事態に係る緊急通報に対し応答した航空局が執らなければならない措置に関する次の記述のうち、無線局運用規則（第176条の2）の規定に照らし、この規定に定めるところに該当しないものはどれか。下の1から4までのうちから一つ選べ。

[答]　A－8：1　　A－9：4

1 直ちに航空交通管制の機関に緊急の事態の状況を通知すること。

2 緊急の事態にある航空機を運行する者に緊急の事態の状況を通知すること。

3 必要に応じ、当該緊急通信の宰領を行うこと。

4 通信可能な範囲内にある航空機局に緊急の事態の状況を通知すること。

A-11 次の記述は、遭難航空機局が遭難通信に使用する電波について述べたものである。無線局運用規則（第168条）の規定に照らし、□□□内に入れるべき最も適切な字句の組合せを下の1から4までのうちから一つ選べ。

① 遭難航空機局が遭難通信に使用する電波は、□A□又は交通情報航空局から指示されている電波がある場合にあっては当該電波、その他の場合にあっては航空機局と航空局との間の通信に使用するためにあらかじめ定められている電波とする。ただし、当該電波によることができないか又は不適当であるときは、この限りでない。

② ①の電波は、遭難通信の開始後において、□B□に限り、変更することができる。この場合においては、できる限り、当該電波の変更についての送信を行わなければならない。

③ 遭難航空機局は、①の電波を使用して遭難通信を行うほか、□C□を使用して遭難通信を行うことができる。

	A	B	C
1	責任航空局	航空局が必要と認める場合	F3E 電波 156.65MHz
2	責任航空局	救助を受けるため必要と認められる場合	F3E 電波 156.8MHz
3	正常運航に関する通信を行う航空局	救助を受けるため必要と認められる場合	F3E 電波 156.65MHz
4	正常運航に関する通信を行う航空局	航空局が必要と認める場合	F3E 電波 156.8MHz

A-12 次の記述は、遭難通信の取扱いをしなかった場合等の罰則について述べたものである。電波法（第105条）の規定に照らし、□□□内に入れるべき最も適切な字句の組合せを下の1から4までのうちから一つ選べ。

① □A□が電波法第66条（遭難通信）第1項の規定による遭難通信の取扱いをしなかったとき、又はこれを遅延させたときは、□B□に処する。

② 遭難通信の取扱いを妨害した者も、①と同様とする。

答 A-10：4 A-11：2

	A	B
1	無線通信の業務に従事する者	1年以上10年以下の懲役
2	免許人及び無線従事者	1年以上の有期懲役
3	免許人及び無線従事者	1年以上10年以下の懲役
4	無線通信の業務に従事する者	1年以上の有期懲役

A－13 航空移動業務の無線局の免許状及び無線従事者免許証に関する次の記述のうち、電波法（第21条及び第24条）及び無線従事者規則（第50条及び第51条）の規定に照らし、これらの規定に定めるところに適合するものはどれか。下の1から4までのうちから一つ選べ。

1 免許人は、免許状に記載した事項に変更を生じたときは、その免許状を総務大臣に提出し、訂正を受けなければならない。

2 無線従事者は、免許の取消しの処分を受けたときは、その処分を受けた日から1箇月以内にその免許証を総務大臣又は総合通信局長（沖縄総合通信事務所長を含む。以下3において同じ。）に返納しなければならない。

3 無線従事者は、氏名又は住所に変更を生じたときに免許証の再交付を受けようとするときは、その変更を生じた日から10日以内に、申請書に次の(1)から(3)までに掲げる書類を添えて総務大臣又は総合通信局長に提出しなければならない。

(1) 免許証

(2) 写真1枚

(3) 氏名又は住所の変更の事実を証する書類

4 航空機局の免許がその効力を失ったときは、免許人であった者は、10日以内にその免許状を返納しなければならない。

A－14 次の記述は、無線局からの混信を防止するための措置について述べたものである。無線通信規則（第15条）の規定に照らし、____内に入れるべき最も適切な字句の組合せを下の1から4までのうちから一つ選べ。なお、同じ記号の____内には、同じ字句が入るものとする。

① すべての局は、不要な伝送、過剰な信号の伝送、虚偽の又はまぎらわしい信号の伝送、__A__の伝送を行ってはならない（無線通信規則第19条（局の識別）に定める場合を除く。）。

② 送信局は、業務を満足に行うため必要な__B__で輻射する。

答 A－12：4 A－13：1

③ 混信を避けるために、送信局の C 及び、業務の性質上可能な場合には、受信局の C は、特に注意して選定しなければならない。

	A	B	C
1	識別表示のない信号	最小限の電力	位置
2	識別表示のない信号	十分な電力	無線設備
3	無線通信規則に定めのない略語	最小限の電力	無線設備
4	無線通信規則に定めのない略語	十分な電力	位置

B－1　次の記述は、航空機局の開設の手続について述べたものである。電波法（第6条）の規定に照らし、　　　内に入れるべき最も適切な字句を下の1から10までのうちからそれぞれ一つ選べ。

　　　ア に、次に掲げる事項を記載した書類を添えて、総務大臣に提出しなければならない。

(1) 目的
(2) 開設を必要とする理由
(3) 通信の相手方及び通信事項
(4) 無線設備の設置場所
(5) イ 及び空中線電力
(6) 希望する ウ
(7) 無線設備の工事設計及び エ
(8) 運用開始の予定期日
(9) その航空機に関する次の(イ)から(ト)までの事項

　　(イ) オ 　　(ロ) 用途 　　(ハ) 型式
　　(ニ) 航行区域 　　(ホ) 定置場 　　(ヘ) 登録記号
　　(ト) 航空法第60条の規定により無線設備を設置しなければならない航空機であるときは、その旨

1 航空機局を開設しようとする者は、届書
2 航空機局の免許を受けようとする者は、申請書
3 電波の型式並びに希望する周波数の範囲
4 電波の型式、周波数
5 運用許容時間
6 運用義務時間
7 工事着手の予定期日
8 工事落成の予定期日
9 航空機を運行する者
10 航空機の所有者

B-2　次の記述は、電波の質及び受信設備の条件について述べたものである。電波法（第28条及び第29条）及び無線設備規則（第5条から第7条まで及び第24条）の規定に照らし、□内に入れるべき最も適切な字句を下の1から10までのうちからそれぞれ一つ選べ。なお、同じ記号の□内には、同じ字句が入るものとする。

① 送信設備に使用する電波の　ア　電波の質は、総務省令で定める送信設備に使用する電波の周波数の許容偏差、発射電波に許容される　イ　の値及び　ウ　の強度の許容値に適合するものでなければならない。

② 受信設備は、その副次的に発する電波又は高周波電流が、総務省令で定める限度をこえて　エ　を与えるものであってはならない。

③ ②に規定する副次的に発する電波が　エ　を与えない限度は、受信空中線と電気的常数の等しい擬似空中線回路を使用して測定した場合に、その回路の電力が　オ　以下でなければならない。

④ 無線設備規則第24条（副次的に発する電波の限度）の規定において、③にかかわらず別に定めのある場合は、その定めるところによるものとする。

1　周波数の偏差及び幅、高調波の強度等
2　周波数の偏差、幅及び安定度、高調波の強度等
3　占有周波数帯幅
4　必要周波数帯幅
5　寄生発射又は帯域外発射
6　スプリアス発射又は不要発射
7　電気通信業務の用に供する無線設備の機能に支障
8　他の無線設備の機能に支障
9　4ナノワット
10　40ナノワット

B-3　無線通信（注）の秘密の保護に関する次の記述のうち、電波法（第59条及び第109条）の規定に照らし、これらの規定に定めるところに適合するものを1、これらの規定に定めるところに適合しないものを2として解答せよ。

　注　電気通信事業法第4条（秘密の保護）第1項又は第164条（適用除外等）第3項の通信であるものを除く。

ア　無線通信の業務に従事する者がその業務に関し知り得た無線局の取扱中に係る無線通信の秘密を漏らし、又は窃用したときは、2年以下の懲役又は100万円以下の罰金

　答　　B-2：ア-1　イ-3　ウ-6　エ-8　オ-9

に処する。

イ　何人も法律に別段の定めがある場合を除くほか、いかなる無線通信も傍受してその存在若しくは内容を漏らし、又はこれを窃用してはならない。

ウ　何人も法律に別段の定めがある場合を除くほか、特定の相手方に対して行われる無線通信を傍受してその存在若しくは内容を漏らし、又はこれを窃用してはならない。

エ　何人も法律に別段の定めがある場合を除くほか、無線通信（特定の周波数を使用して暗語により行われるものに限る。）を傍受してその存在若しくは内容を漏らし、又はこれを窃用してはならない。

オ　無線局の取扱中に係る無線通信の秘密を漏らし、又は窃用した者は、1年以下の懲役又は50万円以下の罰金に処する。

B-4　遭難通報等を受信した航空局の執るべき措置に関する次の記述のうち、無線局運用規則（第171条の3）の規定に照らし、この規定に定めるところに適合するものを1、この規定に定めるところに適合しないものを2として解答せよ。

ア　航空局は、自局を宛先として送信された遭難通報を受信したときは、直ちにこれに応答しなければならない。

イ　航空局は、自局以外の無線局（海上移動業務の無線局を除く。）を宛先として送信された遭難通報を受信した場合において、これに対する当該無線局の応答が認められないときは、当該無線局が応答することができるように、その応答をしばらく遅らせるものとする。

ウ　航空局は、宛先を特定しない遭難通報を受信したときは、遅滞なく、これに応答しなければならない。ただし、他の無線局が既に応答した場合にあっては、この限りでない。

エ　航空局は、遭難通報に応答したときは、直ちに当該遭難通報を航空交通管制の機関に通報しなければならない。

オ　航空局は、携帯用位置指示無線標識の通報、衛星非常用位置指示無線標識の通報又は航空機用救命無線機等の通報を受信したときは、直ちにこれを航空交通管制の機関、海上保安庁その他の救助機関に通報しなければならない。

B-5　次に掲げる場合のうち、電波法（第73条）の規定に照らし、総務大臣がその職員を無線局に派遣し、その無線設備等を検査させることができるときに該当するものを1、これに該当しないものを2として解答せよ。

　答　　B-3：ア-1　イ-2　ウ-1　エ-2　オ-1
　　　　B-4：ア-1　イ-2　ウ-1　エ-1　オ-2

ア　電波利用料を納めないため督促状によって督促を受けた無線局の免許人が、その指定の期限までにその督促に係る電波利用料を納めないとき。

イ　無線局の免許人が検査の結果について指示を受け相当な措置をしたときに、当該免許人から総務大臣に対し、その旨の報告があったとき。

ウ　総務大臣が電波法第72条（電波の発射の停止）の規定により、無線局の発射する電波の質が総務省令で定めるものに適合していないと認め電波の発射の停止を命じた無線局からその発射する電波の質が総務省令で定めるものに適合するに至った旨の申出があったとき。

エ　無線局のある船舶又は航空機が外国へ出港しようとするとき。

オ　総務大臣が電波法第71条の5（技術基準適合命令）の規定により、その無線設備が電波法第3章（無線設備）に定める技術基準に適合していないと認め、当該無線設備を使用する免許人に対し、当該無線設備の修理その他の必要な措置をとるべきことを命じたとき。

B－6　次に掲げる書類のうち、電波法施行規則（第38条）の規定に照らし、国際通信を行う義務航空機局に備付けを要するものを1、これに備付けを要しないものを2として解答せよ。

ア　無線従事者選解任届の写し

イ　電波法及びこれに基づく命令の集録

ウ　無線局の免許の申請書の添付書類の写し

エ　国際電気通信連合憲章、国際電気通信連合条約及び無線通信規則並びに国際民間航空機関により採択された通信手続

オ　免許状

法規

A－1　次の記述は、無線局の開設について述べたものである。電波法（第4条）の規定に照らし、_____内に入れるべき最も適切な字句の組合せを下の1から4までのうちから一つ選べ。なお、同じ記号の_____内には、同じ字句が入るものとする。

　　無線局を開設しようとする者は、　A　。ただし、次の(1)から(4)までの無線局については、この限りでない。

(1)　発射する電波が著しく微弱な無線局で総務省令で定めるもの

(2)　26.9MHz から 27.2MHz までの周波数の電波を使用し、かつ、空中線電力が0.5ワット以下である無線局のうち総務省令で定めるものであって、　B　のみを使用するもの

(3)　空中線電力が1ワット以下である無線局のうち総務省令で定めるものであって、電波法第4条の2（呼出符号又は呼出名称の指定）の規定により指定された呼出符号又は呼出名称を自動的に送信し、又は受信する機能その他総務省令で定める機能を有することにより他の無線局にその運用を阻害するような混信その他の妨害を与えないように運用することができるもので、かつ、　B　のみを使用するもの

(4)　　C　無線局

	A	B	C
1	あらかじめ総務大臣に届け出なければならない	その型式について、総務大臣の行う検定に合格した無線設備の機器	総務大臣の登録を受けて開設する
2	あらかじめ総務大臣に届け出なければならない	適合表示無線設備	地震、台風、洪水、津波等非常の事態が発生した場合において、臨時に開設する
3	総務大臣の免許を受けなければならない	その型式について、総務大臣の行う検定に合格した無線設備の機器	地震、台風、洪水、津波等非常の事態が発生した場合において、臨時に開設する
4	総務大臣の免許を受けなければならない	適合表示無線設備	総務大臣の登録を受けて開設する

A－2　航空移動業務の無線局の免許後の変更に関する次の記述のうち、電波法（第17条から第19条まで）の規定に照らし、これらの規定に定めるところに適合しないものはどれか。下の1から4までのうちから一つ選べ。

答　A－1：4

1　総務大臣は、無線局の免許人が電波の型式、周波数又は空中線電力の指定の変更を申請した場合において、混信の除去その他特に必要があると認めるときは、その指定を変更することができる。

2　無線局の免許人は、無線局の目的、通信の相手方、通信事項若しくは無線設備の設置場所を変更し、又は無線設備の変更の工事をしようとするときは、あらかじめ総務大臣の許可を受けなければならない（注）。ただし、無線設備の変更の工事であって、総務省令で定める軽微な事項のものについては、この限りでない。

　　注　航空移動業務の無線局が基幹放送をすることとすることを内容とする無線局の目的の変更は、これを行うことができない。

3　無線設備の変更の工事は、周波数、電波の型式又は空中線電力に変更を来すものであってはならず、かつ、電波法第7条（申請の審査）第1項の技術基準に合致するものでなければならない。

4　電波法第17条（変更等の許可）第1項の規定により、無線局の通信の相手方、通信事項若しくは無線設備の設置場所の変更又は無線設備の変更の工事の許可を受けた免許人は、総務大臣の検査を受け、当該変更又は工事の結果が同条同項の許可の内容に適合していると認められた後でなければ、当該無線局の無線設備を運用してはならない。ただし、総務省令で定める場合は、この限りでない。

A-3　次の記述は、航空無線通信士の資格の無線従事者が行うことのできる無線設備の操作（アマチュア無線局の無線設備の操作を除く。）の範囲について述べたものである。電波法施行令（第3条）の規定に照らし、　　内に入れるべき最も適切な字句の組合せを下の1から4までのうちから一つ選べ。なお、同じ記号の　　内には、同じ字句が入るものとする。

　　航空無線通信士の資格の無線従事者は、次の(1)及び(2)に掲げる無線設備の操作を行うことができる。

(1)　航空機に施設する無線設備並びに　A　及び航空機のための無線航行局の無線設備の通信操作（モールス符号による通信操作を除く。）

(2)　次に掲げる無線設備の　B　の技術操作
　ア　航空機に施設する無線設備
　イ　　A　及び航空機のための無線航行局の無線設備で空中線電力　C　以下のもの
　ウ　航空局及び航空機のための無線航行局のレーダーでイに掲げるもの以外のもの

答　A-2：4

	A	B	C
1	航空局	調整部分	250ワット
2	航空局、航空地球局	調整部分	500ワット
3	航空局、航空地球局	外部の調整部分	250ワット
4	航空局	外部の調整部分	500ワット

A-4 次の記述は、航空移動業務の無線局の免許状に記載された事項の遵守について述べたものである。電波法（第52条）及び電波法施行規則（第37条）の規定に照らし、□□□内に入れるべき最も適切な字句の組合せを下の1から4までのうちから一つ選べ。

① 無線局は、免許状に記載された目的又は□A□の範囲を超えて運用してはならない。ただし、□B□、放送の受信その他総務省令で定める通信については、この限りでない。

② 次の(1)から(5)までに掲げる通信は、①の総務省令で定める通信（①の範囲を超えて運用することができる通信）とする。

(1) 無線機器の試験又は調整をするために行う通信

(2) 気象の照会又は時刻の照合のために行う航空局と航空機局との間又は航空機局相互間の通信

(3) 電波の規正に関する通信

(4) 一の免許人に属する航空機局と当該免許人に属する海上移動業務、陸上移動業務又は携帯移動業務の無線局との間で行う□C□

(5) (1)から(4)までに掲げる通信のほか、電波法施行規則第37条に掲げる通信

	A	B	C
1	通信の相手方、通信事項、電波の型式、周波数若しくは空中線電力	遭難通信	当該免許人のための急を要する通信
2	通信の相手方若しくは通信事項	遭難通信、緊急通信、安全通信、非常通信	当該免許人のための急を要する通信
3	通信の相手方若しくは通信事項	遭難通信	当該免許人及び当該免許人以外の者のための急を要する通信
4	通信の相手方、通信事項、電波の型式、周波数若しくは空中線電力	遭難通信、緊急通信、安全通信、非常通信	当該免許人及び当該免許人以外の者のための急を要する通信

答　A-3：**3**　　A-4：**2**

A－5　次の記述は、航空移動業務の無線局を運用する場合の空中線電力について述べたものである。電波法（第54条）の規定に照らし、□内に入れるべき最も適切な字句の組合せを下の1から4までのうちから一つ選べ。

　　無線局を運用する場合においては、空中線電力は、次の(1)及び(2)に定めるところによらなければならない。ただし、　A　については、この限りでない。

(1)　免許状に記載された　B　であること。

(2)　通信を行うため　C　であること。

	A	B	C
1	遭難通信	ものの範囲内	必要最小のもの
2	遭難通信	ところによるもの	十分な余裕をもったもの
3	遭難通信又は緊急通信	ところによるもの	必要最小のもの
4	遭難通信又は緊急通信	ものの範囲内	十分な余裕をもったもの

A－6　無線通信（注）の秘密の保護に関する次の記述のうち、電波法（第59条）の規定に照らし、この規定に定めるところに適合するものはどれか。下の1から4までのうちから一つ選べ。

　　　注　電気通信事業法第4条（秘密の保護）第1項又は同法第164条（適用除外等）第3項の通信であるものを除く。

1　何人も法律に別段の定めがある場合を除くほか、総務省令で定める周波数の電波を使用して行われるいかなる無線通信も傍受してその存在若しくは内容を漏らし、又はこれを窃用してはならない。

2　何人も法律に別段の定めがある場合を除くほか、いかなる無線通信も傍受してはならない。

3　何人も法律に別段の定めがある場合を除くほか、いかなる無線通信も傍受してその存在若しくは内容を漏らし、又はこれを窃用してはならない。

4　何人も法律に別段の定めがある場合を除くほか、特定の相手方に対して行われる無線通信を傍受してその存在若しくは内容を漏らし、又はこれを窃用してはならない。

A－7　次の記述は、航空局等（注）の聴守義務について述べたものである。電波法（第70条の4）及び無線局運用規則（第147条）の規定に照らし、□内に入れるべき最も適切な字句の組合せを下の1から4までのうちから一つ選べ。なお、同じ記号の□内には、同じ字句が入るものとする。

　答　　A－5：1　　A－6：4

注 航空局、航空地球局、航空機局及び航空機地球局をいう。

① 航空局等は、その　A　中は、総務省令で定める周波数で聴守しなければならない。ただし、総務省令で定める場合は、この限りでない。

② ①のただし書の規定による航空局等が聴守を要しない場合は、次のとおりとする。

(1) 航空局については、　B　で聴守することができないとき。

(2) 義務航空機局については、責任航空局若しくは交通情報航空局がその指示した周波数の電波の聴守の中止を認めたとき又はやむを得ない事情により無線局運用規則第146条（航空局等の聴守電波）第3項に規定する　C　の電波の聴守をすることができないとき。

(3) 航空地球局については、　D　を取り扱っていない場合

(4) 航空機地球局については、　D　を取り扱っている場合は、現に通信を行っている場合で聴守することができないとき。

	A	B	C	D
1	運用義務時間	現に通信を行っている場合	121.5MHz	航空機の安全運航又は正常運航に関する通信
2	運用許容時間	緊急の事態が発生した場合	121.5MHz	航空機の安全運航に関する通信
3	運用許容時間	現に通信を行っている場合	121.5MHz 又は123.1MHz	航空機の安全運航又は正常運航に関する通信
4	運用義務時間	緊急の事態が発生した場合	121.5MHz 又は123.1MHz	航空機の安全運航に関する通信

A-8 義務航空機局の無線設備の機能試験に関する次の記述のうち、無線局運用規則（第9条の2及び第9条の3）の規定に照らし、これらの規定に定めるところに適合するものはどれか。下の1から4までのうちから一つ選べ。

1 義務航空機局においては、1,000時間使用するたびごとに1回以上、その送信装置の出力及び変調度並びに受信装置の感度及び選択度について無線設備規則に規定する性能を維持しているかどうかを試験しなければならない。

2 義務航空機局においては、毎日1回以上、航空局又は他の航空機局と通信連絡を行いその機能を確かめなければならない。

3 義務航空機局においては、毎日1回以上、その無線設備が完全に動作できる状態にあるかどうかを確かめなければならない。

4 義務航空機局においては、その航空機の飛行前にその無線設備が有効通達距離の条

答　A-7：1

件を満たしているかどうかを確かめなければならない。

A-9　次の記述は、航空機局の一方送信（注）について述べたものである。無線局運用規則（第162条）の規定に照らし、　　内に入れるべき最も適切な字句の組合せを下の1から4までのうちから一つ選べ。なお、同じ記号の　　内には、同じ字句が入るものとする。

　　注　連絡設定ができない場合において、相手局に対する呼出しに引き続いて行う一方的な通報の送信をいう。

①　航空機局は、その受信設備の故障により　A　と連絡設定ができない場合で一定の　B　における報告事項の通報があるときは、当該　A　から指示されている電波を使用して一方送信により当該通報を送信しなければならない。

②　無線電話により①の規定による一方送信を行うときは、「　C　」の略語又はこれに相当する他の略語を前置し、当該通報を反復して送信しなければならない。この場合においては、当該送信に引き続き、次の通報の送信予定時刻を通知するものとする。

	A	B	C
1	交通情報航空局	時刻	受信設備の故障による一方送信
2	責任航空局	時刻又は場所	受信設備の故障による一方送信
3	交通情報航空局	時刻又は場所	受信設備の故障
4	責任航空局	時刻	受信設備の故障

A-10　緊急通信を行う場合に関する次の記述のうち、電波法（第52条）の規定に照らし、この規定に定めるところに適合するものはどれか。下の1から4までのうちから一つ選べ。

1　船舶又は航空機の航行に対する重大な危険を予防する場合
2　船舶又は航空機が重大かつ急迫の危険に陥るおそれがある場合その他緊急の事態が発生した場合
3　船舶又は航空機が重大かつ急迫の危険に陥った場合又は陥るおそれがある場合
4　船舶又は航空機が重大かつ急迫の危険に陥った場合

A-11　航空局等（注）における緊急通信の取扱いに関する次の記述のうち、電波法（第67条及び第70条の6）及び無線局運用規則（第93条及び第177条）の規定に照らし、これらの規定に定めるところに適合しないものはどれか。下の1から4までのうちから一つ選べ。

答　A-8：1　　A-9：2　　A-10：2

注　航空局、航空地球局、航空機局及び航空機地球局をいう。

1　航空局又は航空機局は、自局に関係のある緊急通報を受信したときは、直ちにその航空局又は航空機の責任者に通報する等必要な措置をしなければならない。

2　航空局等は、遭難通信に次ぐ優先順位をもって、緊急通信を取り扱わなければならない。

3　航空局等は、緊急信号又は電波法第52条（目的外使用の禁止等）第2号の総務省令で定める方法により行われる無線通信を受信したときは、遭難通信を行う場合を除き、その通信が終了するまでの間（航空移動業務の無線局相互間において無線電話による緊急信号を受信した場合には、少なくとも15分間）継続してその緊急通信を受信しなければならない。

4　航空移動業務の無線局相互間において無線電話による緊急信号を受信した航空局又は航空機局は、緊急通信が行われないか又は緊急通信が終了したことを確かめた上でなければ再び通信を開始してはならない。

A-12　次の記述は、航空移動業務における遭難通報の送信事項について述べたものである。無線局運用規則（第170条）の規定に照らし、□□□内に入れるべき最も適切な字句の組合せを下の1から4までのうちから一つ選べ。

航空機局が無線電話により送信する遭難通報（海上移動業務の無線局にあてるものを除く。）は、　A　（なるべく3回）に引き続き、できる限り、次の(1)から(5)までに掲げる事項を順次送信して行うものとする。ただし、遭難航空機局以外の航空機局が送信する場合には、その旨を明示して、次の(1)から(5)までに掲げる事項と異なる事項を送信することができる。

(1)　相手局の呼出符号又は呼出名称（遭難通報のあて先を特定しない場合を除く。）

(2)　　B　又は遭難航空機局の呼出符号若しくは呼出名称

(3)　遭難の種類

(4)　遭難した　C　

(5)　遭難した航空機の位置、高度及び針路

	A	B	C
1	警急信号	遭難した航空機の識別	航空機の機長の求める助言
2	警急信号	遭難した航空機の運行者	航空機の機長のとろうとする措置
3	遭難信号	遭難した航空機の運行者	航空機の機長の求める助言
4	遭難信号	遭難した航空機の識別	航空機の機長のとろうとする措置

答　A-11：3　　A-12：4

A-13 免許人が総務大臣からその無線局の免許を取り消されることがあるときに関する次の記述のうち、電波法（第76条）の規定に照らし、この規定に定めるところに適合するものはどれか。下の1から4までのうちから一つ選べ。

1 電波法第52条（目的外使用の禁止等）の規定に違反して無線局を運用したとき。

2 その発射する電波の質が総務省令で定めるものに適合していないと認められるとき。

3 電波法第73条（検査）第1項の規定による検査（定期検査）の通知を受けた無線局がその検査を拒んだとき。

4 不正な手段により電波法第19条（申請による周波数等の変更）の規定による指定の変更を行わせたとき。

A-14 航空移動業務の無線局の免許状及び無線従事者免許証に関する次の記述のうち、電波法（第14条、第21条及び第24条）及び電波法施行規則（第38条）の規定に照らし、これらの規定に定めるところに適合しないものはどれか。下の1から4までのうちから一つ選べ。

1 航空機局の免許がその効力を失ったときは、免許人であった者は、1箇月以内にその免許状を返納しなければならない。

2 免許人は、免許状に記載した事項に変更を生じたときは、その免許状を総務大臣に提出し、訂正を受けなければならない。

3 無線従事者は、その業務に従事しているときは、免許証を総務大臣又は総合通信局長（沖縄総合通信事務所長を含む。）の要求に応じて、速やかに提示することができる場所に保管しておかなければならない。

4 総務大臣は、航空局の免許を与えたときは、免許状を交付する。

B-1 次の記述は、航空機用救命無線機の一般的条件について述べたものである。無線設備規則（第45条の12の2）の規定に照らし、□□内に入れるべき最も適切な字句を下の1から10までのうちからそれぞれ一つ選べ。

航空機用救命無線機は、次の(1)から(9)までに掲げる条件に適合するものでなければならない。

(1) 航空機に固定され、容易に取り外せないものを除き、小型かつ軽量であって、一人で容易に□ア□ができること。

(2) □イ□であること。

答 A-13：4　A-14：3

(3) 海面に浮き、横転した場合に復元すること、救命浮機等に係留することができること（救助のため海面で使用するものに限る。）。

(4) 筐体に □ウ□ の彩色が施されていること。

(5) 電源として独立の電池を備え付けるものであり、かつ、その電池の □エ□ を明示してあること。

(6) 筐体の見やすい箇所に取扱方法その他注意事項を簡明に表示してあること。

(7) 取扱いについて特別の □オ□ を有しない者にも容易に操作できるものであること。

(8) 不注意による動作を防ぐ措置が施されていること。

(9) (1)から(8)までに掲げる条件のほか、無線設備規則第45条の12の2（航空機用救命無線機）に掲げるところに適合すること。

1	持ち運び	2	保守点検	3	水密	4	気密
5	赤色	6	黄色又はだいだい色	7	有効期限	8	取替方法
9	経験	10	知識又は技能				

B－2 航空移動業務の無線電話通信における呼出し及び応答に関する次の記述のうち、無線局運用規則（第18条、第19条の2、第20条、第22条、第23条、第154条の2及び第154条の3）の規定に照らし、これらの規定に定めるところに適合するものを1、これらの規定に定めるところに適合しないものを2として解答せよ。

ア 無線局は、自局の呼出しが他の既に行われている通信に混信を与える旨の通知を受けたときは、直ちにその呼出しを中止しなければならない。

イ 無線局は、相手局を呼び出そうとするときは、電波を発射する前に、受信機を最良の感度に調整し、自局の発射しようとする電波の周波数その他必要と認める周波数によって聴守し、他の通信に混信を与えないことを確かめなければならない。ただし、遭難通信、緊急通信、安全通信及び電波法第74条（非常の場合の無線通信）第1項に規定する通信を行う場合は、この限りでない。

ウ 呼出し及び応答は、「(1) 相手局の呼出符号又は呼出名称 3回以下 (2) こちらは 1回 (3) 自局の呼出符号又は呼出名称 3回以下」をそれぞれ順次送信して行う。

エ 無線局は、相手局を呼び出そうとする場合において、その呼出しが他の通信に混信を与えるおそれがあるときは、その通信が終了した後でなければ、呼出しをしてはならない。

オ 航空機局は、航空局に対する呼出しを行っても応答がないときは、少なくとも1分間の間隔を置かなければ、呼出しを反復してはならない。

答	B－1：アー1 イー3 ウー6 エー7 オー10
	B－2：アー1 イー1 ウー2 エー1 オー2

セセたた

B－3 航空移動業務の遭難通信が終了したときに遭難通信を宰領した航空局又は航空機局が執らなければならない措置に関する次の記述のうち、無線局運用規則（第174条）の規定に照らし、この規定に定めるところに適合するものを1、この規定に定めるところに適合しないものを2として解答せよ。

　ア　できる限り遭難に係る航空機の付近を航行中の船舶にその旨を通知しなければならない。

　イ　直ちに遭難に係る航空機の付近を航行中の他の航空機にその旨を通知しなければならない。

　ウ　直ちに航空交通管制の機関にその旨を通知しなければならない。

　エ　直ちに海上保安庁その他の救助機関にその旨を通知しなければならない。

　オ　直ちに遭難に係る航空機を運行する者にその旨を通知しなければならない。

B－4 無線従事者が電波法若しくは電波法に基づく命令又はこれらに基づく処分に違反したときに総務大臣から受けることがある処分に関する次の記述のうち、電波法（第79条）の規定に照らし、この規定に定めるところに適合するものを1、この規定に定めるところに適合しないものを2として解答せよ。

　ア　3箇月以内の期間を定めて行う無線設備の操作の範囲を制限する処分

　イ　3箇月以内の期間を定めて行うその業務に従事することを停止する処分

　ウ　期間を定めて行うその無線従事者が従事する無線局の運用を停止する処分

　エ　期間を定めて行うその無線従事者が従事する無線局の周波数又は空中線電力を制限する処分

　オ　無線従事者の免許の取消しの処分

B－5 義務航空機局に備え付けておかなければならない無線業務日誌に関する次の記述のうち、電波法施行規則（第40条）の規定に照らし、この規定に定めるところに適合するものを1、この規定に定めるところに適合しないものを2として解答せよ。

　ア　無線機器の試験又は調整をするために行った通信については、その概要を無線業務日誌に記載しなければならない。

　イ　電波法又は電波法に基づく命令の規定に違反して運用した無線局を認めたときは、その事実を無線業務日誌に記載しなければならない。

　ウ　使用を終わった無線業務日誌は、次の定期検査（電波法第73条（検査）第1項の検査のことをいう。）の日まで保存しなければならない。

答　B－3：ア－2　イ－2　ウ－1　エ－2　オ－1
　　B－4：ア－2　イ－1　ウ－2　エ－2　オ－1

エ　機器の故障の事実、原因及びこれに対する措置の内容は無線業務日誌に記載しなければならない。

オ　国際航空に従事する航空機の航空機局の無線業務日誌に記載する時刻は、協定世界時とする。

B - 6　次の記述は、通信士の証明書について述べたものである。無線通信規則（第37条）の規定に照らし、　　　内に入れるべき最も適切な字句を下の1から10までのうちからそれぞれ一つ選べ。

① すべての　 ア 　の業務は、　 イ 　証明書を有する通信士によって管理されなければならない。局がこのように管理されるときは、証明書を有する者以外の者も、その無線電話機器を使用することができる。

② 各主管庁は、　 ウ 　をできる限り防止するために必要な措置を執る。このため、証明書は、所有者の署名を付けて、これを発給した主管庁が確証する。

③ 証明書は、その検査を容易にするため、必要なときには、自国語の文のほか、　 エ 　を付けることができる。

④ 各主管庁は、通信士を無線通信規則第18条（許可書）に規定する　 オ 　義務に服させるために必要な措置を執る。

1　航空機局及び航空機地球局

2　航空機局

3　局の所属する国の政府が発給し、又は承認した

4　局の所属する国の政府が発給し、かつ、国際電気通信連合が承認した

5　証明書の不正使用

6　国際電気通信連合の承認しない証明書の使用

7　他の国の主管庁の使用する語による文

8　国際電気通信連合の業務用語の一でその訳文

9　有害な混信を防止する

10　通信の秘密を守る

令和2年2月期

A-1 無線局の免許に関する次の記述のうち、電波法（第5条）の規定に照らし、総務大臣が無線局の免許を与えないことができる者に該当するものはどれか。下の1から4までのうちから一つ選べ。

1 無線局の免許の有効期間満了により免許が効力を失い、その効力を失った日から2年を経過しない者

2 電波法第11条の規定により免許を拒否され、その拒否の日から2年を経過しない者

3 無線局の免許の取消しを受け、その取消しの日から2年を経過しない者

4 無線局を廃止し、その廃止の日から2年を経過しない者

A-2 次の記述は、義務航空機局の送信設備の有効通達距離について述べたものである。電波法施行規則（第31条の3）の規定に照らし、____内に入れるべき最も適切な字句の組合せを下の1から4までのうちから一つ選べ。なお、同じ記号の____内には、同じ字句が入るものとする。

義務航空機局の A の周波数を使用する送信設備及び B の送信設備の有効通達距離は、 C （当該航空機の飛行する最高高度について、次に掲げる式により求められるDの値が C 未満のものにあっては、その値）以上であること。

D = 3.8√h キロメートル

hは、当該航空機の飛行する最高高度をメートルで表した数とする。

	A	B	C
1	A3E 電波118MHz から144MHz まで	機上DME	314.8キロメートル
2	A3E 電波118MHz から144MHz まで	ATC トランスポンダ	370.4キロメートル
3	J3E 電波又はH3E 電波2,850kHz から17,970kHz まで	ATC トランスポンダ	314.8キロメートル
4	J3E 電波又はH3E 電波2,850kHz から17,970kHz まで	機上DME	370.4キロメートル

A-3 次の記述は、航空移動業務の無線局における免許状に記載された事項の遵守について述べたものである。電波法（第52条から第55条まで）の規定に照らし、____内に入

れるべき最も適切な字句の組合せを下の1から4までのうちから一つ選べ。

① 無線局は、免許状に記載された A の範囲を超えて運用してはならない。ただし、次の(1)から(6)までに掲げる通信については、この限りでない。

(1) 遭難通信　　(2) 緊急通信

(3) 安全通信　　(4) 非常通信

(5) 放送の受信　(6) その他総務省令で定める通信

② 無線局を運用する場合においては、 B 、識別信号、電波の型式及び周波数は、その無線局の免許状に記載されたところによらなければならない。ただし、遭難通信については、この限りでない。

③ 無線局を運用する場合においては、空中線電力は、次の(1)及び(2)に定めるところによらなければならない。ただし、遭難通信については、この限りでない。

(1) 免許状に記載されたものの範囲内であること。

(2) 通信を行うため C であること。

④ 無線局は、免許状に記載された運用許容時間内でなければ、運用してはならない。ただし、①の(1)から(6)までに掲げる通信を行う場合及び総務省令で定める場合は、この限りでない。

	A	B	C
1	目的又は通信の相手方若しくは通信事項	無線設備の機器	十分なもの
2	無線局の種別	無線設備の設置場所	十分なもの
3	目的又は通信の相手方若しくは通信事項	無線設備の設置場所	必要最小のもの
4	無線局の種別	無線設備の機器	必要最小のもの

A-4 次の記述は、義務航空機局、航空機地球局、航空局及び航空地球局の運用義務時間について述べたものである。電波法（第70条の3）及び無線局運用規則（第143条）の規定に照らし、 内に入れるべき最も適切な字句の組合せを下の1から4までのうちから一つ選べ。

① 義務航空機局及び航空機地球局は、総務省令で定める時間運用しなければならない。

② ①による義務航空機局の運用義務時間は、 A とする。

③ ①による航空機地球局で航空機の安全運航又は正常運航に関する通信を行うものの運用義務時間は、その航空機が別に告示する区域を航行中常時とする。

④ 航空局及び航空地球局は、 B 運用しなければならない。ただし、総務省令で定める場合は、この限りでない。

答　A-3：3

	A	B
1	その航空機の航行中常時	航空機が自局の責任に係る区域を航行している時間中常時
2	その航空機の航行中常時	常時
3	責任航空局が指示する時間	常時
4	責任航空局が指示する時間	航空機が自局の責任に係る区域を航行している時間中常時

A－5　航空移動業務の無線電話通信における呼出し及び応答に関する次の記述のうち、無線局運用規則（第18条、第20条、第23条、第26条、第154条の2及び第154条の3）の規定に照らし、これらの規定に定めるところに適合するものはどれか。下の1から4までのうちから一つ選べ。

　1　航空機局は、航空局に対する呼出しを行っても応答がないときは、少なくとも10秒間の間隔を置かなければ、呼出しを反復してはならない。

　2　呼出し及び応答は、「(1)　相手局の呼出符号又は呼出名称　3回　　(2)　こちらは1回　　(3)　自局の呼出符号又は呼出名称　3回」をそれぞれ順次送信して行うものとする。

　3　自局に対する呼出しを受信した場合において、呼出局の呼出符号又は呼出名称が不確実であるときは、その呼出しが反復され、かつ、呼出局の呼出符号又は呼出名称が確実に判明するまで応答してはならない。

　4　無線局は、自局に対する呼出しであることが確実でない呼出しを受信したときは、応答事項のうち相手局の呼出符号又は呼出名称の代わりに「誰かこちらを呼びましたか」の語を使用して直ちに応答しなければならない。

A－6　無線局が無線電話の機器の試験又は調整のため電波の発射を必要とするときに、電波を発射する前に執るべき措置に関する次の記述のうち、無線局運用規則（第18条及び第39条）の規定に照らし、この規定に定めるところに適合するものはどれか。下の1から4までのうちから一つ選べ。

　1　自局の発射しようとする電波の周波数と関連する遭難通信、緊急通信又は安全通信に使用する電波の周波数で、これらの通信が行われていないことを確かめなければならない。

　2　発射しようとする電波の空中線電力が通信を行うために最適のものであることを確

答　　A－4：2　　A－5：1

かめなければならない。

3 擬似空中線回路を使用して、発射しようとする電波の質を確かめておかなければならない。

4 自局の発射しようとする電波の周波数及びその他必要と認める周波数によって聴守し、他の無線局の通信に混信を与えないことを確かめなければならない。

A－7 次の記述は、航空移動業務及び航空移動衛星業務における通信の優先順位について述べたものである。無線局運用規則（第150条）の規定に照らし、□□□内に入れるべき最も適切な字句の組合せを下の1から4までのうちから一つ選べ。

① 航空移動業務及び航空移動衛星業務における通信の優先順位は、次の(1)から(7)までに掲げる順序によるものとする。

(1) 遭難通信

(2) 緊急通信

(3) 無線方向探知に関する通信

(4) 航空機の A に関する通信

(5) 気象通報に関する通信 ((4)に掲げるものを除く。)

(6) 航空機の B に関する通信

(7) (1)から(6)までに掲げる通信以外の通信

② ノータムに関する通信は、緊急の度に応じ、 C に次いでその順位を適宜に選ぶことができる。

	A	B	C
1	正常運航	安全運航	緊急通信
2	安全運航	正常運航	無線方向探知に関する通信
3	正常運航	安全運航	無線方向探知に関する通信
4	安全運航	正常運航	緊急通信

A－8 遭難通信及び緊急通信の取扱い等に関する次の記述のうち、電波法（第52条、第66条、第67条及び第70条の6）の規定に照らし、これらの規定に定めるところに適合しないものはどれか。下の1から4までのうちから一つ選べ。

1 緊急通信とは、船舶又は航空機が重大かつ急迫の危険に陥った場合に緊急信号を前置する方法その他総務省令で定める方法により行われる無線通信をいう。

2 無線局は、遭難信号又は電波法第52条（目的外使用の禁止等）第1号の総務省令で

定める方法により行われる無線通信を受信したときは、遭難通信を妨害するおそれの
ある電波の発射を直ちに中止しなければならない。

3　航空局、航空地球局、航空機局及び航空機地球局は、遭難通信を受信したときは、
他の一切の無線通信に優先して、直ちにこれに応答し、かつ、遭難している船舶又は
航空機を救助するため最も便宜な位置にある無線局に対して通報する等総務省令で定
めるところにより救助の通信に関し最善の措置をとらなければならない。

4　航空局、航空地球局、航空機局及び航空機地球局は、緊急信号又は電波法第52条（目
的外使用の禁止等）第2号の総務省令で定める方法により行われる無線通信を受信し
たときは、遭難通信を行う場合を除き、その通信が自局に関係のないことを確認する
までの間（総務省令で定める場合には、少なくとも3分間）継続してその緊急通信を
受信しなければならない。

A-9　次の記述は、航空移動業務における遭難通報のあて先について述べたものであ
る。無線局運用規則（第169条）の規定に照らし、　　内に入れるべき最も適切な字句
の組合せを下の1から4までのうちから一つ選べ。

　　航空機局が無線電話により送信する遭難通報（海上移動業務の無線局にあてるものを
除く。）は、　A 、責任航空局又は交通情報航空局その他適当と認める航空局にあて
るものとする。ただし、状況により、必要があると認めるときは、　B ことができる。

	A	B
1	当該航空機局と現に通信を行っている航空局	二以上の航空局にあてる
2	当該航空機局と現に通信を行っている航空局	あて先を特定しない
3	最も近い距離にある航空局	あて先を特定しない
4	最も近い距離にある航空局	二以上の航空局にあてる

A-10　遭難通報等を受信した航空局の執るべき措置に関する次の記述のうち、無線局運
用規則（第171条の3）の規定に照らし、この規定に定めるところに適合しないものはど
れか。下の1から4までのうちから一つ選べ。

1　航空局は、自局をあて先として送信された遭難通報を受信したときは、直ちにこれ
に応答しなければならない。

2　航空局は、あて先を特定しない遭難通報を受信したときは、遅滞なく、これに応答
しなければならない。ただし、他の無線局が既に応答した場合にあっては、この限り
でない。

答　A-8：1　　A-9：2

3　航空局は、自局以外の無線局（海上移動業務の無線局を除く。）をあて先として送信された遭難通報を受信した場合において、これに対する当該無線局の応答が認められないときは、遅滞なく、当該遭難通報に応答しなければならない。ただし、他の無線局が既に応答した場合にあっては、この限りでない。

4　航空局は、携帯用位置指示無線標識の通報、衛星非常用位置指示無線標識の通報又は航空機用救命無線機等の通報を受信したときは、直ちにこれを通信可能の範囲内にあるすべての航空機局に通報しなければならない。

A-11　総務大臣の行う無線局（登録局を除く。）の周波数等の変更の命令に関する次の記述のうち、電波法（第71条）の規定に照らし、この規定に定めるところに適合するものはどれか。下の1から4までのうちから一つ選べ。

1　総務大臣は、電波の規整その他公益上必要があるときは、無線局の目的の遂行に支障を及ぼさない範囲内に限り、当該無線局の周波数若しくは空中線電力の指定を変更し、又は人工衛星局の無線設備の設置場所の変更を命ずることができる。

2　総務大臣は、電波の規整その他公益上必要があるときは、無線局の目的の遂行に支障を及ぼさない範囲内に限り、当該無線局の電波の型式、周波数若しくは空中線電力の指定を変更し、又は無線局の無線設備の設置場所の変更を命ずることができる。

3　総務大臣は、混信の除去その他特に必要があるときは、無線局の目的の遂行に支障を及ぼさない範囲内に限り、当該無線局の電波の型式、周波数、空中線電力若しくは実効輻射電力の指定を変更し、又は人工衛星局の無線設備の設置場所の変更を命ずることができる。

4　総務大臣は、混信の除去その他特に必要があるときは、無線局の目的の遂行に支障を及ぼさない範囲内に限り、当該無線局の識別信号、電波の型式、周波数若しくは空中線電力の指定を変更し、又は通信の相手方、通信事項若しくは無線局の無線設備の設置場所の変更を命ずることができる。

A-12　次の記述は、無線局の検査の結果について述べたものである。電波法施行規則（第39条）の規定に照らし、□□□内に入れるべき最も適切な字句を下の1から4までのうちから一つ選べ。

免許人は、検査の結果について総務大臣又は総合通信局長（沖縄総合通信事務所長を含む。以下同じ。）から□A□を受け相当な措置をしたときは、速やかにその措置の内容を総務大臣又は総合通信局長に□B□なければならない。

答　　A-10：4　　　A-11：1

	A	B
1	指示	報告し、検査を受け
2	臨時に電波の発射の停止の命令	報告し、検査を受け
3	指示	報告し
4	臨時に電波の発射の停止の命令	報告し

A－13 次に掲げる事項のうち、電波法施行規則（第40条）の規定に照らし、航空機局の無線業務日誌に記載しなければならないものに該当しないものはどれか。下の1から4までのうちから一つ選べ。

1 無線機器の試験又は調整をするために行った通信についての概要

2 レーダーの維持の概要及びその機能上又は操作上に現れた特異現象の詳細

3 電波法又は電波法に基づく命令の規定に違反して運用した無線局を認めた場合は、その事実

4 電波法第70条の4（聴守義務）の規定による聴守周波数

A－14 次の記述は、国際電気通信連合憲章等に係る違反の通告について述べたものである。無線通信規則（第15条）の規定に照らし、□□□内に入れるべき最も適切な字句の組合せを下の1から4までのうちから一つ選べ。

① 国際電気通信連合憲章、国際電気通信連合条約又は無線通信規則の違反を認めた局は、その違反について□A□に報告しなければならない。

② 局が行った重大な違反に関する申入れは、これを認めた主管庁が□B□に行わなければならない。

③ 主管庁は、その管轄の下にある局が国際電気通信連合憲章、国際電気通信連合条約又は無線通信規則（特に、国際電気通信連合憲章第45条（有害な混信）及び無線通信規則第15条（無線局からの混信）15.1）の違反を行ったことを知った場合には、事実を確認して□C□ならない。

	A	B	C
1	その局の属する国の主管庁	その違反を行った局	国際電気通信連合の事務総局長に通報しなければ
2	その違反をした者の属する国の主管庁	その違反を行った局	必要な措置を執らなければ
3	その局の属する国の主管庁	その局を管轄する国の主管庁	必要な措置を執らなければ

答　A－12：3　　A－13：1

| 4 | その違反をした者の属する国の主管庁 | その局を管轄する国の主管庁 | 国際電気通信連合の事務総局長に通報しなければ |

B-1 航空移動業務の無線局の予備免許を受けた者が行う工事設計の変更等に関する次の記述のうち、電波法（第8条、第9条及び第19条）の規定に照らし、これらの規定に定めるところに適合するものを1、これらの規定に定めるところに適合しないものを2として解答せよ。

　ア　電波法第8条の予備免許を受けた者は、予備免許の際に指定された工事落成の期限を延長しようとするときは、あらかじめ総務大臣に届け出なければならない。

　イ　電波法第8条の予備免許を受けた者は、混信の除去等のため予備免許の際に指定された周波数及び空中線電力の指定の変更を受けようとするときは、総務大臣に指定の変更の申請を行い、その指定の変更を受けなければならない。

　ウ　電波法第8条の予備免許を受けた者は、無線設備の設置場所を変更しようとするときは、あらかじめ総務大臣に届け出なければならない。ただし、総務省令で定める軽微な事項については、この限りでない。

　エ　電波法第8条の予備免許を受けた者は、工事設計を変更しようとするときは、あらかじめ総務大臣の許可を受けなければならない。ただし、総務省令で定める軽微な事項については、この限りでない。

　オ　電波法第8条の予備免許を受けた者が行う工事設計の変更は、周波数、電波の型式又は空中線電力に変更を来すものであってはならず、かつ、電波法第7条（申請の審査）第1項第1号の技術基準に合致するものでなければならない。

B-2 次の記述は、航空移動業務の無線局の無線設備の操作について述べたものである。電波法（第39条）及び電波法施行規則（第34条の3）の規定に照らし、　　　内に入れるべき最も適切な字句を下の1から10までのうちからそれぞれ一つ選べ。なお、同じ記号の　　　内には、同じ字句が入るものとする。

　①　電波法第40条（無線従事者の資格）の定めるところにより無線設備の操作を行うことができる無線従事者以外の者は、無線局の無線設備の　ア　を行う者（以下「主任無線従事者」という。）として選任された者であって②によりその選任の届出がされたものにより監督を受けなければ、無線局の無線設備の操作（簡易な操作であって総務省令で定めるものを除く。）を行ってはならない。ただし、　イ　ため無線従事者を補充することができないとき、その他総務省令で定める場合は、この限りでない。

　答　　A-14：**3**

　　　　B-1：ア-**2**　イ-**1**　ウ-**2**　エ-**1**　オ-**1**

② 無線局の免許人は、主任無線従事者を選任したときは、遅滞なく、その旨を総務大臣に届け出なければならない。これを解任したときも、同様とする。

③ 無線局の免許人は、②によりその選任の届出をした主任無線従事者に、 ウ ごとに、無線設備の ア に関し総務大臣の行う エ を受けさせなければならない。

④ 主任無線従事者は、電波法第40条の定めるところにより、無線設備の ア を行うことができる無線従事者であって、次に定める事由に該当しないものでなければならない。

(1) 電波法第42条（免許を与えない場合）第1号に該当する者であること。

(2) 電波法第79条（無線従事者免許の取消し等）第1項第1号（同条第2項において準用する場合を含む。）の規定により業務に従事することを停止され、その処分の期間が終了した日から3箇月を経過していない者であること。

(3) 主任無線従事者として選任される日以前5年間において無線局（無線従事者の選任を要する無線局でアマチュア局以外のものに限る。）の無線設備の操作又はその監督の業務に従事した期間が オ に満たない者であること。

1 操作		2 操作の監督	
3 航空機が航行中である		4 航空機の運航計画の変更の	
5 総務省令で定める地域		6 総務省令で定める期間	
7 講習		8 訓練	
9 3箇月		10 6箇月	

B-3 次の記述は、無線通信（注）の秘密の保護について述べたものである。電波法（第59条及び第109条）の規定に照らし、 内に入れるべき最も適切な字句を下の1から10までのうちからそれぞれ一つ選べ。なお、同じ記号の 内には、同じ字句が入るものとする。

注 電気通信事業法第4条（秘密の保護）第1項又は第164条（適用除外等）第3項の通信であるものを除く。

① 何人も法律に別段の定めがある場合を除くほか、 ア 行われる イ を ウ してはならない。

② 無線局の取扱中に係る イ の秘密を漏らし、又は窃用した者は、1年以下の懲役又は50万円以下の罰金に処する。

③ エ がその業務に関し知り得た②の秘密を漏らし、又は窃用したときは、 オ に処する。

答 B-2：ア-2 イ-3 ウ-6 エ-7 オ-9

1　特定の相手方に対して
2　総務省令で定める周波数の電波により
3　無線通信
4　暗語による無線通信
5　傍受してその存在若しくは内容を漏らし、又はこれを窃用
6　傍受
7　無線従事者
8　無線通信の業務に従事する者
9　2年以下の懲役又は100万円以下の罰金
10　5年以下の懲役又は500万円以下の罰金

B－4　義務航空機局の無線設備の機能試験に関する次の記述のうち、無線局運用規則（第9条の2及び第9条の3）の規定に照らし、これらの規定に定めるところに適合するものを1、これらの規定に定めるところに適合しないものを2として解答せよ。

　ア　義務航空機局においては、1,000時間使用するたびごとに1回以上、その送信装置の出力及び変調度並びに受信装置の感度及び選択度について無線設備規則に規定する性能を維持しているかどうかを試験しなければならない。

　イ　義務航空機局においては、その航空機の飛行前にその無線設備が有効通達距離の条件を満たしているかどうかを確かめなければならない。

　ウ　義務航空機局においては、毎月1回以上その送信装置の出力及び変調度並びに受信装置の感度及び選択度について無線設備規則に規定する性能を維持しているかどうかを試験しなければならない。

　エ　義務航空機局においては、その航空機の飛行前にその無線設備が完全に動作できる状態にあるかどうかを確かめなければならない。

　オ　義務航空機局においては、毎日1回以上その無線設備が完全に動作できる状態にあるかどうかを確かめなければならない。

B－5　航空機の緊急の事態に係る緊急通報に対し、応答した航空局が執らなければならない措置に関する次の記述のうち、無線局運用規則（第176条の2）の規定に照らし、この規定に定めるところに適合するものを1、この規定に定めるところに適合しないものを2として解答せよ。

答　B－3：ア－1　イ－3　ウ－5　エ－8　オ－9
　　　B－4：ア－1　イ－2　ウ－2　エ－1　オ－2

ア　直ちに航空交通管制の機関に緊急の事態の状況を通知すること。

イ　緊急の事態にある航空機が海上にある場合には、付近を航行中の船舶に緊急の事態の状況を通知すること。

ウ　緊急の事態にある航空機の付近を航行中の他の航空機に緊急の事態の状況を通知すること。

エ　緊急の事態にある航空機を運行する者に緊急の事態の状況を通知すること。

オ　必要に応じ、当該緊急通信の宰領を行うこと。

B－6　無線局の免許人から総務大臣に対する報告に関する次の記述のうち、電波法（第80条）の規定に照らし、この規定に定めるところに適合するものを1、この規定に定めるところに適合しないものを2として解答せよ。

ア　無線局が外国において、当該外国の主管庁による検査を受け、その検査の結果について指示を受けたとき。

イ　無線局が外国において、あらかじめ総務大臣が告示した以外の運用の制限をされたとき。

ウ　電波法又は電波法に基づく命令の規定に違反して運用した無線局を認めたとき。

エ　航行中の航空機において無線従事者を補充することができないため無線従事者の資格を有しない者が無線設備の操作を行ったとき。

オ　遭難通信又は緊急通信を行ったとき。

法
規

答　B－5：ア－1　イ－2　ウ－2　エ－1　オ－1

　　B－6：ア－2　イ－1　ウ－1　エ－2　オ－1

令和2年8月期

A-1　無線局の予備免許を受けた者が工事落成の期限経過後2週間以内に工事が落成した旨の届出をしないときに総務大臣から受ける処分に関する次の記述のうち、電波法（第11条）の規定に照らし、この規定に定めるところに適合するものはどれか。下の1から4までのうちから一つ選べ。

1　総務大臣から、無線局の免許を拒否される。

2　総務大臣から、速やかに工事落成の届出をするように督促される。

3　総務大臣から、工事落成の期限の延長の申請をするように命じられる。

4　総務大臣から、予備免許が取り消され、再度免許の申請をするように指示される。

A-2　次の記述は、送信設備に使用する電波の質及び受信設備の条件について述べたものである。電波法（第28条及び第29条）の規定に照らし、□□□内に入れるべき最も適切な字句の組合せを下の1から4までのうちから一つ選べ。

①　送信設備に使用する電波の　A 、 B 電波の質は、総務省令で定めるところに適合するものでなければならない。

②　受信設備は、その副次的に発する電波又は高周波電流が、総務省令で定める限度を超えて　C を与えるものであってはならない。

	A	B	C
1	周波数の偏差、幅及び安定度	空中線電力の偏差等	他の無線設備の機能に支障
2	周波数の偏差及び幅	空中線電力の偏差等	電気通信業務の用に供する無線局の無線設備の機能に支障
3	周波数の偏差及び幅	高調波の強度等	他の無線設備の機能に支障
4	周波数の偏差、幅及び安定度	高調波の強度等	電気通信業務の用に供する無線局の無線設備の機能に支障

A-3　航空移動業務の無線局の運用に関する次の記述のうち、電波法（第52条から第54条まで及び第57条）の規定に照らし、これらの規定に定めるところに適合しないものはどれか。下の1から4までのうちから一つ選べ。

□答□　A-1：1　　A-2：3

法規-54

1　無線局を運用する場合においては、遭難通信を行う場合を除き、無線設備の設置場所、識別信号、電波の型式及び周波数は、その無線局の免許状に記載されたところによらなければならない。

2　無線局を運用する場合においては、遭難通信を行う場合を除き、空中線電力は、次の(1)及び(2)の定めるところによらなければならない。

(1)　免許状に記載されたものの範囲内であること。

(2)　通信を行うため必要最小のものであること。

3　無線局は、無線設備の機器の試験又は調整を行うために運用するときは、なるべく擬似空中線回路を使用しなければならない。

4　無線局は、遭難通信を行う場合を除き、免許状に記載された目的又は通信の相手方若しくは通信事項の範囲を超えて運用してはならない。

A－4　次の記述は、航空局等（注）の聴守義務について述べたものである。電波法（第70条の4）及び無線局運用規則（第146条）の規定に照らし、____内に入れるべき最も適切な字句の組合せを下の1から4までのうちから一つ選べ。なお、同じ記号の____内には、同じ字句が入るものとする。

注　航空局、航空地球局、航空機局及び航空機地球局をいう。

①　航空局等は、その運用義務時間中は、総務省令で定める周波数で聴守しなければならない。ただし、総務省令で定める場合は、この限りでない。

②　①による航空局の聴守電波の型式は、　A　とし、その周波数は、別に告示する。

③　①による航空地球局の聴守電波の型式は、G1D 又は G7W とし、その周波数は、別に告示する。

④　①による義務航空局の聴守電波の型式は、　A　とし、その周波数は、次の表の左欄に掲げる区別に従い、それぞれ同表の右欄に掲げるとおりとする。

区　　別	周　波　数
航行中の航空機の義務航空機局	(1)　　B (2)　当該航空機が　C
航空法第96条の2第2項の規定の適用を受ける航空機の義務航空機局	交通情報航空局が指示する周波数

⑤　①による航空機地球局の聴守電波の型式は、G1D、G7D 又は G7W とし、その周波数は、別に告示する。

答　A－3：4

	A	B	C
1	F3E	121.5MHz 又は123.1MHz	航行する区域の責任航空局が指示する周波数
2	A3E 又は J3E	121.5MHz	航行する区域の責任航空局が指示する周波数
3	F3E	121.5MHz	適切であると認める周波数
4	A3E 又は J3E	121.5MHz 又は123.1MHz	適切であると認める周波数

A-5 次の記述は、義務航空機局の無線設備の機能試験について述べたものである。無線局運用規則（第9条の2及び第9条の3）の規定に照らし、□□内に入れるべき最も適切な字句の組合せを下の1から4までのうちから一つ選べ。

① 義務航空機局においては、□A□その無線設備が□B□を確かめなければならない。

② 義務航空機局においては、□C□使用するたびごとに1回以上、その送信装置の出力及び変調度並びに受信装置の感度及び選択度について無線設備規則に規定する性能を維持しているかどうかを試験しなければならない。

	A	B	C
1	その航空機の飛行前に	有効通達距離の条件を満たしているかどうか	2,000時間
2	毎日1回以上	有効通達距離の条件を満たしているかどうか	1,000時間
3	毎日1回以上	完全に動作できる状態にあるかどうか	2,000時間
4	その航空機の飛行前に	完全に動作できる状態にあるかどうか	1,000時間

A-6 次の記述は、無線電話通信における通報の送信等について述べたものである。無線局運用規則（第16条）の規定に照らし、□□内に入れるべき最も適切な字句の組合せを下の1から4までのうちから一つ選べ。

① 無線電話通信における通報の送信は、□A□行わなければならない。

② 遭難通信、緊急通信又は安全通信に係る①の送信速度は、□B□でなければならない。

□答□ A-4：2　　A-5：4

	A	B
1	語辞を区切り、かつ、明瞭に発音して	原則として、1分間について50字を超えないもの
2	できる限り簡潔に、かつ、短時間に	受信者が筆記できる程度のもの
3	できる限り簡潔に、かつ、短時間に	原則として、1分間について50字を超えないもの
4	語辞を区切り、かつ、明瞭に発音して	受信者が筆記できる程度のもの

A-7 航空機の安全運航及び正常運航に関する通信の通報に関する次の事項のうち、無線局運用規則（第150条及び別表第12号）の規定に照らし、航空機の安全運航に関する通信の通報に該当するものはどれか。下の1から4までのうちから一つ選べ。

1 航空機の予定外の着陸に関する通報
2 航空機の移動及び航空交通管制に関する通報
3 航空機の運航計画の変更に関する通報
4 運航計画の変更に基づく旅客及び乗員の要件の変更に関する通報（当該航空機を運行する者にあてるものに限る。）

A-8 遭難信号を前置する方法その他総務省令で定める方法により行う遭難通信に関する次の事項のうち、電波法（第52条）の規定に照らし、遭難通信を行う場合に該当するものはどれか。下の1から4までのうちから一つ選べ。

1 船舶又は航空機が重大かつ急迫の危険に陥った場合
2 船舶又は航空機が重大かつ急迫の危険に陥った場合又は陥るおそれがある場合
3 船舶又は航空機の航行に対する重大な危険を予防する場合
4 船舶又は航空機が重大かつ急迫の危険に陥るおそれがある場合その他緊急の事態が発生した場合

A-9 次の記述は、遭難通信の取扱いについて述べたものである。電波法（第66条及び第70条の6）の規定に照らし、□内に入れるべき最も適切な字句の組合せを下の1から4までのうちから一つ選べ。

① 航空局、航空地球局、航空機局及び航空機地球局は、遭難通信を受信したときは、□A□、かつ、□B□に対して通報する等総務省令で定めるところにより救助の通信に関し最善の措置をとらなければならない。

---

② 無線局は、遭難信号又は電波法第52条（目的外使用の禁止等）第1号の総務省令で定める方法により行われる無線通信を受信したときは、　C　を直ちに中止しなければならない。

	A	B	C
1	他の一切の無線通信に優先して、直ちにこれに応答し	通信可能の範囲内にあるすべての無線局	すべての電波の発射
2	他の一切の無線通信に優先して、直ちにこれに応答し	遭難している船舶又は航空機を救助するため最も便宜な位置にある無線局	遭難通信を妨害するおそれのある電波の発射
3	できる限り速やかにこれに応答し	通信可能の範囲内にあるすべての無線局	遭難通信を妨害するおそれのある電波の発射
4	できる限り速やかにこれに応答し	遭難している船舶又は航空機を救助するため最も便宜な位置にある無線局	すべての電波の発射

A－10　次の記述は、航空移動業務の無線局における緊急通報の送信事項について述べたものである。無線局運用規則（第176条）の規定に照らし、　　　内に入れるべき最も適切な字句の組合せを下の1から4までのうちから一つ選べ。

無線電話による緊急通報（海上移動業務の無線局にあてるものを除く。）は、緊急信号（なるべく3回）に引き続き、できる限り次に掲げる事項を順次送信して行うものとする。

(1) 相手局の呼出符号又は呼出名称（緊急通報のあて先を特定しない場合を除く。）

(2) 緊急の事態にある航空機の識別又はその航空機の航空機局の　A

(3) 緊急の事態の　B

(4) 緊急の事態にある航空機の機長のとろうとする措置

(5) 緊急の事態にある航空機の　C

(6) その他必要な事項

	A	B	C
1	呼出符号若しくは呼出名称	発生時刻	出発地及び目的地
2	呼出符号若しくは呼出名称	種類	位置、高度及び針路
3	免許人名	発生時刻	位置、高度及び針路
4	免許人名	種類	出発地及び目的地

答　A－9：2　　A－10：2

A－11　次の記述は、総務大臣が行う無線局（登録局を除く。）の周波数等の変更の命令について述べたものである。電波法（第71条）の規定に照らし、_____内に入れるべき最も適切な字句の組合せを下の1から4までのうちから一つ選べ。

　　総務大臣は、　A　必要があるときは、無線局の目的の遂行に支障を及ぼさない範囲内に限り、当該無線局の　B　の指定を変更し、又は　C　の変更を命ずることができる。

	A	B	C
1	電波の規整その他公益上	周波数若しくは実効輻射電力	無線設備の設置場所
2	混信の除去その他特に	周波数若しくは実効輻射電力	人工衛星局の無線設備の設置場所
3	電波の規整その他公益上	周波数若しくは空中線電力	人工衛星局の無線設備の設置場所
4	混信の除去その他特に	周波数若しくは空中線電力	無線設備の設置場所

A－12　国際通信を行う航空機局及び航空機地球局（注）に備え付けを要する業務書類に関する次の事項のうち、電波法施行規則（第38条）の規定に照らし、この規定に定めるところに該当しないものはどれか。下の1から4までのうちから一つ選べ。

　　注　航空機の安全運航又は正常運航に関する通信を行うものに限る。

1　免許状
2　国際電気通信連合憲章、国際電気通信連合条約及び無線通信規則並びに国際民間航空機関により採択された通信手続
3　無線局の免許の申請書の添付書類の写し
4　無線従事者選解任届の写し

A－13　無線業務日誌に関する次の記述のうち、電波法施行規則（第39条及び第40条）の規定に照らし、これらの規定に定めるところに適合するものはどれか。下の1から4までのうちから一つ選べ。

1　国際通信を行う航空局及び国際航空に従事する航空機の航空機局又は航空機地球局においては、無線業務日誌に記載する時刻は、協定世界時とする。
2　航空機局においては、その航空機の航行中正午及び午後8時におけるその航空機の位置を無線業務日誌に記載しなければならない。

　答　　A－11：3　　A－12：4

3　免許人は、検査の結果について総務大臣又は総合通信局長（沖縄総合通信事務所長を含む。以下同じ。）から指示を受け相当な措置をしたときは、その措置の内容を無線業務日誌に記載するとともに総務大臣又は総合通信局長に報告しなければならない。

4　使用を終わった無線業務日誌は、次に行われる電波法第73条第1項の規定による検査（定期検査）の日まで保存しなければならない。

A－14　次の記述は、有害な混信について述べたものである。国際電気通信連合憲章（第45条及び附属書）の規定に照らし、□内に入れるべき最も適切な字句の組合せを下の1から4までのうちから一つ選べ。

①　すべての局は、その目的のいかんを問わず、他の構成国、認められた事業体その他正当に許可を得て、かつ、無線通信規則に従って無線通信業務を行う事業体の　A　に有害な混信を生じさせないように設置し及び運用しなければならない。

②　各構成国は、認められた事業体その他正当に許可を得て無線通信業務を行う事業体に①を遵守させることを約束する。

③　「有害な混信」とは、無線航行業務その他の　B　の運用を妨害し、又は無線通信規則に従って行う無線通信業務の運用に重大な悪影響を与え、若しくは　C　をいう。

	A	B	C
1	無線通信又は無線業務	無線通信業務	これに対する許容し得る混信のレベルを超える混信
2	国際電気通信業務	無線通信業務	これを反覆的に中断し若しくは妨害する混信
3	無線通信又は無線業務	安全業務	これを反覆的に中断し若しくは妨害する混信
4	国際電気通信業務	安全業務	これに対する許容し得る混信のレベルを超える混信

B－1　航空移動業務の無線局の免許状に関する次の記述のうち、電波法（第14条、第21条及び第24条）、電波法施行規則（第38条）及び無線局免許手続規則（第23条）の規定に照らし、これらの規定に定めるところに適合するものを1、適合しないものを2として解答せよ。

ア　無線局の免許がその効力を失ったときは、免許人であった者は、1箇月以内にその免許状を廃棄しなければならない。

イ 免許人は、免許状を汚したために免許状の再交付を申請し、免許状の再交付を受けたときは、遅滞なく旧免許状を廃棄しなければならない。

ウ 免許状は、無線局に備え付けておかなければならない。

エ 総務大臣は、無線局の予備免許を与えたときは、免許状を交付する。

オ 免許人は、免許状に記載した事項に変更を生じたときは、その免許状を総務大臣に提出し、訂正を受けなければならない。

B-2 航空無線通信士が行うことのできる無線設備の操作(モールス符号による通信操作を除く。)の範囲に関する次の事項のうち、電波法施行令(第3条)の規定に照らし、この規定に定めるところに該当するものを1、該当しないものを2として解答せよ。

ア 航空地球局及び航空機地球局の無線設備の通信操作

イ 航空局及び航空機局の無線設備の通信操作

ウ 航空機局の無線設備の技術操作

エ 航空局及び航空地球局の無線設備で空中線電力500ワット以下のものの外部の調整部分の技術操作

オ 航空機のための無線航行局の無線設備で空中線電力500ワット以下のものの外部の調整部分の技術操作

B-3 航空移動業務の無線局の一般通信方法における無線通信の原則に関する次の記述のうち、無線局運用規則(第10条)の規定に照らし、この規定に定めるところに適合するものを1、適合しないものを2として解答せよ。

ア 無線通信においては、暗語を使用してはならない。

イ 必要のない無線通信は、これを行ってはならない。

ウ 無線通信に使用する用語は、できる限り簡潔でなければならない。

エ 無線通信は、迅速に行うものとし、できる限り短時間に行わなければならない。

オ 無線通信は、正確に行うものとし、通信上の誤りを知ったときは、直ちに訂正しなければならない。

B-4 次の記述は、航空機局の一方送信について述べたものである。無線局運用規則(第162条)の規定に照らし、□□□内に入れるべき最も適切な字句を下の1から10までのうちからそれぞれ一つ選べ。なお、同じ記号の□□□内には、同じ字句が入るものとする。

答　B-1:ア-2　イ-2　ウ-1　エ-2　オ-1
　　B-2:ア-1　イ-1　ウ-2　エ-2　オ-2
　　B-3:ア-2　イ-1　ウ-1　エ-2　オ-1

① 航空機局は、その受信設備の故障により ア と連絡設定ができない場合で一定の イ における報告事項の通報があるときは、当該 ア から指示されている電波を使用して一方送信により当該通報を送信しなければならない。

② 無線電話により①による一方送信を行うときは、「 ウ 」の略語又はこれに相当する他の略語を前置し、当該通報を エ しなければならない。この場合においては、当該送信に引き続き、次の通報の オ を通知するものとする。

1	責任航空局	2	交通情報航空局
3	位置	4	時刻又は場所
5	受信設備の故障	6	受信設備の故障による一方送信
7	1回送信	8	反復して送信
9	送信予定時刻	10	送信予定周波数

B－5 次の記述は、航空機の遭難に係る遭難通報に応答した航空局又は航空機局の執るべき措置について述べたものである。無線局運用規則（第171条の3、第172条の2及び第172条の3）の規定に照らし、 内に入れるべき最も適切な字句を下の1から10までのうちからそれぞれ一つ選べ。なお、同じ記号の 内には、同じ字句が入るものとする。

① 航空局は、自局をあて先として送信された遭難通報を受信したときは、直ちにこれに応答しなければならない。

② 航空局は、①により遭難通報に応答したときは、直ちに当該遭難通報を ア に通報しなければならない。

③ 遭難通報を受信し、これに応答した航空局又は航空機局は、 イ を行い、又は適当と認められる他の航空局に イ を依頼しなければならない。

④ 航空機の遭難に係る遭難通報に対し応答した航空局は、次の(1)及び(2)に掲げる措置を執らなければならない。

　(1) 遭難した航空機が海上にある場合には、直ちに最も迅速な方法により、救助上適当と認められる ウ に対し、 エ すること。

　(2) 当該遭難に係る航空機を オ に遭難の状況を通知すること。

1	捜索救難の機関	2	航空交通管制の機関
3	遭難通報の中継の送信	4	当該遭難通信の宰領
5	海岸局	6	海上保安庁その他の救助機関
7	当該遭難通報の送信を要求	8	捜索救助を要請
9	所有する者	10	運行する者

答　B－4：ア－1　イ－4　ウ－6　エ－8　オ－9
　　B－5：ア－2　イ－4　ウ－5　エ－7　オ－10

B－6　総務大臣がその職員を無線局に派遣し、その無線設備等を検査させることができるときに関する次の記述のうち、電波法（第73条）の規定に照らし、この規定に定めるところに適合するものを1、適合しないものを2として解答せよ。

ア　無線局のある船舶又は航空機が外国へ出港しようとするとき。

イ　無線局の免許人が検査の結果について指示を受け相当な措置をしたときに、当該免許人から総務大臣に対し、その旨の報告があったとき。

ウ　総務大臣が電波法第72条（電波の発射の停止）の規定により、無線局の発射する電波の質が総務省令で定めるものに適合していないと認め臨時に電波の発射の停止を命じた無線局からその発射する電波の質が総務省令で定めるものに適合するに至った旨の申出があったとき。

エ　電波利用料を納めないため督促状によって督促を受けた無線局の免許人が、その指定の期限までにその督促に係る電波利用料を納めないとき。

オ　総務大臣が電波法第71条の5（技術基準適合命令）の規定により、その無線設備が電波法第3章（無線設備）に定める技術基準に適合していないと認め、当該無線設備を使用する無線局の免許人に対し、その技術基準に適合するように当該無線設備の修理その他の必要な措置をとるべきことを命じたとき。

法

規

　答　　B－6：ア－1　イ－2　ウ－1　エ－2　オ－1

令和３年２月期

A-1 次の記述は、申請による周波数等の変更について述べたものである。電波法（第19条）の規定に照らし、□□内に入れるべき最も適切な字句の組合せを下の１から４までのうちから一つ選べ。

総務大臣は、免許人又は電波法第８条の予備免許を受けた者が識別信号、□A□又は運用許容時間の指定の変更を申請した場合において、□B□特に必要があると認めるときは、その指定を変更することができる。

	A	B
1	電波の型式、周波数、空中線電力	電波の規整その他公益上
2	電波の型式、周波数、空中線電力	混信の除去その他
3	無線設備の設置場所、電波の型式、周波数、空中線電力	混信の除去その他
4	無線設備の設置場所、電波の型式、周波数、空中線電力	電波の規整その他公益上

A-2 次の記述は、周波数の安定のための条件について述べたものである。無線設備規則（第15条）の規定に照らし、□□内に入れるべき最も適切な字句の組合せを下の１から４までのうちから一つ選べ。

① 周波数をその許容偏差内に維持するため、送信装置は、できる限り□A□の変化によって発振周波数に影響を与えないものでなければならない。

② 周波数をその許容偏差内に維持するため、発振回路の方式は、できる限り□B□の変化によって影響を受けないものでなければならない。

③ 移動局（移動するアマチュア局を含む。）の送信装置は、実際上起こり得る□C□によっても周波数をその許容偏差内に維持するものでなければならない。

	A	B	C
1	電源電圧	温度	振動又は衝撃
2	電源電圧	外囲の温度又は湿度	気圧の変化
3	電源電圧又は負荷	外囲の温度又は湿度	振動又は衝撃
4	電源電圧又は負荷	温度	気圧の変化

答　A-1：2　　A-2：3

A－3　無線局の主任無線従事者の職務に関する次の事項のうち、電波法施行規則（第34条の5）の規定に照らし、この規定に定めるところに該当しないものはどれか。下の1から4までのうちから一つ選べ。

1　無線設備の機器の点検若しくは保守を行い、又はその監督を行うこと。

2　無線業務日誌その他の書類を作成し、又はその作成を監督すること（記載された事項に関し必要な措置を執ることを含む。）。

3　主任無線従事者の監督を受けて無線設備の操作を行う者に対する訓練（実習を含む。）の計画を立案し、実施すること。

4　電波法又は電波法に基づく命令の規定に違反して運用した無線局を認めたときに総務大臣に報告すること。

A－4　航空局又は航行中の航空機局が免許状に記載された目的又は通信の相手方若しくは通信事項の範囲を超えて運用することができる通信に関する次の事項のうち、電波法（第52条）及び電波法施行規則（第37条）の規定に照らし、これらの規定に定めるところに該当しないものはどれか。下の1から4までのうちから一つ選べ。

1　無線機器の試験又は調整をするために行う通信

2　気象の照会又は時刻の照合のために行う航空局と航空機局との間又は航空機局相互間の通信

3　国の飛行場管制塔の航空局と当該飛行場内を移動する陸上移動局との間で行う飛行場の交通の整理に関する通信

4　一の免許人に属する航空機局と当該免許人に属する陸上移動局との間で行う当該免許人以外の者のための急を要する通信

A－5　次の記述は、混信等の防止について述べたものである。電波法（第56条）の規定に照らし、□□□内に入れるべき最も適切な字句の組合せを下の1から4までのうちから一つ選べ。

無線局は、□A□又は電波天文業務の用に供する受信設備その他の総務省令で定める受信設備（無線局のものを除く。）で総務大臣が指定するものにその運用を阻害するような混信その他の妨害を□B□ならない。但し、□C□については、この限りでない。

答　A－3：4　　A－4：4

法

規

	A	B	C
1	他の無線局	与えないように運用しなければ	遭難通信、緊急通信、安全通信又は非常通信
2	他の無線局	与えない機能を有しなければ	遭難通信
3	重要無線通信を行う無線局	与えない機能を有しなければ	遭難通信、緊急通信、安全通信又は非常通信
4	重要無線通信を行う無線局	与えないように運用しなければ	遭難通信

A－6　無線通信（注）の秘密の保護に関する次の記述のうち、電波法（第59条及び第109条）の規定に照らし、これらの規定に定めるところに適合するものはどれか。下の1から4までのうちから一つ選べ。

注　電気通信事業法第4条（秘密の保護）第1項又は第164条（適用除外等）第3項の通信であるものを除く。

1　何人も法律に別段の定めがある場合を除くほか、いかなる無線通信も傍受してその存在若しくは内容を漏らし、又はこれを窃用してはならない。

2　無線通信の業務に従事する者が、その業務に関し知り得た無線局の取扱中に係る無線通信の秘密を漏らし、又は窃用したときは、1年以下の懲役又は50万円以下の罰金に処する。

3　何人も法律に別段の定めがある場合を除くほか、総務省令で定める周波数の電波を使用して行われるいかなる無線通信も傍受してその存在若しくは内容を漏らし、又はこれを窃用してはならない。

4　何人も法律に別段の定めがある場合を除くほか、特定の相手方に対して行われる無線通信を傍受してその存在若しくは内容を漏らし、又はこれを窃用してはならない。

A－7　次の記述は、航空移動業務の無線局の無線電話通信における呼出し及び呼出しの反復について述べたものである。無線局運用規則（第18条、第20条、第154条の2及び第154条の3）の規定に照らし、□□□内に入れるべき最も適切な字句の組合せを下の1から4までのうちから一つ選べ。

①　呼出しは、 A を順次送信して行うものとする。

②　航空機局は、 B に対する呼出しを行っても応答がないときは、少なくとも C を置かなければ、呼出しを反復してはならない。

答　A－5：1　　A－6：4

		A		B	C
1	(1)	相手局の呼出符号又は呼出名称	3回以下	航空局及び他の 航空機局	10秒間の 間隔
	(2)	こちらは	1回		
	(3)	自局の呼出符号又は呼出名称	3回以下		
2	(1)	相手局の呼出符号又は呼出名称	3回以下	航空局及び他の 航空機局	1分間の 間隔
	(2)	自局の呼出符号又は呼出名称	3回以下		
3	(1)	相手局の呼出符号又は呼出名称	3回以下	航空局	10秒間の 間隔
	(2)	自局の呼出符号又は呼出名称	3回以下		
4	(1)	相手局の呼出符号又は呼出名称	3回以下	航空局	1分間の 間隔
	(2)	こちらは	1回		
	(3)	自局の呼出符号又は呼出名称	3回以下		

A-8　航空局、航空地球局、義務航空機局及び航空機地球局が聴守を要しない場合に関する次の事項のうち、無線局運用規則（第147条）の規定に照らし、これらの規定に定めるところに該当しないものはどれか。下の1から4までのうちから一つ選べ。

1　航空局については、現に通信を行っている場合で聴守することができないとき。

2　航空機地球局については、航空機の安全運航又は正常運航に関する通信を取り扱っている場合は、現に通信を行っている場合で聴守することができないとき。

3　航空地球局については、航空機の安全運航又は正常運航に関する通信を取り扱っていない場合

4　義務航空機局については、責任航空局又は交通情報航空局がその指示した周波数の電波の聴守の中止を認めたとき又はやむを得ない事情により無線局運用規則第146条（航空局等の聴守電波）第3項に規定する156.8MHzの電波の聴守をすることができないとき。

A-9　緊急通信を行う場合に関する次の事項のうち、電波法（第52条）の規定に照らし、この規定に定めるところに該当するものはどれか。下の1から4までのうちから一つ選べ。

1　船舶又は航空機の航行に対する重大な危険を予防する場合

2　船舶又は航空機が重大かつ急迫の危険に陥った場合又は陥るおそれがある場合

3　船舶又は航空機が重大かつ急迫の危険に陥るおそれがある場合その他緊急の事態が発生した場合

4　船舶又は航空機が重大かつ急迫の危険に陥った場合

答　A-7：3　　A-8：4　　A-9：3

A－10　遭難通信を受信した航空局の執るべき措置に関する次の記述のうち、電波法（第66条及び第70条の6）及び無線局運用規則（第171条の3及び第172条の3）の規定に照らし、これらの規定に定めるところに適合しないものはどれか。下の1から4までのうちから一つ選べ。

1　航空機の遭難に係る遭難通報に対し応答した航空局は、次の(1)及び(2)に掲げる措置を執らなければならない。
(1)　遭難した航空機が海上にある場合には、直ちに最も迅速な方法により、通信可能の範囲内にあるすべての船舶局に対して、当該遭難通報を送信すること。
(2)　当該遭難に係る航空機を運行する者に遭難の状況を通知すること。
2　航空局は、遭難信号又は電波法第52条（目的外使用の禁止等）第1号の総務省令で定める方法により行われる無線通信を受信したときは、遭難通信を妨害するおそれのある電波の発射を直ちに中止しなければならない。
3　航空局は、自局をあて先として送信された遭難通報を受信したときは、直ちにこれに応答しなければならず、これに応答したときは、直ちに当該遭難通報を航空交通管制の機関に通報しなければならない。
4　航空局は、遭難通信を受信したときは、他の一切の無線通信に優先して、直ちにこれに応答し、かつ、遭難している航空機を救助するため最も便宜な位置にある無線局に対して通報する等総務省令で定めるところにより救助の通信に関し最善の措置を執らなければならない。

A－11　次の記述は、121.5MHz の電波の使用制限について述べたものである。無線局運用規則（第153条）の規定に照らし、□内に入れるべき最も適切な字句の組合せを下の1から4までのうちから一つ選べ。

121.5MHz の電波の使用は、次の(1)から(6)までに掲げる場合に限る。
(1)　□A□の航空機局と航空局との間に通信を行う場合で、□B□が不明であるとき又は他の航空機局のために使用されているとき。
(2)　捜索救難に従事する航空機の航空機局と遭難している船舶の船舶局との間に通信を行うとき。
(3)　航空機局相互間又はこれらの無線局と航空局若しくは船舶局との間に共同の捜索救難のための呼出し、応答又は□C□の送信を行うとき。
(4)　121.5MHz 以外の周波数の電波を使用することができない航空機局と航空局との間に通信を行うとき。

---

(5) 無線機器の試験又は調整を行う場合で、総務大臣が別に告示する方法により試験信号の送信を行うとき。

(6) (1)から(5)までに掲げる場合を除くほか、急を要する通信を行うとき。

	A	B	C
1	急迫の危険状態にある航空機	遭難通信又は緊急通信に使用する電波	通報
2	急迫の危険状態にある航空機	通常使用する電波	準備信号
3	航行中又は航行の準備中の航空機	通常使用する電波	通報
4	航行中又は航行の準備中の航空機	遭難通信又は緊急通信に使用する電波	準備信号

A-12　次の記述は、遭難通信の取扱いをしなかった場合等の罰則について述べたものである。電波法（第105条）の規定に照らし、□□□内に入れるべき最も適切な字句の組合せを下の1から4までのうちから一つ選べ。

① □A□が電波法第66条（遭難通信）第1項の規定による遭難通信の取扱いをしなかったとき、又はこれを遅延させたときは、□B□に処する。

② 遭難通信の取扱いを妨害した者も、①と同様とする。

	A	B
1	無線通信の業務に従事する者	1年以上10年以下の懲役
2	免許人及び無線従事者	1年以上の有期懲役
3	無線通信の業務に従事する者	1年以上の有期懲役
4	免許人及び無線従事者	1年以上10年以下の懲役

A-13　航空移動業務の無線局の免許状及び無線従事者免許証に関する次の記述のうち、電波法（第21条及び第24条）及び無線従事者規則（第50条及び第51条）の規定に照らし、これらの規定に定めるところに適合するものはどれか。下の1から4までのうちから一つ選べ。

1　無線従事者は、免許の取消しの処分を受けたときは、その処分を受けた日から1箇月以内にその免許証を総務大臣又は総合通信局長（沖縄総合通信事務所長を含む。以下3において同じ。）に返納しなければならない。

2　免許人は、免許状に記載した事項に変更を生じたときは、その免許状を総務大臣に提出し、訂正を受けなければならない。

答　A-11：2　　A-12：3

3　無線従事者は、氏名又は住所に変更を生じたときに免許証の再交付を受けようとするときは、その変更を生じた日から10日以内に、申請書に次の(1)から(3)までに掲げる書類を添えて総務大臣又は総合通信局長に提出しなければならない。

(1)　免許証　　(2)　写真1枚　　(3)　氏名又は住所の変更の事実を証する書類

4　航空機局の免許がその効力を失ったときは、免許人であった者は、10日以内にその免許状を返納しなければならない。

A-14　次の記述は、無線局に備え付ける書類等について述べたものである。電波法（第60条）及び無線局運用規則（第3条）の規定に照らし、　　　内に入れるべき最も適切な字句の組合せを下の1から4までのうちから一つ選べ。

①　無線局には、　A　その他総務省令で定める書類を備え付けておかなければならない。ただし、総務省令で定める無線局については、これらの　B　の備付けを省略することができる。

②　①の時計は、その時刻を　C　1回以上中央標準時又は協定世界時に照合しておかなければならない。

	A	B	C
1	正確な時計及び無線業務日誌	全部又は一部	毎日
2	正確な時計	全部又は一部	毎週
3	正確な時計及び無線業務日誌	全部	毎週
4	正確な時計	全部	毎日

B-1　次の記述は、航空移動業務の無線局の免許の有効期間及び再免許について述べたものである。電波法（第13条）、電波法施行規則（第7条及び第8条）及び無線局免許手続規則（第18条及び第19条）の規定に照らし、　　　内に入れるべき最も適切な字句を下の1から10までのうちからそれぞれ一つ選べ。

①　免許の有効期間は、免許の日から起算して　ア　において総務省令で定める。ただし、再免許を妨げない。

②　義務航空機局の免許の有効期間は、①にかかわらず、無期限とする。

③　航空局の免許の有効期間は、　イ　とする。

④　③の規定は、同一の種別に属する無線局について同時に有効期間が満了するよう総務大臣が定める一定の時期に免許をした無線局に適用があるものとし、免許をする時期がこれと異なる無線局の免許の有効期間は、③の規定にかかわらず、この一定の時

期に免許を受けた当該種別の無線局に係る免許の有効期間の満了の日までの期間とする。

⑤ 航空局の再免許の申請は、免許の有効期間満了前 ウ を超えない期間において行わなければならない（注）。

注 無線局免許手続規則第18条（申請の期間）第1項ただし書、同条第2項及び第3項に定める場合を除く。

⑥ 総務大臣又は総合通信局長（沖縄総合通信事務所長を含む。）は、電波法第7条（申請の審査）の規定により再免許の申請を審査した結果、その申請が同条第1項各号に適合していると認めるときは、申請者に対し、次の(1)から(4)までに掲げる事項を指定して、 エ を与える。

(1) 電波の型式及び周波数　　(2) 識別信号　　(3) オ 　　(4) 運用許容時間

1 5年を超えない範囲内
2 10年を超えない範囲内
3 5年
4 3年
5 3箇月以上6箇月
6 1箇月以上1年
7 無線局の予備免許
8 無線局の免許
9 空中線電力及び実効輻射電力
10 空中線電力

B-2 次の記述は、航空移動業務の無線局の無線電話通信における電波の発射前の措置について述べたものである。無線局運用規則（第18条及び第19条の2）の規定に照らし、□□内に入れるべき最も適切な字句を下の1から10までのうちからそれぞれ一つ選べ。

① 無線局は、相手局を呼び出そうとするときは、電波を発射する前に、 ア に調整し、 イ の周波数その他必要と認める周波数によって聴守し、 ウ を確かめなければならない。ただし、遭難通信、緊急通信、安全通信及び電波法第74条（非常の場合の無線通信）第1項に規定する通信を行う場合は、この限りでない。

② ①の場合において、 エ に混信を与えるおそれがあるときは、 オ でなければ呼出しをしてはならない。

1 送信機を最良の状態
2 受信機を最良の感度
3 遭難通信、緊急通信及び安全通信に使用する電波
4 自局の発射しようとする電波
5 自局に対する呼出しがないかどうか
6 他の通信に混信を与えないこと
7 他の通信
8 重要無線通信
9 その通信が終了した後
10 少なくとも10分間経過した後

答　B-1：ア-1　イ-3　ウ-5　エ-8　オ-10
　　B-2：ア-2　イ-4　ウ-6　エ-7　オ-9

B－3　航空移動業務の無線電話通信に係る次の記述のうち、無線局運用規則（第163条、第164条及び第166条）の規定に照らし、これらの規定に定めるところに適合するものを1、適合しないものを2として解答せよ。

ア　航空無線電話通信網に属する航空局は、航空機局が他の航空局に対して送信している通報で自局に関係のあるものを受信したときは、特に支障がある場合を除くほか、その受信を終了したときから2分以内にその通報に係る受信証を当該他の航空局に送信するものとする。この受信証を受信した航空局は、当該通報に係るその後の送信を省略しなければならない。

イ　航空無線電話通信網に属する航空局は、当該航空無線電話通信網内の無線局の行うすべての通信を受信しなければならない。

ウ　無線電話通信においては、通報を確実に受信した場合の受信証の送信は、航空機局の場合には、次の事項を送信して行うものとする。
　「自局の呼出符号又は呼出名称」1回

エ　無線電話通信においては、通報を確実に受信した場合の受信証の送信は、航空局の場合であって、相手局が航空機局であるときには、次の事項を送信して行うものとする。
　「相手局の呼出符号又は呼出名称」1回。なお、必要がある場合は、「自局の呼出符号又は呼出名称」1回を付する。

オ　無線電話通信においては、通報を確実に受信した場合の受信証の送信は、航空局の場合であって、相手局が航空局であるときには、次の事項を送信して行うものとする。
　「相手局の呼出符号又は呼出名称」1回

B－4　航空移動業務の遭難通信が終了したときに遭難通信を宰領した航空局又は航空機局が執らなければならない措置に関する次の事項のうち、無線局運用規則（第174条）の規定に照らし、この規定に定めるところに該当するものを1、該当しないものを2として解答せよ。

ア　直ちに遭難に係る航空機を運行する者にその旨を通知しなければならない。

イ　直ちに遭難に係る航空機の付近を航行中の他の航空機にその旨を通知しなければならない。

ウ　直ちに航空交通管制の機関にその旨を通知しなければならない。

エ　直ちに海上保安庁その他の救助機関にその旨を通知しなければならない。

オ　できる限り遭難に係る航空機の付近を航行中の船舶にその旨を通知しなければならない。

答　B－3：ア－2　イ－1　ウ－1　エ－1　オ－2
　　B－4：ア－1　イ－2　ウ－1　エ－2　オ－2

B-5　無線従事者が電波法若しくは電波法に基づく命令又はこれらに基づく処分に違反したときに総務大臣から受けることがある処分に関する次の事項のうち、電波法（第79条）の規定に照らし、この規定に定めるところに該当するものを1、該当しないものを2として解答せよ。

　ア　3箇月以内の期間を定めて無線設備の操作の範囲を制限する処分

　イ　無線従事者の免許の取消しの処分

　ウ　期間を定めてその無線従事者が従事する無線局の運用を停止する処分

　エ　3箇月以内の期間を定めてその業務に従事することを停止する処分

　オ　期間を定めてその無線従事者が従事する無線局の周波数又は空中線電力を制限する処分

B-6　次の記述は、無線局からの混信を防止するための措置について述べたものである。無線通信規則（第15条）の規定に照らし、　　　内に入れるべき最も適切な字句を下の1から10までのうちからそれぞれ一つ選べ。なお、同じ記号の　　　内には、同じ字句が入るものとする。

① すべての局は、　ア　、過剰な信号の伝送、虚偽の又はまぎらわしい信号の伝送、　イ　の伝送を禁止する（無線通信規則第19条（局の識別）に定める場合を除く。）。

② 送信局は、業務を満足に行うため必要な　ウ　で輻射する。

③ 混信を避けるために、送信局の　エ　及び、業務の性質上可能な場合には、受信局の　エ　は、特に注意して選定しなければならない。

④ 混信を避けるために、不要な方向への輻射又は不要な方向からの受信は、業務の性質上可能な場合には、指向性のアンテナの利点をできる限り利用して、　オ　にしなければならない。

1	不要な伝送	2	長時間の伝送
3	識別表示のない信号	4	無線通信規則に定めのない略語
5	十分な電力	6	最小限の電力
7	無線設備	8	位置
9	最大	10	最小

答　B-5：ア-2　イ-1　ウ-2　エ-1　オ-2

　　　B-6：ア-1　イ-3　ウ-6　エ-8　オ-10

令和3年8月期

A-1 次の記述は、航空移動業務の無線局の廃止等について述べたものである。電波法（第22条から第24条まで及び第78条）及び電波法施行規則（第42条の3）の規定に照らし、____内に入れるべき最も適切な字句の組合せを下の1から4までのうちから一つ選べ。

① 免許人は、その無線局を____A____は、その旨を総務大臣に届け出なければならない。

② 免許人が無線局を廃止したときは、免許は、その効力を失う。

③ 無線局の免許がその効力を失ったときは、免許人であった者は、____B____しなければならない。

④ 無線局の免許がその効力を失ったときは、免許人であった者は、遅滞なく空中線の撤去その他の総務省令で定める電波の発射を防止するために必要な措置を講じなければならない。

⑤ ④の総務省令で定める電波の発射を防止するために必要な措置は、航空機局の航空機用救命無線機及び航空機用携帯無線機については、____C____とする。

	A	B	C
1	廃止するとき	速やかにその免許状を廃棄し、その旨を総務大臣に報告	送信機を撤去すること
2	廃止したとき	速やかにその免許状を廃棄し、その旨を総務大臣に報告	電池を取り外すこと
3	廃止するとき	1箇月以内にその免許状を返納	電池を取り外すこと
4	廃止したとき	1箇月以内にその免許状を返納	送信機を撤去すること

A-2 電波の質に関する次の記述のうち、電波法（第28条）の規定に照らし、この規定に定めるところに適合するものはどれか。下の1から4までのうちから一つ選べ。

1 送信設備に使用する電波の周波数の偏差、幅及び安定度、空中線電力の偏差等電波の質は、総務省令で定めるところに適合するものでなければならない。

2 送信設備に使用する電波の周波数の偏差及び幅、空中線電力の偏差等電波の質は、総務省令で定めるところに適合するものでなければならない。

3 送信設備に使用する電波の周波数の偏差、幅及び安定度、高調波の強度等電波の質は、総務省令で定めるところに適合するものでなければならない。

答 A-1：3

4　送信設備に使用する電波の周波数の偏差及び幅、高調波の強度等電波の質は、総務省令で定めるところに適合するものでなければならない。

A－3　義務航空機局の無線設備の機能試験に関する次の記述のうち、無線局運用規則（第9条の2及び第9条の3）の規定に照らし、これらの規定に定めるところに適合するものはどれか。下の1から4までのうちから一つ選べ。

1　義務航空機局においては、毎日1回以上、航空局又は他の航空機局と通信連絡を行いその機能を確かめなければならない。

2　義務航空機局においては、1,000時間使用するたびごとに1回以上、その送信装置の出力及び変調度並びに受信装置の感度及び選択度について無線設備規則に規定する性能を維持しているかどうかを試験しなければならない。

3　義務航空機局においては、毎日1回以上、その無線設備が完全に動作できる状態にあるかどうかを確かめなければならない。

4　義務航空機局においては、その航空機の飛行前にその無線設備が有効通達距離の条件を満たしているかどうかを確かめなければならない。

A－4　次の記述は、無線局（アマチュア無線局を除く。）の主任無線従事者の講習について述べたものである。電波法（第39条）及び電波法施行規則（第34条の7）の規定に照らし、□□□内に入れるべき最も適切な字句の組合せを下の1から4までのうちから一つ選べ。なお、同じ記号の□□□内には、同じ字句が入るものとする。

① 無線局（総務省令で定めるものを除く。）の免許人は、電波法第39条（無線設備の操作）に規定するところにより主任無線従事者に、総務省令で定める期間ごとに、無線設備の　A　に関し総務大臣の行う講習を受けさせなければならない。

② 電波法第39条（無線設備の操作）第7項の規定により、免許人は、主任無線従事者を選任　B　に無線設備の　A　に関し総務大臣の行う講習を受けさせなければならない。

③ 免許人は、②の講習を受けた主任無線従事者にその講習を受けた日から　C　に講習を受けさせなければならない。当該講習を受けた日以降についても同様とする。

④ ②及び③にかかわらず、船舶が航行中であるとき、その他総務大臣が当該規定によることが困難又は著しく不合理であると認めるときは、総務大臣が別に告示するところによる。

	A	B	C
1	操作の監督	するときは、当該主任無線従事者に選任の日前6箇月以内	3年以内
2	操作の監督	したときは、当該主任無線従事者に選任の日から6箇月以内	5年以内
3	操作及び運用	したときは、当該主任無線従事者に選任の日から6箇月以内	3年以内
4	操作及び運用	するときは、当該主任無線従事者に選任の日前6箇月以内	5年以内

A-5　次の記述は、航空移動業務の無線局における電波の発射前の措置について述べたものである。無線局運用規則（第18条及び第19条の2）の規定に照らし、□内に入れるべき最も適切な字句の組合せを下の1から4までのうちから一つ選べ。

①　無線局は、相手局を呼び出そうとするときは、電波を発射する前に、　A　に調整し、自局の発射しようとする　B　によって聴守し、他の通信に混信を与えないことを確かめなければならない。ただし、遭難通信、緊急通信、安全通信及び電波法第74条（非常の場合の無線通信）第1項に規定する通信を行う場合並びに海上移動業務以外の業務において他の通信に混信を与えないことが確実である電波により通信を行う場合は、この限りでない。

②　①の場合において、他の通信に混信を与えるおそれがあるときは、　C　でなければ呼出しをしてはならない。

	A	B	C
1	送信機を最良の状態	電波の周波数	その通信が終了した後
2	受信機を最良の感度	電波の周波数その他必要と認める周波数	その通信が終了した後
3	送信機を最良の状態	電波の周波数その他必要と認める周波数	少なくとも10分間経過した後
4	受信機を最良の感度	電波の周波数	少なくとも10分間経過した後

A-6　航空移動業務における遭難通信が終了したときに、遭難通信を宰領した航空局がとらなければならない措置に関する次の記述のうち、無線局運用規則（第174条）の規定に照らし、この規定に定めるところに適合するものはどれか。下の1から4までのうちから一つ選べ。

1 できる限り速やかに遭難に係る航空機の付近を航行中の船舶にその旨を通知しなければならない。

2 直ちに航空交通管制の機関及び遭難に係る航空機を運行する者にその旨を通知しなければならない。

3 直ちに遭難に係る航空機の付近を航行中の他の航空機にその旨を通知しなければならない。

4 直ちに海上保安庁その他の救助機関にその旨を通知しなければならない。

A－7 航空移動業務の無線電話通信における呼出し及び応答に関する次の記述のうち、無線局運用規則（第18条、第20条、第22条、第23条、第26条、第154条の2及び第154条の3）の規定に照らし、これらの規定に定めるところに適合しないものはどれか。下の1から4までのうちから一つ選べ。

1 無線局は、自局の呼出しが他の既に行われている通信に混信を与える旨の通知を受けたときは、直ちにその呼出しを中止しなければならない。無線設備の機器の試験又は調整のための電波の発射についても同様とする。

2 航空機局は、航空局に対する呼出しを行っても応答がないときは、少なくとも10秒間の間隔を置かなければ、呼出しを反復してはならない。

3 無線局は、自局に対する呼出しであることが確実でない呼出しを受信したときは、その呼出しが反復され、かつ、自局に対する呼出しであることが確実に判明するまで応答してはならない。

4 呼出し及び応答は、「(1) 相手局の呼出符号又は呼出名称　3回　(2) こちらは1回　(3) 自局の呼出符号又は呼出名称　3回」をそれぞれ順次送信して行うものとする。

A－8 次の記述は、121.5MHz の電波の使用制限について述べたものである。無線局運用規則（第153条）の規定に照らし、□□□内に入れるべき最も適切な字句の組合せを下の1から4までのうちから一つ選べ。

121.5MHz の電波の使用は、次の(1)から(6)までに掲げる場合に限る。

(1) □A□の航空機局と航空局との間に通信を行う場合で、□B□が不明であるとき又は他の航空機局のために使用されているとき。

(2) 捜索救難に従事する航空機の航空機局と遭難している船舶の船舶局との間に通信を行うとき。

答 A－6：2　A－7：4

⑶　航空機局相互間又はこれらの無線局と航空局若しくは船舶局との間に共同の捜索救難のための呼出し、応答又は　C　の送信を行うとき。

⑷　121.5MHz 以外の周波数の電波を使用することができない航空機局と航空局との間に通信を行うとき。

⑸　無線機器の試験又は調整を行う場合で、総務大臣が別に告示する方法により試験信号の送信を行うとき。

⑹　⑴から⑸までに掲げる場合を除くほか、急を要する通信を行うとき。

	A	B	C
1	急迫の危険状態にある航空機	遭難通信又は緊急通信に使用する電波	通報
2	航行中の航空機	通常使用する電波	通報
3	急迫の危険状態にある航空機	通常使用する電波	準備信号
4	航行中の航空機	遭難通信又は緊急通信に使用する電波	準備信号

A－9　航空局等（注）における緊急通信の取扱いに関する次の記述のうち、電波法（第67条及び第70条の6）及び無線局運用規則（第93条及び第177条）の規定に照らし、これらの規定に定めるところに適合しないものはどれか。下の1から4までのうちから一つ選べ。

　　　注　航空局、航空地球局、航空機局及び航空機地球局をいう。

1　航空局等は、緊急信号又は電波法第52条（目的外使用の禁止等）第2号の総務省令で定める方法により行われる無線通信を受信したときは、遭難通信を行う場合を除き、その通信が終了するまでの間（航空移動業務の無線局相互間において無線電話による緊急信号を受信した場合には、少なくとも15分間）継続してその緊急通信を受信しなければならない。

2　航空局等は、遭難通信に次ぐ優先順位をもって、緊急通信を取り扱わなければならない。

3　航空局又は航空機局は、自局に関係のある緊急通報を受信したときは、直ちにその航空局又は航空機の責任者に通報する等必要な措置をしなければならない。

4　航空移動業務の無線局相互間において無線電話による緊急信号を受信した航空局又は航空機局は、緊急通信が行われないか又は緊急通信が終了したことを確かめた上でなければ再び通信を開始してはならない。

A－10　次の記述は、航空移動業務の無線電話通信において連絡設定ができない場合の措置について述べたものである。無線局運用規則（第156条）の規定に照らし、　　　内に

入れるべき最も適切な字句の組合せを下の1から4までのうちから一つ選べ。

① 航空無線電話通信網（注1）に属する責任航空局は、航空機局に対し、第一周波数（注2）の電波による呼出しを行っても応答がないときは、更に第二周波数（注3）の電波による呼出しを行うものとし、この呼出しに対してもなお応答がないときは、通信可能の範囲内にある　A　に対し、当該航空機局との間の通信の疎通に関し、協力を求めるものとする。

② ①により協力を求められた無線局は、すみやかに当該　B　その他適当な措置をしなければならない。

③ ①の責任航空局は、航空機局との連絡設定ができないときは、航空交通管制の機関及び当該航空機を　C　に対し、その旨をすみやかに通知しなければならない。通知した後に連絡設定ができた場合も、同様とする。

注1　一定の区域において、航空機局及び2以上の航空局が共通の周波数の電波により運用され、一体となって形成する無線電話通信の系統をいう。
　2　当該航空無線電話通信網内の通信において一次的に使用する電波の周波数をいう。
　3　当該航空無線電話通信網内の通信において二次的に使用する電波の周波数をいう。

	A	B	C
1	他の航空局又は航空機局	航空機に関する情報の収集	所有する者
2	他の航空局又は航空機局	航空機局に対する呼出し	運行する者
3	すべての無線局	航空機局に対する呼出し	所有する者
4	すべての無線局	航空機に関する情報の収集	運行する者

A-11　次の記述は、遭難航空機局が遭難通信に使用する電波について述べたものである。無線局運用規則（第168条）の規定に照らし、　　　内に入れるべき最も適切な字句の組合せを下の1から4までのうちから一つ選べ。

① 遭難航空機局が遭難通信に使用する電波は、　A　又は交通情報航空局から指示されている電波がある場合にあっては当該電波、その他の場合にあっては航空機局と航空局との間の通信に使用するためにあらかじめ定められている電波とする。ただし、当該電波によることができないか又は不適当であるときは、この限りでない。

② ①の電波は、遭難通信の開始後において、　B　に限り、変更することができる。この場合においては、できる限り、当該電波の変更についての送信を行わなければならない。

③ 遭難航空機局は、①の電波を使用して遭難通信を行うほか、　C　を使用して遭難通信を行うことができる。

答　A-10：2

	A	B	C
1	責任航空局	航空局が必要と認める場合	F3E 電波 156.65MHz
2	正常運航に関する通信を行う航空局	救助を受けるため必要と認められる場合	F3E 電波 156.65MHz
3	責任航空局	救助を受けるため必要と認められる場合	F3E 電波 156.8MHz
4	正常運航に関する通信を行う航空局	航空局が必要と認める場合	F3E 電波 156.8MHz

A－12　免許人が、無線局の検査の結果について総務大臣又は総合通信局長（沖縄総合通信事務所長を含む。以下同じ。）から指示を受け相当な措置をしたときに関する次の記述のうち、電波法施行規則（第39条）の規定に照らし、この規定に定めるところに適合するものはどれか。下の1から4までのうちから一つ選べ。

　1　指示を受けた事項について行った相当な措置の内容をすみやかに総務大臣又は総合通信局長に報告しなければならない。

　2　指示を受けた事項について行った相当な措置の内容を無線業務日誌に記載しなければならない。

　3　指示を受けた事項について相当な措置をした旨を総務大臣又は総合通信局長に届け出て、再度検査を受けなければならない。

　4　指示を受けた事項について相当な措置をした旨を検査職員に届け出て、その検査職員の確認を受けなければならない。

A－13　次の記述は、総務大臣がその職員を無線局に派遣し、その無線設備等を検査させることができるときについて述べたものである。電波法（第73条）の規定に照らし、□□□内に入れるべき最も適切な字句の組合せを下の1から4までのうちから一つ選べ。なお、同じ記号の□□□内には、同じ字句が入るものとする。

　総務大臣は、電波法第71条の5（技術基準適合命令）の無線設備の修理その他の必要な措置をとるべきことを命じたとき、無線局の　A　が総務省令で定めるものに適合していないと認め当該無線局に対して臨時に電波の発射の停止を命じたとき、臨時に電波の発射の停止の命令を受けた無線局からその　A　が総務省令の定めるものに適合するに至った旨の申出があったとき、無線局のある船舶又は航空機が外国へ出港しようとするとき、その他　B　を確保するため特に必要があるときは、その職員を無線局に派遣し、その無線設備、無線従事者の資格及び員数並びに　C　を検査させることができる。

　答　　A－11：3　　A－12：1

	A	B	C
1	発射する電波の質	電波の公平かつ能率的な利用	業務書類
2	通信方法その他の運用の方法	電波の公平かつ能率的な利用	時計及び書類
3	発射する電波の質	電波法の施行	時計及び書類
4	通信方法その他の運用の方法	電波法の施行	業務書類

A−14 航空移動業務の無線局の免許人が国に納めるべき電波利用料に関する次の記述のうち、電波法（第103条の2）の規定に照らし、この規定に定めるところに適合しないものはどれか。下の1から4までのうちから一つ選べ。

1 免許人は、電波利用料として、無線局の免許の日から起算して30日以内及びその後毎年その応当日（注1）から起算して30日以内に、当該無線局の起算日（注2）から始まる各1年の期間について、電波法（別表第6）において無線局の区分に従って定める一定の金額を国に納めなければならない。

   注1 その無線局の免許の日に応当する日（応当する日がない場合は、その翌日）をいう。以下2において同じ。

   2 その無線局の免許の日又は応当日をいう。以下2及び4において同じ。

2 免許人は、当該無線局の起算日から始まる各1年の期間について電波利用料を納めるときには、その翌年の応当日以後の期間に係る電波利用料を前納することができる。

3 総務大臣は、電波利用料を納付しようとする者から、預金又は貯金の払出しとその払い出した金銭による電波利用料の納付をその預金口座又は貯金口座のある金融機関に委託して行うことを希望する旨の申出があった場合には、その納付が確実と認められ、かつ、その申出を承認することが電波利用料の徴収上有利と認められるときに限り、その申出を承認することができる。

4 免許人は、当該無線局の起算日から始まる各1年の期間について電波利用料を納めるときには、当該電波利用料を4回に分割して納付することができる。

B−1 次の記述は、無線局の開設について述べたものである。電波法（第4条）の規定に照らし、□□内に入れるべき最も適切な字句を下の1から10までのうちからそれぞれ一つ選べ。なお、同じ記号の□□内には、同じ字句が入るものとする。

　無線局を開設しようとする者は、　ア　ならない。ただし、次の(1)から(4)までに掲げる無線局については、この限りでない。

(1)　　イ　無線局で総務省令で定めるもの

答　A−13：**3**　　A−14：**4**

⑵　26.9MHz から 27.2MHz までの周波数の電波を使用し、かつ、空中線電力が0.5ワット以下である無線局のうち総務省令で定めるものであって、 ウ のみを使用するもの

⑶　空中線電力が エ である無線局のうち総務省令で定めるものであって、電波法第4条の3（呼出符号又は呼出名称の指定）の規定により指定された呼出符号又は呼出名称を自動的に送信し、又は受信する機能その他総務省令で定める機能を有することにより他の無線局にその運用を阻害するような混信その他の妨害を与えないように運用することができるもので、かつ、 ウ のみを使用するもの

⑷　 オ 開設する無線局

1　あらかじめ総務大臣に届け出なければ　　2　総務大臣の免許を受けなければ

3　発射する電波が著しく微弱な　　　　　　4　小規模な

5　その型式について総務大臣の行う検定に合格した無線設備の機器

6　適合表示無線設備　　　　　　　　　　　7　0.1ワット以下

8　1ワット以下　　　　　　　　　　　　　9　総務大臣の登録を受けて

10　地震、台風、洪水、津波その他の非常の事態が発生した場合において臨時に

B－2　国際通信を行わない航空機局及び航空機地球局（航空機の安全運航又は正常運航に関する通信を行うものに限る。）に備付けを要する業務書類等に関する次の事項のうち、電波法（第60条）及び電波法施行規則（第38条）の規定に照らし、これらの規定に定めるところに該当するものを1、該当しないものを2として解答せよ。

ア　無線業務日誌

イ　無線局の免許の申請書の添付書類の写し

ウ　無線従事者選解任届の写し

エ　国際電気通信連合憲章、国際電気通信連合条約及び無線通信規則並びに国際民間航空機関により採択された通信手続

オ　免許状

B－3　無線通信（注）の秘密の保護に関する次の記述のうち、電波法（第59条及び第109条）の規定に照らし、これらの規定に定めるところに適合するものを1、適合しないものを2として解答せよ。

注　電気通信事業法第4条（秘密の保護）第1項又は第164条（適用除外等）第3項の通信であるものを除く。

答　B－1：アー2　イー3　ウー6　エー8　オー9
　　B－2：アー1　イー1　ウー2　エー2　オー1

ア 何人も法律に別段の定めがある場合を除くほか、いかなる無線通信も傍受してその存在若しくは内容を漏らし、又はこれを窃用してはならない。

イ 無線通信の業務に従事する者がその業務に関し知り得た無線局の取扱中に係る無線通信の秘密を漏らし、又は窃用したときは、2年以下の懲役又は100万円以下の罰金に処する。

ウ 何人も法律に別段の定めがある場合を除くほか、特定の相手方に対して行われる無線通信を傍受してその存在若しくは内容を漏らし、又はこれを窃用してはならない。

エ 何人も法律に別段の定めがある場合を除くほか、無線通信（特定の周波数を使用して暗語により行われるものに限る。）を傍受してその存在若しくは内容を漏らし、又はこれを窃用してはならない。

オ 無線局の取扱中に係る無線通信の秘密を漏らし、又は窃用した者は、1年以下の懲役又は50万円以下の罰金に処する。

B-4 航空移動業務の無線局の運用に関する次の記述のうち、電波法（第52条、第54条、第55条、第57条及び第58条）の規定に照らし、これらの規定に定めるところに適合するものを1、適合しないものを2として解答せよ。

ア 航空移動業務の無線局は、無線設備の機器の試験又は調整を行うために運用するときは、なるべく擬似空中線回路を使用しなければならない。

イ 航空移動業務の無線局の行う通信には、暗語を使用してはならない。

ウ 航空移動業務の無線局を運用する場合においては、空中線電力は、免許状に記載されたところによらなければならない。ただし、遭難通信については、この限りでない。

エ 航空移動業務の無線局は、免許状に記載された運用許容時間内でなければ、運用してはならない。ただし、遭難通信、緊急通信、安全通信、非常通信、放送の受信その他総務省令で定める通信を行う場合及び総務省令で定める場合は、この限りでない。

オ 航空移動業務の無線局は、免許状に記載された目的又は通信の相手方若しくは通信事項の範囲を超えて運用してはならない。ただし、次の(1)から(6)までに掲げる通信については、この限りでない。

(1) 遭難通信　　(2) 緊急通信　　(3) 安全通信

(4) 非常通信　　(5) 放送の受信　　(6) その他総務省令で定める通信

B-5 航空機の遭難に係る遭難通報に応答した航空局又は航空機局のとるべき措置に関する次の記述のうち、無線局運用規則（第171条の3、第171条の5、第172条の2及び第

答　B-3：ア-2　イ-1　ウ-1　エ-2　オ-1

　　　B-4：ア-1　イ-2　ウ-2　エ-1　オ-1

172条の3）の規定に照らし、これらの規定に定めるところに適合するものを1、適合しないものを2として解答せよ。

ア 航空機の遭難に係る遭難通報に対し応答した航空局は、当該遭難に係る航空機を運行する者に遭難の状況を通知しなければならない。

イ 航空局は、自局をあて先として送信された遭難通報を受信し、これに応答したときは、直ちに当該遭難通報を航空交通管制の機関に通報しなければならない。

ウ 航空機の遭難に係る遭難通報に対し応答した航空局は、遭難した航空機が海上にある場合には、直ちに最も迅速な方法により、救助上適当と認められる通信可能の範囲内にあるすべての船舶局に対し、当該遭難通報を送信しなければならない。

エ 遭難通報を受信し、これに応答した航空局又は航空機局は、当該遭難通信の宰領を行い、又は適当と認められる他の航空局に当該遭難通信の宰領を依頼しなければならない。

オ 航空機局は、あて先を特定しない遭難通報を受信し、これに応答したときは、無線局運用規則第59条（各局あて同報）に定める方法により、直ちに当該遭難通報を通信可能の範囲内にあるすべての航空機局に対し送信しなければならない。

B－6 次の記述は、航空移動業務等の局の執務時間について述べたものである。無線通信規則（第40条）の規定に照らし、[ ]内に入れるべき最も適切な字句を下の1から10までのうちからそれぞれ一つ選べ。なお、同じ記号の[ ]内には、同じ字句が入るものとする。

① 航空移動業務及び航空移動衛星業務の各局は、[ア]に正しく調整した正確な時計を備え付ける。

② 航空局又は航空地球局の執務は、その局が飛行中の航空機との無線通信業務に責任を負う全時間中[イ]とする。

③ 飛行中の航空機局及び航空機地球局は、航空機の[ウ]に不可欠な通信上の必要性を満たすために業務を維持し、また、権限のある機関が要求する[エ]を維持する。更に、航空機局及び航空機地球局は、安全上の理由がある場合を除くほか、関係の[オ]に通知することなく[エ]を中止してはならない。

1 所属する国又は地域の標準時　　2 協定世界時（UTC）　　3 随時
4 無休　　5 安全及び正常な飛行　　6 効率的な飛行　　7 通信連絡
8 聴守　　9 航空局又は航空地球局　　10 運航管理機関

答 B－5：ア－1　イ－1　ウ－2　エ－1　オ－2

B－6：ア－2　イ－4　ウ－5　エ－8　オ－9

A－1　航空移動業務の無線局の落成後の検査に関する次の記述のうち、電波法（第10条）の規定に照らし、この規定に定めるところに適合するものはどれか。下の１から４までのうちから一つ選べ。

 1　電波法第８条の予備免許を受けた者は、工事が落成したときは、その旨を総務大臣に届け出て、電波の型式、周波数及び空中線電力、無線従事者の資格（主任無線従事者の要件に係るものを含む。）及び員数並びに計器及び予備品について検査を受けなければならない。

 2　電波法第８条の予備免許を受けた者は、工事落成の期限の日になったときは、その旨を総務大臣に届け出て、電波の型式、周波数及び空中線電力、無線従事者の資格（主任無線従事者の要件に係るものを含む。）及び員数並びに時計及び書類について検査を受けなければならない。

 3　電波法第８条の予備免許を受けた者は、工事が落成したときは、その旨を総務大臣に届け出て、その無線設備、無線従事者の資格（主任無線従事者の要件に係るものを含む。）及び員数並びに時計及び書類について検査を受けなければならない。

 4　電波法第８条の予備免許を受けた者は、工事落成の期限の日になったときは、その旨を総務大臣に届け出て、その無線設備並びに無線従事者の資格（主任無線従事者の要件に係るものを含む。）及び員数について検査を受けなければならない。

A－2　次の記述は、航空移動業務の無線局の免許後の変更について述べたものである。電波法（第17条）の規定に照らし、　　内に入れるべき最も適切な字句の組合せを下の１から４までのうちから一つ選べ。

 免許人は、無線局の目的、通信の相手方、　A　若しくは無線設備の設置場所を変更し、又は無線設備の変更の工事をしようとするときは、あらかじめ　B　なければならない。ただし、無線設備の変更の工事であって、総務省令で定める軽微な事項のものについては、この限りでない。

	A	B
1	通信事項、電波の型式、周波数、空中線電力	総務大臣の許可を受け
2	通信事項	総務大臣に届け出
3	通信事項	総務大臣の許可を受け

答　A－1：3

4　通信事項、電波の型式、周波数、空中線電力　　　総務大臣に届け出

A－3　無線通信（注）の秘密の保護に関する次の記述のうち、電波法（第59条）の規定に照らし、この規定に定めるところに適合するものはどれか。下の1から4までのうちから一つ選べ。

　　注　電気通信事業法第4条（秘密の保護）第1項又は同法第164条（適用除外等）第3項の通信であるものを除く。

1　何人も法律に別段の定めがある場合を除くほか、総務省令で定める周波数の電波を使用して行われるいかなる無線通信も傍受してその存在若しくは内容を漏らし、又はこれを窃用してはならない。

2　何人も法律に別段の定めがある場合を除くほか、特定の相手方に対して行われる無線通信を傍受してその存在若しくは内容を漏らし、又はこれを窃用してはならない。

3　何人も法律に別段の定めがある場合を除くほか、いかなる無線通信も傍受してその存在若しくは内容を漏らし、又はこれを窃用してはならない。

4　何人も法律に別段の定めがある場合を除くほか、いかなる無線通信も傍受してはならない。

A－4　次の記述は、無線従事者でなければ行ってはならない無線設備の操作について述べたものである。電波法施行規則（第34条の2）の規定に照らし、□内に入れるべき最も適切な字句の組合せを下の1から4までのうちから一つ選べ。

電波法第39条（無線設備の操作）第2項の総務省令で定める無線従事者でなければ行ってはならない無線設備の操作は、次のとおりとする。

(1)　航空局、航空機局、航空地球局又は航空機地球局の無線設備の通信操作で　A　に関するもの

(2)　航空局の無線設備の通信操作で次に掲げる通信の連絡の設定及び終了に関するもの（注1）

　　注1　自動装置による連絡設定が行われる無線局の無線設備のものを除く。

　ア　無線方向探知に関する通信

　イ　　B　に関する通信

　ウ　気象通報に関する通信（注2）

　　注2　イに掲げるものを除く。

(3)　(1)及び(2)に掲げるもののほか、総務大臣が別に告示するもの

答　A－2：3　　A－3：2

	A	B
1	遭難通信	航空機の安全運航
2	遭難通信又は緊急通信	航空機の正常運航
3	遭難通信	航空機の正常運航
4	遭難通信又は緊急通信	航空機の安全運航

A-5 次の記述は、航空移動業務の無線局の免許状に記載された事項の遵守について述べたものである。電波法（第52条）及び電波法施行規則（第37条）の規定に照らし、□内に入れるべき最も適切な字句の組合せを下の1から4までのうちから一つ選べ。

① 無線局は、免許状に記載された目的又は □ A □ の範囲を超えて運用してはならない。ただし、□ B □ 、放送の受信その他総務省令で定める通信については、この限りでない。

② 次の(1)から(5)までに掲げる通信は、①の総務省令で定める通信（①の範囲を超えて運用することができる通信）とする。

(1) 無線機器の試験又は調整をするために行う通信

(2) 気象の照会又は時刻の照合のために行う航空局と航空機局との間又は航空機局相互間の通信

(3) 電波の規正に関する通信

(4) 一の免許人に属する航空機局と当該免許人に属する海上移動業務、陸上移動業務又は携帯移動業務の無線局との間で行う □ C □

(5) (1)から(4)までに掲げる通信のほか、電波法施行規則第37条に掲げる通信

	A	B	C
1	通信の相手方若しくは通信事項	遭難通信、緊急通信、安全通信、非常通信	当該免許人のための急を要する通信
2	通信の相手方、通信事項、電波の型式、周波数若しくは空中線電力	遭難通信	当該免許人のための急を要する通信
3	通信の相手方若しくは通信事項	遭難通信	当該免許人及び当該免許人以外の者のための急を要する通信
4	通信の相手方、通信事項、電波の型式、周波数若しくは空中線電力	遭難通信、緊急通信、安全通信、非常通信	当該免許人及び当該免許人以外の者のための急を要する通信

答 A-4：**4**   A-5：**1**

A－6　次の記述は、航空局等（注）の聴守義務について述べたものである。電波法（第70条の4）及び無線局運用規則（第147条）の規定に照らし、　　　内に入れるべき最も適切な字句の組合せを下の1から4までのうちから一つ選べ。なお、同じ記号の　　　内には、同じ字句が入るものとする。

　　　注　航空局、航空地球局、航空機局及び航空機地球局をいう。

①　航空局等は、その　A　中は、総務省令で定める周波数で聴守しなければならない。ただし、総務省令で定める場合は、この限りでない。

②　①のただし書の規定による航空局等が聴守を要しない場合は、次のとおりとする。

　(1)　航空局については、　B　で聴守することができないとき。

　(2)　義務航空機局については、責任航空局若しくは交通情報航空局がその指示した周波数の電波の聴守の中止を認めたとき又はやむを得ない事情により無線局運用規則第146条（航空局等の聴守電波）第3項に規定する　C　の電波の聴守をすることができないとき。

　(3)　航空地球局については、　D　を取り扱っていない場合

　(4)　航空機地球局については、　D　を取り扱っている場合は、現に通信を行っている場合で聴守することができないとき。

	A	B	C	D
1	運用義務時間	現に通信を行っている場合	121.5MHz	航空機の安全運航又は正常運航に関する通信
2	運用許容時間	緊急の事態が発生した場合	121.5MHz	航空機の安全運航に関する通信
3	運用許容時間	現に通信を行っている場合	121.5MHz 又は123.1MHz	航空機の安全運航又は正常運航に関する通信
4	運用義務時間	緊急の事態が発生した場合	121.5MHz 又は123.1MHz	航空機の安全運航に関する通信

A－7　次の記述は、航空機局に対する使用電波の指示について述べたものである。無線局運用規則（第154条）の規定に照らし、　　　内に入れるべき最も適切な字句の組合せを下の1から4までのうちから一つ選べ。

①　責任航空局は、　A　に対し、無線局運用規則第152条（周波数等の使用区別）の使用区別の範囲内において、当該通信に使用する電波の指示をしなければならない。ただし、同条の使用区別により当該航空機局の使用する電波が特定している場合は、この限りでない。

答　A－6：1

② 航空機局は、①により指示された電波によることを不適当と認めるときは、その指示をした責任航空局に対し、その指示の変更を求めることができる。

③ 航空無線電話通信網に属する責任航空局は、①による電波の指示に当たっては、□B□をそれぞれ区別して指示しなければならない。

④ ③の責任航空局は、①及び③により電波の指示をしたときは、所属の航空無線電話通信網内の他の航空局に対し、□C□を通知しなければならない。使用電波の指示を変更したときも、同様とする。

	A	B	C
1	通信圏内にあるすべての航空機局	第一周波数及び第二周波数	その旨
2	通信圏内にあるすべての航空機局	呼出し及び応答周波数並びに通信周波数	その旨及び指示した電波の周波数
3	自局と通信する航空機局	第一周波数及び第二周波数	その旨及び指示した電波の周波数
4	自局と通信する航空機局	呼出し及び応答周波数並びに通信周波数	その旨

A－8 次に掲げる事項のうち、一般通信方法における無線通信の原則に該当しないものはどれか。無線局運用規則（第10条）の規定に照らし、下の1から4までのうちから一つ選べ。

1 必要のない無線通信は、これを行ってはならない。
2 無線通信を行うときは、自局の識別信号を付して、その出所を明らかにしなければならない。
3 無線通信に使用する用語は、できる限り簡潔でなければならない。
4 無線通信を行うときは、暗語を使用してはならない。

A－9 次の記述は、航空移動業務における遭難通報のあて先について述べたものである。無線局運用規則（第169条）の規定に照らし、□□□内に入れるべき最も適切な字句の組合せを下の1から4までのうちから一つ選べ。

航空機局が無線電話により送信する遭難通報（海上移動業務の無線局にあてるものを除く。）は、□A□、責任航空局又は交通情報航空局その他適当と認める航空局にあてるものとする。ただし、状況により、必要があると認めるときは、□B□ことができる。

	A	B
1	当該航空機局と現に通信を行っている航空局	2以上の航空局にあてる
2	最も近い距離にある航空局	2以上の航空局にあてる
3	最も近い距離にある航空局	あて先を特定しない
4	当該航空機局と現に通信を行っている航空局	あて先を特定しない

A-10　次の記述は、航空移動業務における遭難通報の送信事項について述べたものである。無線局運用規則（第170条）の規定に照らし、□□□内に入れるべき最も適切な字句の組合せを下の1から4までのうちから一つ選べ。

　航空機局が無線電話により送信する遭難通報（海上移動業務の無線局にあてるものを除く。）は、　A　（なるべく3回）に引き続き、できる限り、次の(1)から(5)までに掲げる事項を順次送信して行うものとする。ただし、遭難航空機局以外の航空機局が送信する場合には、その旨を明示して、次の(1)から(5)までに掲げる事項と異なる事項を送信することができる。

(1)　相手局の呼出符号又は呼出名称（遭難通報のあて先を特定しない場合を除く。）

(2)　　B　又は遭難航空機局の呼出符号若しくは呼出名称

(3)　遭難の種類

(4)　遭難した　C

(5)　遭難した航空機の位置、高度及び針路

	A	B	C
1	警急信号	遭難した航空機の識別	航空機の機長の求める助言
2	遭難信号	遭難した航空機の識別	航空機の機長のとろうとする措置
3	遭難信号	遭難した航空機の運行者	航空機の機長の求める助言
4	警急信号	遭難した航空機の運行者	航空機の機長のとろうとする措置

A-11　次に掲げる事項のうち、航空機の緊急の事態に係る緊急通報に対し応答した航空局が執らなければならない措置に該当しないものはどれか。無線局運用規則（第176条の2）の規定に照らし、下の1から4までのうちから一つ選べ。

1　直ちに航空交通管制の機関に緊急の事態の状況を通知すること。

2　通信可能な範囲内にある航空機局に緊急の事態の状況を通知すること。

3　必要に応じ、当該緊急通信の宰領を行うこと。

4　緊急の事態にある航空機を運行する者に緊急の事態の状況を通知すること。

答　A-9：4　　A-10：2　　A-11：2

A－12　次に掲げる事項のうち、免許人が総務大臣からその無線局の免許を取り消される
ことがあるときに該当するものはどれか。電波法（第76条）の規定に照らし、下の1から
4までのうちから一つ選べ。

  1　不正な手段により電波法第19条（申請による周波数等の変更）の規定による指定の
変更を行わせたとき。

  2　電波法第73条第1項の規定による検査（定期検査）の通知を受けた無線局がその検
査を拒んだとき。

  3　その発射する電波の質が総務省令で定めるものに適合していないと認められるとき。

  4　免許人が電波法又は電波法に基づく命令に違反したとき。

A－13　航空移動業務の無線局の免許状及び無線従事者免許証に関する次の記述のうち、
電波法（第14条、第21条及び第24条）及び電波法施行規則（第38条）の規定に照らし、こ
れらの規定に定めるところに適合しないものはどれか。下の1から4までのうちから一つ
選べ。

  1　無線従事者は、その業務に従事しているときは、免許証を総務大臣又は総合通信局
長（沖縄総合通信事務所長を含む。）の要求に応じて、速やかに提示することができ
る場所に保管しておかなければならない。

  2　免許人は、免許状に記載した事項に変更を生じたときは、その免許状を総務大臣に
提出し、訂正を受けなければならない。

  3　航空機局の免許がその効力を失ったときは、免許人であった者は、1箇月以内にそ
の免許状を返納しなければならない。

  4　総務大臣は、航空局の免許を与えたときは、免許状を交付する。

A－14　国際電気通信連合憲章、国際電気通信連合条約又は無線通信規則の違反を認めた
ときにとるべき措置に関する次の記述のうち、無線通信規則（第15条）の規定に照らし、
この規定に定めるところに適合しないものはどれか。下の1から4までのうちから一つ選
べ。

  1　局が行った重大な違反に関する申入れは、この違反を認めた主管庁がこの局を管轄
する国の主管庁に行わなければならない。

  2　主管庁は、その管轄の下にある局が行った国際電気通信連合憲章、国際電気通信連
合条約又は無線通信規則（特に、国際電気通信連合憲章第45条（有害な混信）及び無
線通信規則第15.1号（不要な伝送の禁止等））の違反に関する情報を知った場合には、

答　A－12：1　　A－13：1

その事実を確認し、必要な措置を執らなければならない。

3 　国際電気通信連合憲章、国際電気通信連合条約又は無線通信規則の違反を認めた検査官は、これをその検査官の属する国の主管庁に報告しなければならない。

4 　国際電気通信連合憲章、国際電気通信連合条約又は無線通信規則の違反を認めた局は、これをその違反をした者の属する国の主管庁に報告しなければならない。

B - 1 　次の記述は、電波の質及び受信設備の条件について述べたものである。電波法（第28条及び第29条）及び無線設備規則（第5条から第7条まで及び第24条）の規定に照らし、□□□内に入れるべき最も適切な字句を下の1から10までのうちからそれぞれ一つ選べ。なお、同じ記号の□□□内には、同じ字句が入るものとする。

① 　送信設備に使用する電波の ア 電波の質は、総務省令で定める送信設備に使用する電波の周波数の許容偏差、発射電波に許容される イ の値及び ウ の強度の許容値に適合するものでなければならない。

② 　受信設備は、その副次的に発する電波又は高周波電流が、総務省令で定める限度をこえて エ を与えるものであってはならない。

③ 　②に規定する副次的に発する電波が エ を与えない限度は、受信空中線と電気的常数の等しい擬似空中線回路を使用して測定した場合に、その回路の電力が オ 以下でなければならない。

④ 　無線設備規則第24条（副次的に発する電波の限度）の規定において、③にかかわらず別に定めのある場合は、その定めるところによるものとする。

1 　周波数の偏差及び幅、高調波の強度等
2 　周波数の偏差、幅及び安定度、高調波の強度等
3 　占有周波数帯幅　　　　　　　　　　4 　必要周波数帯幅
5 　スプリアス発射又は不要発射　　　　6 　寄生発射又は帯域外発射
7 　電気通信業務の用に供する無線設備の機能に支障　8 　他の無線設備の機能に支障
9 　40ナノワット　　　　　　　　　　10 　4ナノワット

B - 2 　義務航空機局の無線設備の機能試験に関する次の記述のうち、無線局運用規則（第9条の2及び第9条の3）の規定に照らし、これらの規定に定めるところに適合するものを1、適合しないものを2として解答せよ。

ア 　義務航空機局においては、その航空機の飛行前にその無線設備が有効通達距離の条件を満たしているかどうかを確かめなければならない。

答　　A - 14：4
　　　B - 1：ア - 1　イ - 3　ウ - 5　エ - 8　オ - 10

イ 義務航空機局においては、1,000時間使用するたびごとに1回以上、その送信装置の出力及び変調度並びに受信装置の感度及び選択度について無線設備規則に規定する性能を維持しているかどうかを試験しなければならない。

ウ 義務航空機局においては、毎月1回以上その送信装置の出力及び変調度並びに受信装置の感度及び選択度について無線設備規則に規定する性能を維持しているかどうかを試験しなければならない。

エ 義務航空機局においては、その航空機の飛行前にその無線設備が完全に動作できる状態にあるかどうかを確かめなければならない。

オ 義務航空機局においては、毎日1回以上その無線設備が完全に動作できる状態にあるかどうかを確かめなければならない。

B-3 次に掲げる通信の通報のうち、無線局運用規則（第150条）の規定に照らし、航空機の安全運航に関する通信の通報に該当するものを1、航空機の正常運航に関する通信の通報に該当するものを2として解答せよ。

ア 航空機の移動及び航空交通管制に関する通報

イ 航空機の運航計画の変更に関する通報

ウ 航行中又は出発直前の航空機に関し、急を要する気象情報

エ 当該航空機を運行する者から発する航行中の航空機に関し、急を要する通報

オ 航空機の予定外の着陸に関する通報

B-4 次の記述は、航空局等の遭難通信の取扱いについて述べたものである。電波法（第66条、第70条の6及び第105条）の規定に照らし、[　]内に入れるべき最も適切な字句を下の1から10までのうちからそれぞれ一つ選べ。

① 航空局、航空地球局、航空機局及び航空機地球局は、遭難通信を受信したときは、[ア]、直ちにこれに応答し、かつ、遭難している船舶又は航空機を救助するため[イ]に対して通報する等総務省令で定めるところにより[ウ]に関し最善の措置をとらなければならない。

② 無線局は、遭難信号又は電波法第52条（目的外使用の禁止等）第1号の総務省令で定める方法により行われる無線通信を受信したときは、[エ]電波の発射を直ちに中止しなければならない。

③ [オ]が遭難通信の取扱いをしなかったとき、又はこれを遅延させたときは、1年以上の有期懲役に処する。

1	現に通信を行っている場合を除いて	2	他の一切の無線通信に優先して
3	通信可能の範囲内にあるすべての無線局	4	最も便宜な位置にある無線局
5	遭難通信の宰領	6	救助の通信
7	すべての	8	遭難通信を妨害するおそれのある
9	無線通信の業務に従事する者	10	無線従事者

B-5　次に掲げる事項のうち、電波法（第73条）の規定に照らし、総務大臣がその職員を無線局に派遣し、その無線設備等を検査させることができるときに該当するものを1、該当しないものを2として解答せよ。

ア　電波利用料を納めないため督促状によって督促を受けた無線局の免許人が、その指定の期限までにその督促に係る電波利用料を納めないとき。

イ　無線局の免許人が検査の結果について指示を受け相当な措置をしたときに、当該免許人から総務大臣に対し、その旨の報告があったとき。

ウ　総務大臣が電波法第72条（電波の発射の停止）の規定により、無線局の発射する電波の質が総務省令で定めるものに適合していないと認め臨時に電波の発射の停止を命じた無線局からその発射する電波の質が総務省令で定めるものに適合するに至った旨の申出があったとき。

エ　無線局のある船舶又は航空機が外国へ出港しようとするとき。

オ　総務大臣が電波法第71条の5（技術基準適合命令）の規定により、その無線設備が電波法第3章（無線設備）に定める技術基準に適合していないと認め、当該無線設備を使用する無線局の免許人に対し、その技術基準に適合するように当該無線設備の修理その他の必要な措置をとるべきことを命じたとき。

B-6　次に掲げる書類のうち、電波法施行規則（第38条）の規定に照らし、国際通信を行う義務航空機局に備付けを要するものを1、備付けを要しないものを2として解答せよ。

ア　免許状

イ　無線局の免許の申請書の添付書類の写し

ウ　電波法及びこれに基づく命令の集録

エ　国際電気通信連合憲章、国際電気通信連合条約及び無線通信規則並びに国際民間航空機関により採択された通信手続

オ　無線従事者選解任届の写し

答　B-4：ア-2　イ-4　ウ-6　エ-8　オ-9
　　　B-5：ア-2　イ-2　ウ-1　エ-1　オ-1
　　　B-6：ア-1　イ-1　ウ-2　エ-1　オ-2

A-1 次の記述は、無線局の開設について述べたものである。電波法（第４条）の規定に照らし、____内に入れるべき最も適切な字句の組合せを下の１から４までのうちから一つ選べ。なお、同じ記号の____内には、同じ字句が入るものとする。

無線局を開設しようとする者は、__A__。ただし、次の(1)から(4)までの無線局については、この限りでない。

(1) 発射する電波が著しく微弱な無線局で総務省令で定めるもの

(2) 26.9MHz から 27.2MHz までの周波数の電波を使用し、かつ、空中線電力が0.5ワット以下である無線局のうち総務省令で定めるものであって、__B__のみを使用するもの

(3) 空中線電力が１ワット以下である無線局のうち総務省令で定めるものであって、電波法第４条の３（呼出符号又は呼出名称の指定）の規定により指定された呼出符号又は呼出名称を自動的に送信し、又は受信する機能その他総務省令で定める機能を有することにより他の無線局にその運用を阻害するような混信その他の妨害を与えないように運用することができるもので、かつ、__B__のみを使用するもの

(4) __C__無線局

	A	B	C
1	あらかじめ総務大臣に届け出なければならない	その型式について、総務大臣の行う検定に合格した無線設備の機器	総務大臣の登録を受けて開設する
2	総務大臣の免許を受けなければならない	適合表示無線設備	総務大臣の登録を受けて開設する
3	あらかじめ総務大臣に届け出なければならない	適合表示無線設備	地震、台風、洪水、津波等非常の事態が発生した場合において、臨時に開設する
4	総務大臣の免許を受けなければならない	その型式について、総務大臣の行う検定に合格した無線設備の機器	地震、台風、洪水、津波等非常の事態が発生した場合において、臨時に開設する

A-2 航空局又は航行中の航空機局が免許状に記載された目的又は通信の相手方若しくは通信事項の範囲を超えて運用することができる通信に関する次の事項のうち、電波法

答 A-1：2

（第52条）及び電波法施行規則（第37条）の規定に照らし、これらの規定に定めるところ
に該当しないものはどれか。下の1から4までのうちから一つ選べ。

1　無線機器の試験又は調整をするために行う通信

2　気象の照会又は時刻の照合のために行う航空局と航空機局との間又は航空機局相互
　間の通信

3　国の飛行場管制塔の航空局と当該飛行場内を移動する陸上移動局との間で行う飛行
　場の交通の整理に関する通信

4　一の免許人に属する航空機局と当該免許人に属する陸上移動局との間で行う当該免
　許人以外の者のための急を要する通信

A－3　次に掲げる事項のうち、遭難通信を行う場合に該当するものはどれか。電波法
（第52条）の規定に照らし、下の1から4までのうちから一つ選べ。

1　船舶又は航空機が重大かつ急迫の危険に陥った場合

2　船舶又は航空機が重大かつ急迫の危険に陥った場合又は陥るおそれがある場合

3　船舶又は航空機の航行に対する重大な危険を予防する場合

4　船舶又は航空機が重大かつ急迫の危険に陥るおそれがある場合その他緊急の事態が
　発生した場合

A－4　航空局及び航空機局の運用に関する次の記述のうち、電波法（第70条の2及び第
70条の3）及び無線局運用規則（第143条）の規定に照らし、これらの規定に定めるとこ
ろに適合しないものはどれか。下の1から4までのうちから一つ選べ。

1　航空機局の運用は、その航空機の航行中及び航行の準備中に限る。ただし、受信装
　置のみを運用するとき、電波法第52条（目的外使用の禁止等）各号に掲げる通信（遭
　難通信、緊急通信、安全通信、非常通信、放送の受信その他総務省令で定める通信を
　いう。）を行うとき、その他総務省令で定める場合は、この限りでない。

2　航空機局は、航空局と通信を行う場合において、通信の順序若しくは時刻又は使用
　電波の型式若しくは周波数について、航空局から指示を受けたときは、その指示に従
　わなければならない。

3　航空局は、航空機局から自局の運用に妨害を受けたときは、その妨害を除去するた
　めに、妨害している航空機局に対してその運用の停止を命ずることができる。

4　義務航空機局は、その航空機の航行中常時運用しなければならない。

　答　　A－2：4　　A－3：1　　A－4：3

A－5　次の記述は、義務航空機局の無線設備の機能試験について述べたものである。無線局運用規則（第9条の2及び第9条の3）の規定に照らし、□□□内に入れるべき最も適切な字句の組合せを下の1から4までのうちから一つ選べ。

① 義務航空機局においては、□A□その無線設備が□B□を確かめなければならない。

② 義務航空機局においては、□C□使用するたびごとに1回以上、その送信装置の出力及び変調度並びに受信装置の感度及び選択度について無線設備規則に規定する性能を維持しているかどうかを試験しなければならない。

	A	B	C
1	その航空機の飛行前に	有効通達距離の条件を満たしているかどうか	2,000時間
2	毎日1回以上	有効通達距離の条件を満たしているかどうか	1,000時間
3	毎日1回以上	完全に動作できる状態にあるかどうか	2,000時間
4	その航空機の飛行前に	完全に動作できる状態にあるかどうか	1,000時間

A－6　無線局が無線電話通信において、自局に対する呼出しであることが確実でない呼出しを受信したときに執るべき措置に関する次の記述のうち、無線局運用規則（第14条、第18条及び第26条）の規定に照らし、これらの規定に定めるところに適合するものはどれか。下の1から4までのうちから一つ選べ。

1　応答事項のうち「こちらは」及び自局の呼出符号又は呼出名称を送信して直ちに応答しなければならない。

2　その呼出しが反覆され、かつ、自局に対する呼出しであることが確実に判明するまで応答してはならない。

3　応答事項のうち相手局の呼出符号又は呼出名称の代わりに「誰かこちらを呼びましたか」の語を使用して直ちに応答しなければならない。

4　応答事項のうち相手局の呼出符号又は呼出名称の代わりに「各局」の語を使用して直ちに応答しなければならない。

A－7　次に掲げる事項のうち、航空移動業務の無線局の免許人が総務省令で定める手続により総務大臣に報告しなければならない場合に該当しないものはどれか。電波法（第80条）の規定に照らし、下の1から4までのうちから一つ選べ。

答　A－5：4　　A－6：2

1　遭難通信、緊急通信、安全通信又は非常通信を行ったとき。
2　電波法又は電波法に基づく命令の規定に違反して運用した無線局を認めたとき。
3　航空機局が外国において、あらかじめ総務大臣が告示した以外の運用の制限をされたとき。
4　航空機局が外国において、当該外国の主管庁の検査を受け、検査の結果について指示を受けたとき。

A－8　次の記述は、ノータムについて述べたものである。無線局運用規則（第150条）の規定に照らし、□□□内に入れるべき最も適切な字句の組合せを下の1から4までのうちから一つ選べ。

①　ノータムとは、航空施設、航空業務、航空方式又は　A　に関する事項で、　B　に迅速に通知すべきものを内容とする通報をいう。
②　ノータムに関する通信は、緊急の度に応じ、　C　に次いでその順位を適宜に選ぶことができる。

	A	B	C
1	航空機の航行上の障害	航空機の運行関係者	緊急通信
2	航空路	航空交通管制の機関	緊急通信
3	航空路	航空機の運行関係者	航空機の安全運航に関する通信
4	航空機の航行上の障害	航空交通管制の機関	航空機の安全運航に関する通信

A－9　次の記述は、航空機局の一方送信（注）について述べたものである。無線局運用規則（第162条）の規定に照らし、□□□内に入れるべき最も適切な字句の組合せを下の1から4までのうちから一つ選べ。なお、同じ記号の□□□内には、同じ字句が入るものとする。

　　注　連絡設定ができない場合において、相手局に対する呼出しに引き続いて行う一方的な通報の送信をいう。

①　航空機局は、その受信設備の故障により　A　と連絡設定ができない場合で一定の　B　における報告事項の通報があるときは、当該　A　から指示されている電波を使用して一方送信により当該通報を送信しなければならない。
②　無線電話により①による一方送信を行うときは、「　C　」の略語又はこれに相当する他の略語を前置し、当該通報を反復して送信しなければならない。この場合においては、当該送信に引き続き、次の通報の送信予定時刻を通知するものとする。

	A	B	C
1	交通情報航空局	時刻	受信設備の故障による一方送信
2	責任航空局	時刻又は場所	受信設備の故障による一方送信
3	交通情報航空局	時刻又は場所	受信設備の故障
4	責任航空局	時刻	受信設備の故障

A-10 次の記述は、121.5MHz の電波の使用制限について述べたものである。無線局運用規則（第153条）の規定に照らし、[＿＿＿]内に入れるべき最も適切な字句の組合せを下の1から4までのうちから一つ選べ。

121.5MHz の電波の使用は、次の(1)から(6)までに掲げる場合に限る。

(1) [A]の航空機局と航空局との間に通信を行う場合で、[B]が不明であるとき又は他の航空機局のために使用されているとき。

(2) 捜索救難に従事する航空機の航空局と遭難している船舶の船舶局との間に通信を行うとき。

(3) 航空機局相互間又はこれらの無線局と航空局若しくは船舶局との間に共同の捜索救難のための呼出し、応答又は[C]の送信を行うとき。

(4) 121.5MHz 以外の周波数の電波を使用することができない航空機局と航空局との間に通信を行うとき。

(5) 無線機器の試験又は調整を行う場合で、総務大臣が別に告示する方法により試験信号の送信を行うとき。

(6) (1)から(5)までに掲げる場合を除くほか、急を要する通信を行うとき。

	A	B	C
1	急迫の危険状態にある航空機	遭難通信又は緊急通信に使用する電波	通報
2	急迫の危険状態にある航空機	通常使用する電波	準備信号
3	航行中又は航行の準備中の航空機	通常使用する電波	通報
4	航行中又は航行の準備中の航空機	遭難通信又は緊急通信に使用する電波	準備信号

A-11 遭難通報等を受信した航空局の執るべき措置に関する次の記述のうち、無線局運用規則（第171条の3）の規定に照らし、この規定に定めるところに適合しないものはどれか。下の1から4までのうちから一つ選べ。

[答] A-9：2　A-10：2

1 航空局は、自局をあて先として送信された遭難通報を受信したときは、直ちにこれに応答しなければならない。

2 航空局は、あて先を特定しない遭難通報を受信したときは、遅滞なく、これに応答しなければならない。ただし、他の無線局が既に応答した場合にあっては、この限りでない。

3 航空局は、自局以外の無線局（海上移動業務の無線局を除く。）をあて先として送信された遭難通報を受信した場合において、これに対する当該無線局の応答が認められないときは、遅滞なく、当該遭難通報に応答しなければならない。ただし、他の無線局が既に応答した場合にあっては、この限りでない。

4 航空局は、携帯用位置指示無線標識の通報、衛星非常用位置指示無線標識の通報又は航空機用救命無線機等の通報を受信したときは、直ちにこれを通信可能の範囲内にあるすべての航空機局に通報しなければならない。

A－12 次の記述は、緊急通報に対し応答した航空局の執るべき措置について述べたものである。無線局運用規則（第176条の2）の規定に照らし、□□□□内に入れるべき最も適切な字句の組合せを下の1から4までのうちから一つ選べ。

　航空機の緊急の事態に係る緊急通報に対し応答した航空局は、次の(1)から(3)までに掲げる措置を執らなければならない。

(1) 直ちに □A□ に緊急の事態の状況を通知すること。

(2) 緊急の事態にある航空機を □B□ に緊急の事態の状況を通知すること。

(3) 必要に応じ、 □C□ こと。

	A	B	C
1	航空交通管制の機関	運行する者	当該緊急通信の宰領を行う
2	航空交通管制の機関	所有する者	通信可能の範囲内にあるすべての航空機局に当該緊急通報を中継する
3	捜索救助の機関	所有する者	当該緊急通信の宰領を行う
4	捜索救助の機関	運行する者	通信可能の範囲内にあるすべての航空機局に当該緊急通報を中継する

A－13 次の記述は、遭難通信の取扱いをしなかった場合等の罰則について述べたものである。電波法（第105条）の規定に照らし、□□□□内に入れるべき最も適切な字句の組合せを下の1から4までのうちから一つ選べ。

　答　　A－11：4　　　A－12：1

① ☐A☐が電波法第66条（遭難通信）第1項の規定による遭難通信の取扱いをしなかったとき、又はこれを遅延させたときは、☐B☐に処する。

② 遭難通信の取扱いを妨害した者も、①と同様とする。

	A	B
1	無線通信の業務に従事する者	1年以上10年以下の懲役
2	免許人及び無線従事者	1年以上の有期懲役
3	無線通信の業務に従事する者	1年以上の有期懲役
4	免許人及び無線従事者	1年以上10年以下の懲役

A-14 航空機局の無線業務日誌に記載しなければならないものに関する次の事項のうち、電波法施行規則（第40条）の規定に照らし、この規定に定めるところに該当しないものはどれか。下の1から4までのうちから一つ選べ。

1 電波法第70条の4（聴守義務）の規定による聴守周波数

2 レーダーの維持の概要及びその機能上又は操作上に現れた特異現象の詳細

3 無線機器の試験又は調整をするために行った通信についての概要

4 電波法又は電波法に基づく命令の規定に違反して運用した無線局を認めた場合は、その事実

B-1 航空移動業務の無線局の予備免許を受けた者が行う工事設計の変更等に関する次の記述のうち、電波法（第8条、第9条及び第19条）の規定に照らし、これらの規定に定めるところに適合するものを1、適合しないものを2として解答せよ。

ア 電波法第8条の予備免許を受けた者は、予備免許の際に指定された工事落成の期限を延長しようとするときは、あらかじめ総務大臣に届け出なければならない。

イ 電波法第8条の予備免許を受けた者は、工事設計を変更しようとするときは、あらかじめ総務大臣の許可を受けなければならない。ただし、総務省令で定める軽微な事項については、この限りでない。

ウ 電波法第8条の予備免許を受けた者は、無線設備の設置場所を変更しようとするときは、あらかじめ総務大臣に届け出なければならない。ただし、総務省令で定める軽微な事項については、この限りでない。

エ 電波法第8条の予備免許を受けた者が行う工事設計の変更は、周波数、電波の型式又は空中線電力に変更を来すものであってはならず、かつ、電波法第7条（申請の審査）第1項第1号の技術基準に合致するものでなければならない。

答 A-13：3　 A-14：3

オ　電波法第8条の予備免許を受けた者は、混信の除去等のため予備免許の際に指定された周波数及び空中線電力の指定の変更を受けようとするときは、総務大臣に指定の変更の申請を行い、その指定の変更を受けなければならない。

B-2　航空移動業務の無線電話通信における呼出し及び応答に関する次の記述のうち、無線局運用規則（第14条、第18条、第19条の2、第20条、第22条、第23条、第154条の2及び第154条の3）の規定に照らし、これらの規定に定めるところに適合するものを1、適合しないものを2として解答せよ。

ア　無線局は、相手局を呼び出そうとするときは、電波を発射する前に、受信機を最良の感度に調整し、自局の発射しようとする電波の周波数その他必要と認める周波数によって聴守し、他の通信に混信を与えないことを確かめなければならない。ただし、遭難通信、緊急通信、安全通信及び電波法第74条（非常の場合の無線通信）第1項に規定する通信を行う場合は、この限りでない。

イ　無線局は、相手局を呼び出そうとする場合において、その呼出しが他の通信に混信を与えるおそれがあるときは、その通信が終了した後でなければ、呼出しをしてはならない。

ウ　呼出し及び応答は、「(1) 相手局の呼出符号又は呼出名称　3回以下　(2) こちらは　1回　(3) 自局の呼出符号又は呼出名称　3回以下」をそれぞれ順次送信して行う。

エ　無線局は、自局の呼出しが他の既に行われている通信に混信を与える旨の通知を受けたときは、直ちにその呼出しを中止しなければならない。

オ　航空機局は、航空局に対する呼出しを行っても応答がないときは、少なくとも1分間の間隔を置かなければ、呼出しを反復してはならない。

B-3　次の表の各欄の記述は、それぞれ電波の型式の記号表示と主搬送波の変調の型式、主搬送波を変調する信号の性質及び伝送情報の型式に分類して表す電波の型式を示すものである。電波法施行規則（第4条の2）の規定に照らし、□□□内に入れるべき最も適切な字句を下の1から10までのうちからそれぞれ一つ選べ。なお、同じ記号の□□□内には、同じ字句が入るものとする。

電波の型式の記号	電波の型式		
	主搬送波の変調の型式	主搬送波を変調する信号の性質	伝送情報の型式
G1B	ア	デジタル信号である単一チャネルのものであって、変調のための副搬送波を使用しないもの	イ

答　B-1：ア-2　イ-1　ウ-2　エ-1　オ-1
　　B-2：ア-1　イ-1　ウ-2　エ-1　オ-2

A2D	ウ	デジタル信号である単一チャネルのものであって、変調のための副搬送波を使用するもの	エ
A3E	ウ	オ	電話（音響の放送を含む。）
J3E	振幅変調で抑圧搬送波による単側波帯	オ	電話（音響の放送を含む。）

1　パルス変調（変調パルス列）で幅変調又は時間変調

2　角度変調で位相変調　　　　3　電信（自動受信を目的とするもの）

4　電信（聴覚受信を目的とするもの）　　5　振幅変調で両側波帯

6　振幅変調で残留側波帯　　　　7　ファクシミリ

8　データ伝送、遠隔測定又は遠隔指令

9　デジタル信号である2以上のチャネルのもの

10　アナログ信号である単一チャネルのもの

B-4　航空無線通信士が行うことのできる無線設備の操作（モールス符号による通信操作を除く。）の範囲に関する次の事項のうち、電波法施行令（第3条）の規定に照らし、この規定に定めるところに該当するものを1、該当しないものを2として解答せよ。

ア　航空局及び航空機局の無線設備の通信操作

イ　航空地球局及び航空機地球局の無線設備の通信操作

ウ　航空機局の無線設備の技術操作

エ　航空局及び航空地球局の無線設備で空中線電力500ワット以下のものの外部の調整部分の技術操作

オ　航空機のための無線航行局の無線設備で空中線電力500ワット以下のものの外部の調整部分の技術操作

B-5　航空移動業務の無線局の免許状に関する次の記述のうち、電波法（第14条及び第21条）、電波法施行規則（第38条）及び無線局免許手続規則（第23条）の規定に照らし、これらの規定に定めるところに適合するものを1、適合しないものを2として解答せよ。

ア　航空機局の免許状は、当該無線局の免許人の事務所に備え付けなければならない。

イ　免許人は、免許状に記載した事項に変更を生じたときは、その免許状を総務大臣に提出し、訂正を受けなければならない。

ウ　免許人は、免許状を破損し、汚し、失った等のために免許状の再交付の申請をしようとするときは、免許人の氏名又は名称及び住所並びに法人にあってはその代表者の

答　B-3：ア-2　イ-3　ウ-5　エ-8　オ-10

　　B-4：ア-1　イ-1　ウ-2　エ-2　オ-2

氏名、無線局の種別及び局数、識別信号、免許の番号及び再交付を求める理由を記載した申請書を総務大臣又は総合通信局長（沖縄総合通信事務所長を含む。）に提出しなければならない。

エ　免許状には、次の①から⑪までに掲げる事項を記載しなければならない。

① 免許の年月日及び免許の番号　　② 免許人の氏名又は名称及び住所
③ 無線局の種別　　　　　　　　　④ 無線局の目的
⑤ 通信の相手方及び通信事項　　　⑥ 無線設備の設置場所
⑦ 免許の有効期間　　　　　　　　⑧ 識別信号
⑨ 電波の型式及び周波数　　　　　⑩ 空中線電力
⑪ 運用許容時間

オ　総務大臣は、無線局の予備免許を与えたときは、免許状を交付する。

B-6　次の記述は、通信士の証明書について述べたものである。無線通信規則（第37条）の規定に照らし、 ____ 内に入れるべき最も適切な字句を下の1から10までのうちからそれぞれ一つ選べ。

① すべての ア の業務は、 イ 証明書を有する通信士によって管理されなければならない。局がこのように管理されるときは、証明書を有する者以外の者も、その無線電話機器を使用することができる。

② 各主管庁は、 ウ をできる限り防止するために必要な措置を執る。このため、証明書は、所有者の署名を付けて、これを発給した主管庁が確証する。

③ 証明書は、その検査を容易にするため、必要なときには、自国語の文のほか、 エ を付けることができる。

④ 各主管庁は、通信士を無線通信規則第18条（許可書）に規定する オ 義務に服させるために必要な措置を執る。

1　航空機局及び航空機地球局　　　　2　航空機局
3　局の所属する国の政府が発給し、又は承認した
4　局の所属する国の政府が発給し、かつ、国際電気通信連合が承認した
5　国際電気通信連合の承認しない証明書の使用
6　証明書の不正使用　　　　　　　7　他の国の主管庁の使用する語による文
8　国際電気通信連合の業務用語の一でその訳文
9　通信の秘密を守る　　　　　　　10　有害な混信を防止する

答　B-5：ア-2　イ-1　ウ-1　エ-1　オ-2
　　　B-6：ア-1　イ-3　ウ-6　エ-8　オ-9

表内のAはA問題、BはB問題、数字は問題番号です。問題番号のない行は、かつて出題された項目でしたが、現在でも出題の可能性があるため、そのまま残してあります。

「法規」

＊他項目と重複

航空通　法規		平成30年		平成31年	令和元年	令和2年		令和3年		令和4年	
		2月期	8月期	2月期	8月期	2月期	8月期	2月期	8月期	2月期	8月期
総則	定義（法2）										
	定義（施2）		B2								
	電波の型式の表示（施4の2）	B3									B3
無線局の免許等	無線局の開設（法4）	B1			A1				B1		A1
	欠格事由（法5）					A1					
	免許の申請（法6）		A1*	B1							
	申請の審査（法7）		A1*								
	予備免許（法8）							B1*		B1*	
	工事設計等の変更（法9）							B1*		B1*	
	落成後の検査（法10）				A1					A1	
	免許の拒否（法11）						A1				
	免許の有効期間（法13）							B1*			
	免許等の有効期間（施7）							B1*			
	免許等の有効期間（終期の統一）（施8）							B1*			
	申請の期間（免18）							B1*			
	審査及び免許の付与（免19）							B1*			
	免許状（法14）				A14*			B1*		A13*	B5*
	変更等の許可（法17）				A2*					A2	
	変更検査（法18）	A1			A2*						
	申請による周波数等の変更（法19）				A2*	B1*		A1			B1*
	免許の承継等（法20）										
	免許状の訂正（法21）			A13*	A14*			B1*	A13*	A13*	B5*
	無線局の廃止（法22、23）			B1*					A1*		
	免許状の返納（法24）		B1*	A13*	A14*			B1*	A13*	A1*	A13*
	免許状の再交付（免23）							B1*			B5*
無線設備	電波の質（法28）	A12*	B2*				A2*			A2	B1*
	受信設備の条件（法29）		B2*				A2*				B1*
	安全施設（法30）										
	電波の強度に対する安全施設（施21の3）										
	義務航空局の有効通達距離（施31の3）					A2					
	周波数の許容偏差（設5）		B2*								B1*
	占有周波数帯幅の許容値（設6）		B2*								B1*
	スプリアス発射又は不要発射の強度の許容値（設7）		B2*								B1*
	周波数の安定のための条件（設15）							A2			
	副次的に発する電波等の限度（設24）		B2*								B1*
	航空機用救命無線機（設45の12の2）				B1						
無線従事者	無線設備の操作（法39）				A2*		B2*		A4*		
	無線従事者の資格（法40）										
	免許を与えない場合（法42）										
	無線従事者でなければ行ってはならない無線設備の操作（施34の2）	A2								A4	
	主任無線従事者の非適格事由（施34の3）					B2*					
	主任無線従事者の職務（施34の5）				A2*			A3			
	講習の期間（施34の7）								A4*		

航空通　法規

大区分	中区分	項目	平成30年 2月期	平成30年 8月期	平成31年 2月期	令和元年 8月期	令和2年 2月期	令和2年 8月期	令和3年 2月期	令和3年 8月期	令和4年 2月期	令和4年 8月期
無線従事者		無線従事者の配置（施36）										
無線従事者		免許証の交付（従47）										
無線従事者		免許証の再交付（従50）				A13*			A13*			
無線従事者		免許証の返納（従51）				A13*			A13*			
無線従事者		操作及び監督の範囲（航空通）（施令3）	A2			A3	B2					B4
運用	目的外使用の禁止等	目的外通信（法52）	A8* A9*	A3* A10		A4* A10	A3* A8*	A3* A8	A4* A9	B4*	A5*	A2* A3
運用	目的外使用の禁止等	免許状の記載事項の遵守（法53）	A8*			A3	A3*	A3*				
運用	目的外使用の禁止等	空中線電力（法54）	A8*				A5	A3*	A3*	B4*		
運用	目的外使用の禁止等	運用許容時間（法55）						A3*		B4*		
運用		免許状の目的等にかかわらず運用することができる通信（施37）				A3*	A4*		A4*		A5*	A2*
運用		混信等の防止（法56）	A3				A5					
運用		擬似空中線回路の使用（法57）	A8*	A4				A3*		B4*		
運用		アマチュア無線局の通信（法58）								B4*		
運用		秘密の保護（法59）			A5*	B3*	A6	B3*	A6*	B3*	A3	
運用	業務書類等	時計、業務書類等の備付け（法60）							A14*	B2*		
運用	業務書類等	備付けを要する業務書類（施38）			A13	B6	A14*	A12 B1*		B2*	A13* B6	B5*
運用	業務書類等	無線局検査結果通知書等（施39）	A11				A12	A13*	A12			
運用	業務書類等	無線業務日誌（施40）	B2	B6		B5	A13	A13*				A14
運用		遭難通信（法66）	A9*	A11*			A8*	A9*	A10*	B4*		
運用		緊急通信（法67）	A9*			A11*	A8*		A9*			
運用	航空局等の運用	航空機局の運用（法70の2）	A5*		A4							A4*
運用	航空局等の運用	運用義務時間（法70の3）					A4*					A4*
運用	航空局等の運用	聴守義務（法70の4）		A6*		A7*	A4*			A6*		
運用	航空局等の運用	通信連絡（法70の5）										
運用	航空局等の運用	準用（法70の6）	A9*	A11*		A11*	A8*	A9*	A10*	A9*	B4*	
運用		時計（運3）							A14*			
運用		義務航空機局の無線設備の機能試験（運9の2、3）			A8		A8	B4	A5	A3	B2	A5
運用	一般通信方法	無線通信の原則（運10）			A5			B3		A8		
運用	一般通信方法	業務用語（運14）	A4*		A7*							A6* B2*
運用	一般通信方法	送信速度等（運16）						A6				
運用	一般通信方法	無線電話通信に対する準用（運18）	A4* A7*		A6* A7*	B2*	A5* A6*		A7* B2*	A5* A7*	A6* B2*	
運用	一般通信方法	発射前の措置（運19の2）	A7*			B2*			B2*	A5*		B2*
運用	一般通信方法	呼出し（運20）			A6*		B2*	A5*	A7*	A7*		B2*
運用	一般通信方法	呼出しの中止（運22）					B2*			A7*		B2*
運用	一般通信方法	応答（運23）					B2*	A5*		A7*		B2*
運用	一般通信方法	不確実な呼出しに対する応答（運26）	A4*		A7*			A5*		A7*		A6*
運用	一般通信方法	試験電波の発射（運39）						A6*				
運用		緊急通信を受信した場合の措置（運93）				A11*				A7*		
運用		航空機局の運用（運142）	A5*									
運用		義務航空機局及び航空機地球局の運用義務時間（運143）					A4*					A4*
運用		航空局等の聴守電波（運146）		A6*			A4*					
運用		聴守を要しない場合（運147）	A6			A7*			A8	A6*		
運用		運用中止等の通知（運148）			A8							

航空通　法規			平成30年		平成31年／令和元年		令和2年		令和3年		令和4年	
大分類	中分類	項目	2月期	8月期	2月期	8月期	2月期	8月期	2月期	8月期	2月期	8月期
運用		航空機局の通信連絡（運149）										
		通信の優先順位（運150、別表12）	B4	A7			A7	A7			B3	A8
		121.5MHz 等の電波の使用制限（運153）				A9			A11	A8		A10
		使用電波の指示（運154）									A7	
		呼出し等の簡略化（運154の2）				A6*	B2*	A5*	A7*	A7*		B2*
		呼出しの反復（運154の3）				A6*	B2*	A5*	A7*	A7*		B2*
		連絡設定ができない場合の措置（運156）							A10			
		一方送信（運162）				A9		B4				A9
		関係通信の受信等（運163、164）			B3*				B3*			
		受信証の送信の特例（運166）			B3*				B3*			
	遭難通信及び緊急通信	使用電波等（運168）				A11				A11		
		遭難通報のあて先（運169）						A9			A9	
		遭難通報の送信事項等（運170）	A12				A12				A10	
		遭難通報等を受信した航空局のとるべき措置（運171の3）			B4*	B4	A10	B5*	A10*	B5*		A11
		遭難通報等を受信した航空機局のとるべき措置（運171の5）			B4*					B5*		
		遭難通信の宰領（運172の2）			B4*			B5*		B5*		
		遭難通報等に応答した航空局のとるべき措置（運172の3）			B4*			B5*	A10*	B5*		
		遭難通信の終了（運174）	B5	A9		B3			B4	A6		
		緊急通報の送信事項（運176）						A10				
		緊急通報を受信した無線局のとるべき措置（運176の2）	A13			A10		B5			A11	A12
		規定の準用（運177）				A11*				A9*		
監督		周波数等の変更（法71）	A10				A11	A11				
		電波の発射の停止（法72）			A12*							
		検査（法73）				B5		B6			A13	B5
		無線局の免許の取消し等（法76）			B5		A13				A12	
		電波の発射の防止（法78）			B1*					A1*		
		電波の発射の防止（施42の3）			B1*					A1*		
		無線従事者の免許の取消し等（法79）					B4		B5			
	報告等	義務（法80）	B6				B6					A7
		要請（法81）										
		報告（施42の4）										
雑則・罰則		電波利用料の徴収等（法103の2）								A14		
		遭難通信の不取扱い又は遅延に関する罰則（法105）				A12				A12	B4*	A13
		秘密の漏えい、窃用（法109）			A5*	B3*		B3*	A6*	B3*		
		懲役又は罰金に該当する者（法110）										
		6月以下の懲役又は30万円以下の罰金に該当する者（法111）										
		30万円以下の罰金に処する者（法113）			B1*							
国際法規		有害な混信（憲45、附属書）						A14				
		遭難の呼出し及び通報（憲46）										
		虚偽の遭難信号、緊急信号、安全信号又は識別信号（憲47）										
	混信	無線局からの混信（RR15-1）	A14		A14			B6				
		試験（RR15-4）										
		違反の通告（RR15-5）					A14				A14	

航空通　法規

区分	項目	平成30年		平成31年	令和元年	令和2年		令和3年		令和4年	
		2月期	8月期	2月期	8月期	2月期	8月期	2月期	8月期	2月期	8月期
国際法規	通信士の証明書（RR37）				B6						B6
	局の執務時間（RR40）		A14						B6		

「無線工学」　　　　　　　　　　　　　　　　　　　　　　　　＊他項目と重複

航空通　無線工学

区分	項目	平成30年		平成31年	令和元年	令和2年		令和3年		令和4年	
		2月期	8月期	2月期	8月期	2月期	8月期	2月期	8月期	2月期	8月期
電気磁気	電気磁気に関する単位記号			A1						A1	
	クーロンの法則				A1						
	電荷が作る電界	A1						A1			
	フレミングの左手の法則				A1	A1					
	フレミングの右手の法則		A1						A1		A1
	電波の性質			B4				B4	B3		
	電流と磁界の関係										
	直流電流が作る磁界										
電気回路	R 並列回路における電流			A2				A2			
	RL 直列回路におけるリアクタンスと電流	A2				A2		A2			A2
	並列共振回路		A2		A2				A2		
	直列共振回路										
	有効電力、無効電力、皮相電力						A2				
	力率の改善										
半導体・電子管・電子回路	半導体の性質			A3				A3			
	電流増幅率 α と β の関係式	A3							A3		
	エミッタ接地増幅回路の動作										
	電界効果トランジスタ（FET）			A3	A3	A3	A3	A3			A3
	電圧利得の式と計算（dB）		A4			A4		A4			
	電力増幅度を表す式				A4						A4
	オペアンプの基本的な性質										
	負帰還をかけたときの増幅特性の変化			A4					A4		
	論理回路の名称										
	論理回路、論理式と真理値表	A4					A4	A4			
送受信機	AM 送信機の構成	A6			A5			A5			
	受信機の性能（感度、選択度、忠実度等）							B1			
	スーパヘテロダイン受信機の動作				A6		A6		A6		
	受信機に高周波増幅部を設ける目的										
	SSB 受信機の構成例										
	リング変調器の動作と用途						A5				
	無線局の混信対策										
	FM 送信機、受信機の構成例										
	FM 受信機のスケルチ回路等の働き	A5	A7		A6	A6			A6		A6
	FM 変調		A6	A5							A5
	FM 復調										
	位相同期ループ（PLL）回路の原理的構成						A5		A5	A5	
通信その他・方式	DSB 方式と比べた SSB 方式の特徴			B1	A7				B1		
	AM 方式と比べた FM 方式の特徴										
	FM 通信方式の一般的な特徴	B1					A7			A7	
	インマルサット航空衛星通信システム		B2				B2		A7		

航空通 無線工学		平成30年		平成31年 令和元年		令和2年		令和3年		令和4年	
		2月期	8月期	2月期	8月期	2月期	8月期	2月期	8月期	2月期	8月期
通信方式・その他	全世界測位システム（GPS）			B2				B2			
	衛星 EPIRB										
	パルス符号変調（PCM）方式の特徴、構成										
	デジタル通信方式と変調波形		A5				A7				A7
	デジタル伝送波形と符号形式の名称							A6			
アンテナ・電波伝搬	ディスコーンアンテナ		B4				B4				B4
	アルホードループアンテナ				B3	B4					
	パラボラアンテナ	B4							B3		
	スリーブアンテナ				B3			B3			
	八木アンテナ										A8
	VHF 帯及び UHF 帯の伝搬		A10				B3				
	SHF 帯の伝搬	B3				B4	B3		B4		B4
	アンテナと給電線の整合				B2	A10		A10	B2		
	小電力用同軸ケーブル	A10					B1	A10			
	導波管の特徴				B3		B1				B1
航行援助施設	VOR				B1*	B1*	A8*	B2*			B2*
	DME				B1*	B1*	A8*	B2*			B2*
	ATCRBS										
	ILS の地上施設	A8				A8					
	ASR	B2*			A9*	B2*			B1		B3*
	ARSR	B2*			A9*	B2*					B3*
	ASDE	B2*		A7	A9*	B2*	A7				B3*
	SSR	B2*				B2*					B3*
	ACAS								A8		
	WX	B2*				B2*					B3*
	パルスレーダーの最大探知距離	A9				A9					A9
	電波高度計の原理				A9			A8	A9		
	ドプラレーダー				A8					A8	
	レーダーの MTI		A9				A9				
電源	定電圧電源回路										
	鉛蓄電池の充電	A7						A9			A10
	浮動充電方式の特徴								A10		
	電池の種類、取扱い法、合成容量				A10		A10	A9			
	電源回路の基本的な構成例			A8		A8	A10				

無線従事者国家試験問題解答集

航 空 無 線 通 信 士

電 略 　モコ

――――――――――――――――――――――――――

発 行 　令和5年4月3日

――――――――――――――――――――――――――

発行所 　一般財団法人 情報通信振興会
　　　　〒170-8480
　　　　東京都豊島区駒込2-3-10
　　　　販売 電話 （03）3940-3951
　　　　　　 FAX （03）3940-4055
　　　　編集 電話 （03）3940-8900＊

　　　　振替 00100-9-19918
　　　　URL https://www.dsk.or.jp/
　　　　印刷所 船舶印刷株式会社

――――――――――――――――――――――――――

ISBN978-4-8076-0973-4 C3055 ￥2200E

各刊行物の改訂情報などは当会ホームページ
（https://www.dsk.or.jp/）で提供しております。

＊内容についてのご質問は、FAXまたは書面でお願いいたします。
　お電話によるご質問は受け付けておりません。
　なお、ご質問によってはお答えできないこともございます。

航空無線通信士関連図書一覧

航空通信入門

コツ　A5・298頁　2,970円(2,700円)

情報通信振興会 編　航空通信の発展の歩み、国際基準をはじめとする基本的な事項や、通信システムの運営組織とその機能、衛星を利用した新たな分野、今後の展開などを分かりやすく解説。

国際電波法規 英和辞書
International Telecommunication Regulations English-Japanese Dictionary

キシ　B6変形判・102頁　1,045円(950円)

情報通信振興会 編　国際電気通信連合の憲章・条約及び無線通信規則の英語版を正確に理解するための用語を編纂した辞書。

航空無線通信士 英語簡易辞書

コカ　A5・213頁　1,980円(1,800円)

情報通信振興会 編　英和編、和英編及び略語編、3編からなり、収録された用語は、航空無線通信に必要とされるもののみに限定。

無線通信士用英会話CD(2枚組)

シムエ　4,180円(3,800円)

情報通信振興会 編　一総通(一・二・三海通)、二総通、航空通及び一海特の英会話の既出問題156問を項目別に編集し、CD 2枚に分けて収録。「無線通信士英会話試験問題解答集」付き。

無線電話練習用CD(欧文)

シオ　1,980円(1,800円)

情報通信振興会 編　無線局運用規則別表第5号の欧文通話表をもとに模擬試験を作成し、電気通信術無線電話の練習用として収録したCDリニューアル版。

欧文受信用紙

オチ　B5・100頁　330円(300円)

無線従事者養成課程用標準教科書

無線工学	コヒ	A5 268頁	2,200円(2,000円)
法　規	コホ	A5 258頁	2,310円(2,100円)
英　語	コエ	A5 144頁	1,540円(1,400円)